Margit Laimer
Waltraud Rücker (eds.)

Plant Tissue Culture

100 years since Gottlieb Haberlandt

SpringerWienNewYork

Univ. Prof. Dr. Margit Laimer
Institut für Angewandte Mikrobiologie, Universität für Bodenkultur, Wien, Österreich
Nußdorfer Lände 11, A-1190 Wien

Univ. Doz. Dr. Waltraud Rücker
Institut für Ökologie und Naturschutz, Universität Wien, Österreich
Althanstrasse 14, A-1090 Wien

Printing was supported by the Federal Ministry for Education, Science and Culture, Vienna; Federal Ministry of Agriculture, Forestry, Environment and Water Management; the University of Agricultural Sciences, Vienna; the Styrian Regional Government, Graz, and the Austrian Society of Biotechnology.

Printed in Austria

Typesetting: Thomson Press (India) Ltd., Chennai, India
Printing: Druckerei Novographic, A-1238 Wien
Binding: Papyrus, A-1100 Wien

Printed on acid-free and chlorine-free bleached paper
SPIN: 10884105

With 60 partly coloured Figures

CIP-data applied for

ISBN 3-211-83839-2 Springer-Verlag Wien New York

Preface

On February 6th, 1902 appeared Gottlieb Haberlandts publication on "Culturversuche mit isolierten Pflanzenzellen" by the Imperial Academy of Sciences in Vienna, Austria. This paper contains Haberlandt's vision on the totipotency of plant cells, an idea with worldwide dimensions representing the actual beginning of tissue culture. When Haberlandt started culturing isolated plant cells in artificial nutrient media, he was mainly interested in cell to cell relationships within a complex multicellular organism. Haberlandt had studied the physiology of the plant tissues for a long time, and such profound dedication allowed him to understand the connection between physiology and anatomy. On that basis he has been able to make such a daring vision.

In fact, it was only in 1912 that A. Carrel succeeded in establishing the first animal cell cultures – which was awarded a Nobel prize – and in 1934 and 1939 respectively, the first plant tissue cultures were achieved by P.A. White, R.J. Gautheret and P. Nobécourt. Commercial applications of plant tissue culture followed only in the seventies. We consider this an excellent example for the time frame required from a vision to its realisation and further to its development and broad range application.

We take this anniversary also as an opportunity to remind all of us, that for developing ideas time is needed together with right conditions and atmosphere. Universities in the past used to provide, what now we are risking to lose with our hectic life style and short-term planning.

This book pays homage to a great Austrian scientist, describing his life and his work and the further development, success and application of his idea. Most students and scientists relate the name Haberlandt with the first lectures of plant tissue culture. But only few are acquainted with the original pieces of work, which apart from their scientific interest are true artistic masterpieces. That is why the first part of the book contains a facsimile of the original paper and its first translation into English by A.D. Krikorian and D.L. Berquam in 1969. Furthermore we find it worthwhile to pay some closer attention to the way experiments were planned, carried out and evaluated by Haberlandt in his time.

It was also our intention to show the development which the initial idea has made in the past spreading into the various methods and fields of application. The second and third part of the book describe Haberlandt's life and work and historical aspects of the development of plant tissue culture in the beginnings. Who could give a better glance into the early days of plant tissue culture than R.J. Gautheret? It was from his laboratory in Paris that the senior editor brought this technique and knowledge to Vienna and established this field of research here in Austria. The forth part of the book contains an overview of important topics of plant tissue culture representing the most promising areas of application at present time and giving an outlook into the future. The areas range from micropropagation of ornamentals and forest trees, production of pharmaceutically interesting compounds, plant breeding for improved nutritional value of staple crops and genetic engineering of crop plants, including trees to cryopreservation of valuable germplasm.

New ideas and technologies are frequently confronted with obstacles, which can be overcome only with persistence. Haberlandts ideas were no exception: F. Cohn locked up the book on "Physiological Plant Anatomy", so that his students should not fall prey to heretical ideas! Nevertheless later on this textbook became a best-seller, was translated into English and appeared in 6 editions.

The application of plant tissue culture has not lost its importance even in times of increasing molecular discoveries.

It is with much regret that we record the omission from our list of selections of a few topics, that we would have wished to include, but for which we were unable to solicit suitable contributions.

We are especially indebted to A.D. Krikorian and E. Höxtermann for the kind permission for reprinting their papers and to Mme Agnés Gautheret-Dejean for the permission to reprint Prof. Roger Gautheret's view on tissue culture in 1980.

It would not have been possible to publish this book without the generous support from the Federal Ministry for Education, Science and Culture, Federal Ministry of Agriculture, Forestry, Environment and Water Management, the University of Agricultural Sciences, Vienna, the Styrian Regional Government, Graz, and the Austrian Society of Biotechnology.

We wish to thank all contributors to this book and hope that its appearance will decisively renew the interest in plant tissue culture.

Wien, February 6th 2002 *Margit Laimer* and *Waltraud Rücker*

Contents

Culturversuche mit isolierten Pflanzenzellen

von

G. Haberlandt,
c. M. k. Akad.

(Mit 1 Tafel.)

(Vorgelegt in der Sitzung am 6. Februar 1902.)

I.

Es sind meines Wissens bisher noch keine planmäßig angelegten Versuche gemacht worden, isolierte vegetative Zellen von höher entwickelten Pflanzen in geeigneten Nährlösungen zu cultivieren. Und doch müssten die Ergebnisse solcher Culturversuche manches interessante Streiflicht auf die Eigenschaften und Fähigkeiten werfen, die die Zelle als Elementarorganismus in sich birgt, sie müssten Aufschlüsse bringen über die Wechselbeziehungen und gegenseitigen Beeinflussungen, denen die Zellen innerhalb des vielzelligen Gesammtorganismus ausgesetzt sind.

Ich habe bereits im Jahre 1898 eine Anzahl solcher Culturversuche mit künstlich isolierten Pflanzenzellen durchgeführt. Es war ursprünglich meine Absicht, diese Versuche in größerem Maßstabe fortzusetzen und die Zellen der verschiedensten Gewebearten auf ihr Verhalten bei der Cultur in verschiedenartigen Nährlösungen zu prüfen. Andere Arbeiten verhinderten die Ausführung dieses Planes, und da mich meine sinnesphysiologischen Untersuchungen wohl noch längere Zeit hindurch in Anspruch nehmen werden, so sei es mir gestattet, die Ergebnisse jener Versuche im Nachstehenden kurz mitzutheilen.

Zu den Versuchen konnten natürlich nur solche Pflanzentheile verwendet werden, deren Zellen in lockerem gegenseitigen Verbande stehen, so dass sie auf mechanischem Wege leicht zu isolieren waren. Da ich zunächst grüne Assimilationszellen cultivieren wollte, so handelte es sich vor allem um die Auffindung entsprechend gebauter Laubblätter. Als sehr geeignet erwiesen sich in dieser Hinsicht die Hochblätter von *Lamium purpureum*, die typisches Palissaden- und Schwammgewebe besitzen. Kleine Blattfragmente wurden auf einem Objectträger in einigen Tropfen der Nährlösung mit zwei Nadeln so lange zerzupft, bis die Betrachtung mit einem schwachen Objectivsysteme das Vorhandensein zahlreicher isolierter Palissaden- und Schwammparenchymzellen ergab. Die Culturen wurden anfänglich im hängenden Tropfen vorgenommen, später in kleinen Glasschälchen mit Deckeln, die ungefähr 10 cm^3 der Nährlösung enthielten. Die Übertragung in die Nährlösung erfolgte mittels einer fein ausgezogenen Glaspipette. Dieselbe diente auch dazu, um von Zeit zu Zeit einige Zellen aus dem Schälchen herauszufischen und behufs der mikroskopischen Untersuchung auf den Objectträger zu bringen. Die Culturschälchen standen auf einem Tische vor einem Nordwestfenster des botanischen Institutes. Sie waren hier gut beleuchtet, vor directer Insolation aber geschützt. Auch im Dunkeln wurden einige Versuche ausgeführt. Die Temperatur betrug entsprechend der Jahreszeit (April, Mai, Juni, September, October, November) 18 bis 24° C.

Natürlich wurden verschiedene Maßregeln getroffen, um die Culturen möglichst bakterien- und pilzfrei zu erhalten, wenngleich sich eine vollständige Sterilisierung in dieser Hinsicht als kaum durchführbar und auch nicht nothwendig erwies. Die Objectträger, Deckgläschen, Stahlnadeln, Saugpipetten und Glasschälchen wurden vor dem Gebrauche stets mehrmals durch die Flamme eines Bunsen-Brenners gezogen, respective ausgeglüht, die Nährlösungen vorher aufgekocht. Die zu zerzupfenden Blattheile wurden mit sterilisiertem Wasser sorgfältig abgespült. So gelang es, wenigstens eine Anzahl von Culturen hinlänglich rein zu erhalten. Übrigens ist zu bemerken, dass die cultivierten Pflanzenzellen im allgemeinen durch das

Vorhandensein nicht zu zahlreicher Bakterien in den Culturlösungen nur wenig in ihrem Gedeihen beeinträchtigt wurden.

Als Nährlösungen dienten: Wasserleitungswasser, Knop'sche Nährstofflösung,[1] 1- bis 5procentige Rohrzuckerlösungen, Knop'sche Nährstofflösung mit Zusatz von Rohrzucker, Traubenzucker, Glycerin, Asparagin und Pepton in wechselnden Combinationen und Concentrationen.

II.

Bevor ich nun die Ergebnisse der mit den Assimilationszellen der Hochblätter von *Lamium purpureum* durchgeführten Culturversuche übersichtlich zusammenstelle und erörtere, möchte ich als Beispiel den Verlauf eines einzelnen Culturversuches nach den Angaben meines Tagebuches mittheilen.

Schälchencultur. Knop'sche Nährstofflösung. Beginn am 21. April. Durchschnittliche Länge der Palissadenzellen 50 μ, Breite 27 μ. Die Chlorophyllkörner stärkefrei.

22. April. Zellen unverändert. Die Engelmann'sche Bakterienmethode ergibt, dass die isolierten Zellen kräftig assimilieren.

23. April. Zellen unverändert. In verschiedenen Zellen lassen sich in den Chlorophyllkörnern mit Jodwasser mehrere winzige Stärkekörnchen nachweisen.

24. April. Fast alle Zellen sind noch am Leben. Viele darunter sind beträchtlich gewachsen. Die Palissadenzellen wachsen relativ mehr in die Breite als in die Länge, zeigen das Bestreben, sich abzurunden. Oft nehmen sie eine birnenförmige Gestalt an. Die Chlorophyllkörner werden kleiner, sie sind gleichmäßig vertheilt oder an einem Zellende dicht nebeneinandergelagert.

28. April. Fast alle Zellen sind noch am Leben. Ihr Wachsthum ist noch weiter fortgeschritten. Einzelne Palissaden-

---

[1] In der von Sachs (Vorlesungen über Pflanzenphysiologie, II. Aufl., S. 266) angegebenen Zusammensetzung: Auf 1000 *cm*³ Wasser 1 *g* salpetersaures Kali, 0·5 *g* Gips, 0·5 *g* schwefelsaure Magnesia, 0·5 *g* phosphorsaurer Kalk, Spuren von schwefelsaurem Eisenoxydul.

zellen sind jetzt 70 μ lang und 50 μ breit. Die Chlorophyllkörner sind noch kleiner geworden und zeigen einen Stich ins Gelbliche. Mittels der Bakterienmethode lässt sich noch Assimilation nachweisen, doch ist dieselbe weniger kräftig.

30. April. Die Mehrzahl der Zellen lebt noch. Die Zellwände sind etwas dicker geworden. Normale Wanddicke 0·7 μ, gegenwärtige Wanddicke 1 bis 1·4 μ. Während die Membranen normaler Zellen sich mit Chlorzinkjod nur langsam und nicht intensiv blau färben, tritt diese Färbung bei den cultivierten Zellen rasch ein und wird auch intensiver. Der Durchmesser der gelblich gewordenen Chlorophyllkörner ist bis auf die Hälfte kleiner geworden: zu Beginn des Versuches 6 bis 8 μ, jetzt 3·2 bis 3·8 μ. Die Chlorophyllkörner enthalten aber noch winzige Stärkekörner.

2. Mai. Alle Zellen todt. Der sehr dünne plasmatische Wandbeleg hat sich unter Faltenbildung von der Zellwand ein wenig abgehoben. Chlorophyllkörner noch kleiner, ganz blass, theilweise desorganisiert.

Die wichtigsten Versuchsergebnisse möchte ich in folgende Punkte zusammenfassen:

1. Bei der Cultur in diffusem Tageslichte lassen sich die Assimilationszellen viele Tage lang am Leben erhalten. In Knop'scher Nährlösung, also bei bloßer Ernährung mit anorganischen Stoffen, blieben die Zellen zuweilen drei Wochen lang am Leben (z. B. in einer Schälchencultur vom 2. bis 24. Mai). Noch länger lebten sie in Nährlösungen, die überdies 1% Rohrzucker enthielten. Hier waren auch nach einem Monate noch einzelne Zellen am Leben. Im Dunkeln gehen die Zellen weit rascher zugrunde, in Knop'scher Nährlösung schon nach 4 bis 6 Tagen, bei Zusatz von 1% Rohrzucker einige Tage später; noch länger blieben sie in 5procentiger Rohrzuckerlösung am Leben.

2. Die Chlorophyllkörner assimilieren wenigstens in der ersten Zeit ganz kräftig. Festgestellt wurde dies mittels der Engelmann'schen Bakterienmethode und durch den Nachweis

von Stärkekörnern in den zu Beginn des Versuches stärkefreien Chloroplasten.

Merkwürdig ist das verschiedene Verhalten der Chlorophyllkörner in Knop'scher Nährstofflösung und in 1- bis 5procentigen Rohrzuckerlösungen. In ersterer werden sie allmählich kleiner, nehmen bald einen Stich ins Gelbliche an, werden dann blasser und können sich schließlich in ganz zart contourierte kleine Leukoplasten umwandeln. In Zuckerlösungen werden sie bei geringerer Concentration der Lösung ($1^0/_0$) zwar auch kleiner, behalten aber ihre grüne Farbe; bei größerer Concentration (3 bis $5^0/_0$) nehmen sie an Größe nicht ab und erscheinen bis zum Tode der Zelle noch intensiv grün gefärbt, oft sogar noch intensiver als zu Beginn des Versuches. Es ist dabei gleichgiltig, ob die Zellen belichtet oder verdunkelt werden.

Wie ist nun dieses verschiedene Verhalten der Chlorophyllkörner zu erklären? Am nächsten liegt die Annahme, dass es sich um eine Ernährungsfrage handelt, dass die Chlorophyllkörner isolierter Zellen, wenn sie bloß auf ihre eigene Assimilationsthätigkeit angewiesen sind, sich nicht intact erhalten können, sondern allmählich verkümmern müssen: sie geben ihre Assimilationsproducte so vollständig an die übrigen Zellorgane ab, die dabei oft starkes Wachsthum zeigen, dass für die Erhaltung ihrer eigenen Integrität zu wenig übrig bleibt. Man muss dabei annehmen, dass durch die Wiederaufnahme des Wachsthums der Zelle das normale Verhältnis zwischen den Chlorophyllkörnern und den nicht grünen Zellorganen gestört wird und nun ein Verhältnis eintritt, wie es zwischen Wirt und Schmarotzer besteht; dabei würde es sich um jene einfachste Form des Parasitismus handeln, bei welcher der Parasit den Wirt durch Entzug von plastischen Baustoffen schädigt und schließlich zum Absterben bringt. Wenn man aber die Chlorophyllkörner durch Zufuhr von Zucker in ihrer Ernährungsthätigkeit unterstützt, respective entlastet, so können sie sich intact erhalten. Dass diese Erklärung richtig ist, geht auch aus den unten zu erwähnenden Culturversuchen mit den Assimilationszellen von *Eichhornia crassipes* hervor, in denen die zu Beginn des Versuches stärkefreien Chlorophyllkörner im

Dunkeln rasch verkümmerten, während die stärkehältigen bis zum Verbrauche der Stärkekörner schön grün blieben.

Um die Chlorophyllkörner der Assimilationszellen von *L. purpureum* intact zu erhalten, genügte die Zufuhr von Zucker. Stickstoffhältige organische Substanzen waren dazu nicht erforderlich. In einer Nährlösung, die 3% Rohrzucker und 1% Asparagin enthielt, blieben die Chlorophyllkörner zwar bis zuletzt lebhaft grün, doch zeigten sie weder Wachsthum noch Vermehrung. Auffallend war bloß ihre Neigung, sich abzuflachen und sich seitlich aneinander zu legen, namentlich in den Armenden der Schwammparenchymzellen, wo anscheinend einheitliche, große, muldenförmige Chloroplasten vorhanden waren. Die genauere Beobachtung ergab aber doch das Vorhandensein zarter Grenzlinien zwischen den einzelnen Chloroplasten.

Sehr eigenthümliche Gestaltsveränderungen, anscheinend mit Wachsthum verbunden, beobachtete ich an Chlorophyllkörnern einer fünftägigen Dunkelcultur in 5procentiger Rohrzuckerlösung (Fig. 6). Die lebhaft grüngefärbten Chloroplasten waren mit tiefen Einkerbungen und Buchten versehen, so dass sie eine hufeisenförmige oder unregelmäßig gelappte Gestalt erhielten. Bisweilen waren die Lappen umgeschlagen. Diese Bildungsabweichungen erinnern lebhaft an jene eigenthümlichen Formen von Chloroplasten, wie ich sie bei verschiedenen Selaginellen (*S. Martensii*, Blattbasis; *S. Kraussiana*) beobachtet habe.[1]

3. Mit der fortdauernden Assimilationsthätigkeit war auch meist ein mehr oder minder ausgiebiges Wachsthum der isolierten Assimilationszellen verbunden. Sowohl die Palissaden-, wie die Schwammparenchymzellen zeigten ein solches. Die durchschnittliche Länge der normalen Palissadenzellen zu Beginn der Versuche betrug 50 μ, ihre Breite 27 μ. Nach erfolgtem Wachsthume waren sie im Maximum 108 μ lang und 62 μ breit (Fig. 1, 2). Daraus berechnet sich unter der Annahme einer cylindrischen Gestalt der Palissadenzellen eine Volumzunahme um das 11fache des ursprünglichen Volums. Weniger

---

[1] G. Haberlandt, Die Chlorophyllkörper der Selaginellen. Flora, 1888.

stark, aber immerhin sehr ansehnlich war das Wachsthum der Schwammparenchymzellen. Sie vergrößerten ihren Durchmesser von 38 bis 40 μ auf 50 bis 68 μ. Die Palissadenzellen zeigten im allgemeinen ein stärkeres Breiten-, als Längenwachsthum; die Tendenz, sich abzurunden und der Kugelform zu nähern, trat deutlich zutage. Dass die Volumvergrößerung wirklich auf Wachsthum und nicht etwa bloß auf einer enormen elastischen Dehnung der Zellenmembran beruhte, gieng aus plasmolytischen Versuchen und aus den weiter unten zu besprechenden Wachsthumserscheinungen der Zellhaut ganz klar hervor.

Das Wachsthum der Assimilationszellen wurde durch Zusatz von Rohrzucker und Asparagin zur Nährlösung nicht begünstigt. Das ausgiebigste Wachsthum trat vielmehr in Knop'scher Nährstofflösung ein.

Aus den vorstehenden Angaben geht also hervor, dass isolierte Assimilationszellen das im normalen Entwickelungsgange abgeschlossene Wachsthum bei der Cultur in Nährlösungen in sehr ausgiebiger Weise wieder aufnehmen können. Was veranlasst sie dazu? Nur wenig wäre gewonnen, wenn man dieses erneute Wachsthum als eine Reaction auf den durch die Isolierung gesetzten Wundreiz (traumatische Reizung) betrachten würde. Denn diese Bezeichnung ist ein Sammelname für sehr verschiedene Einzelvorgänge, von denen jeder für sich als Reiz wirken kann. Die mechanische Zerrung der Protoplasten bei der Verletzung, die Zerreissung der Plasmaverbindungen, die Bloßlegung von Zellwänden, die früher an andere Zellen grenzten und die dadurch bedingte Steigerung der Transpiration, respective Erleichterung der Wasseraufnahme, die Unterbrechung des Stoffverkehres mit den Nachbarzellen, der Wegfall mechanischer und sonstiger Beeinflussungen seitens der benachbarten Gewebe und Organe, die Aufnahme von Zersetzungsproducten der bei der Verletzung zerstörten Zellkörper seitens der an die Wundfläche angrenzenden unverletzt gebliebenen Zellen: all dies und noch manche andere Änderung im bisherigen Gleichgewichtszustande macht in seiner Gesammtheit den Wundreiz aus. Wenn man daher eine bestimmte Reaction, die sich nach einem traumatischen Einflusse einstellt, als durch den Wundreiz bedingt ansieht, so ist dies im Grunde genommen nur eine Umschreibung der Thatsache und keine wissenschaftliche Einsicht.

Auch im vorliegenden Falle ist also eine präcisere Fragestellung nothwendig und im Nachstehenden sollen einige Möglichkeiten, die für die Erklärung des Wachsthums isolierter Assimilationszellen in Betracht kommen können, in Kürze discutiert werden.

Fangen die Zellen, wie man zunächst meinen möchte, nur deshalb wieder zu wachsen an, weil sie die plastischen Baustoffe, die sie producieren, nicht abgeben können? Dass dies nicht der alleinige oder ausschlaggebende Grund für den Wiederbeginn des Wachsthums sein kann, lehrt jedes Laubblatt, dessen Assimilationszellen im Laufe eines sonnigen Sommertages weit mehr Assimilationsproducte erzeugen, als sie in derselben Zeit abführen können, die aber trotzdem den Überschuss nicht zu eigenem Wachsthum verwenden, sondern provisorisch aufspeichern, bis im Laufe der Nacht die allmähliche Auswanderung erfolgt. Ebenso könnten ja auch die isolierten Assimilationszellen ihre Producte in sich aufspeichern, ohne sie zum Wachsthum zu verwenden.

Ein anderer Grund für den Wiederbeginn des Wachsthums könnte in der Beseitigung der mechanischen Wachsthumshindernisse gefunden werden, denen die im Gewebeverbande befindlichen Zellen ausgesetzt sind. In einem sehr locker gebauten Palissaden- und Schwammparenchym könnten aber diese Zellen reichlich in die lufterfüllten Intercellularen hineinwuchern, wenn sie überhaupt das Bestreben hätten, weiterzuwachsen.

Mit größerem Rechte ließe sich für den Wiederbeginn des Wachsthums der Reiz verantwortlich machen, den das veränderte Medium auf die Zellen ausübt. Im Blatte sind sie theilweise von Luft umgeben, in den Culturen ringsum von der Nährlösung. Die gesteigerte Wasseraufnahme könnte zu erneutem Wachsthume führen. Ich halte aber eine solche directe Beeinflussung seitens des umgebenden Mediums für wenig wahrscheinlich. Als ich vor Jahren im botanischen Garten zu

Buitenzorg die normalen Hydathoden des Laubblattes von *Conocephalus ovatus* Tréc. vergiftete[1] und so eine täglich wiederkehrende Injection der Intercellularen mit Wasser herbeiführte, da zeigten die rings von der Flüssigkeit umspülten Palissaden- und Schwammparenchymzellen — von gewissen Stellen abgesehen — keine Veränderungen. Nicht die gesteigerte Wasserzufuhr als solche, sondern das Bedürfnis des Gesammtblattes nach Ausscheidung der überschüssigen Wassermengen führte zur localen Bildung zahlreicher Ersatzhydathoden. Die Leitparenchym- und Palissadenzellen, welche nunmehr an gewissen Stellen starkes Wachsthum zeigten, erhielten nicht mehr Wasser zugeführt, als die anderen Leitparenchym- und Palissadenzellen, die kein erneutes Wachsthum zeigten.

Auch die Möglichkeit, dass vielleicht die Aufnahme von Zersetzungsproducten der bei der Isolierung zerrissenen und getödteten Protoplasten seitens der isolierten intacten Zellen den Wiederbeginn des Wachsthums herbeiführe, muss zurückgewiesen werden. Denn wenn auch häufig bei der Isolierung einzelne todte Zellen oder Zellfragmente an den intacten Zellen hängen blieben, so war doch eine hinreichende Anzahl von Zellen vollständig isoliert. Dieselben zeigten das gleiche ausgiebige Wachsthum wie jene.

In der umgebenden Nährlösung konnten aber die fraglichen Zersetzungsproducte bei dem im Verhältnisse zum Schälcheninhalte äußerst geringen Volumen der eingeführten Zellen nur in so minimalen Mengen vorhanden sein, dass eine Reizwirkung ihrerseits wohl ausgeschlossen war.

Am wahrscheinlichsten ist wohl, dass die Wiederaufnahme des Wachsthums der Assimilationszellen nach ihrer Isolierung überhaupt nicht die Wirkung eines neu hinzutretenden Reizes ist, sondern dass die Zellen ihr unterbrochenes Wachsthum weiter fortsetzen, weil der seitens der Gesammtpflanze ausgehende Hemmungsreiz, der die Assimilationszellen des Blattes zwingt, in einem gewissen Stadium ihr

[1] Vergl. G. Haberlandt, Über experimentelle Hervorrufung eines neuen Organes bei *Conocephalus ovatus* Tréc. Festschrift für Schwendener, 1899.

Wachsthum einzustellen, nach der Isolierung der Zellen wegfällt. Wir wissen ja, dass im Organismus auf selbstregulatorische Weise verschiedenartige Vorgänge und Thätigkeiten bald angeregt, bald unterdrückt werden,[1] wie es den Bedürfnissen des Gesammtorganismus entspricht. Im Interesse der möglichsten Leistungsfähigkeit eines Laubblattes liegt es offenbar, dass die Assimilationszellen eine gewisse Größe nicht überschreiten, denn die jeweilige Zellgröße einer bestimmten Gewebeart ist im Hinblick auf ihre physiologische Function ganz sicher ebenso eine zweckmäßige Eigenschaft, wie ihre Gestalt und ihre sonstigen morphologischen Merkmale. Ist diese Größe im ontogenetischen Entwickelungsgange erreicht, dann wird das weitere Wachsthum der Zelle sistiert, nicht weil die Zellen ihrer potentiellen Befähigung nach nicht weiter wachsen können, sondern weil vom Gesammtorganismus oder bestimmten Theilen desselben ein Reiz ausgeht — mag es nun eine rein dynamische oder stoffliche Beeinflussung sein — durch welchen das Wachsthum zum Stillstande gelangt. Die isolierte Zelle kann dann das unterbrochene Wachsthum wieder aufnehmen.

Auch im Gesammtorganismus mögen zuweilen, wenn er infolge von Störungen im Betriebe der Regulationsvorgänge die Herrschaft über einzelne Zellen oder ganze Zellcomplexe verliert, durch Wiederaufnahme des Wachsthums derselben »pathologische Hypertrophien« sich einstellen, die manche Ähnlichkeit mit jenen haben können, die durch directe Reizung, z. B. seitens verschiedener Parasiten, entstehen.

4. Die Zellmembranen der isolierten Assimilationszellen zeigen nicht bloß Flächen-, sondern auch Dickenwachsthum. In der oben mitgetheilten Cultur (S. 71) wuchs die Wanddicke in 9 Tagen von 0·7 μ auf 1 bis 1·4 μ heran. Abgesehen von dieser allgemeinen Dickenzunahme, die aber selten so auffällig war, stellten sich häufig auch locale Membranverdickungen ein. Die Palissadenzellen verdickten zuweilen ihre Querwände (Fig. 3), wobei die Verdickung in der Mitte am stärksten war und gegen den Rand

[1] Vergl. Pfeffer, Pflanzenphysiologie, II. Aufl., 2. Band, S. 160 ff.

schwächer wurde. Noch auffallender war die polsterförmige Verdickung der Zellwände in den Einbuchtungen zwischen den kurzen Armen der Schwammparenchymzellen (Fig. 4, 5). Die Membrandicke betrug hier bis zu 4·6 μ, während die Wandung der Arme gewöhnlich bloß 0·8 bis 0·9 μ dick war. Die Verdickungen zeigten mit Chlorzinkjod stets die normale Cellulose-Reaction, ebenso die übrigen Wandtheile.

5. Der Turgordruck war in herangewachsenen Zellen der Culturen größer als in den normalen, im Gewebsverbande befindlichen Zellen. Da diese Zunahme des osmotischen Druckes sowohl bei der Cultur in Knop'scher Nährstofflösung, wie auch in 1- bis 3procentiger Zuckerlösung eintrat, so konnte es sich nicht um eine Anpassung an concentriertere Nährlösungen handeln, zumal die Zunahme des osmotischen Druckes im Verhältnisse zur Concentration der Lösungen eine sehr große war. Während in normalen Assimilationszellen zu Beginn der Versuche die Plasmolyse bereits in 3procentiger Kalisalpeterlösung eintrat, stellte sie sich in den herangewachsenen Zellen zweier 14tägiger Culturen in Nährsalzlösung und 1procentiger Zuckerlösung erst nach Zusatz von 5procentiger Kalisalpeterlösung ein. Das käme also einer Steigerung des Turgordruckes von 10·5 auf 17·5 Atmosphären gleich. Auffallend war aber das baldige Zurückgehen der Plasmolyse in den cultivierten Zellen. Die Plasmahaut (Vacuolenwand) wurde also für Kalisalpeter bald durchlässig. Das deutet auf eine krankhafte Modificierung der Vacuolenwand hin. Sollte dieselbe schon zu Beginn der plasmolytischen Versuche eine gewisse Permeabilität für Kalisalpeter besessen haben, was mir ziemlich wahrscheinlich ist, so wäre der oben gefundene Wert für den Turgordruck natürlich zu hoch bemessen.

Nicht selten beobachtete ich bei Plasmolyse mit 5procentiger Salpeterlösung oder mit verdünntem Glycerin bloß Abhebung und Contraction der Vacuolenwand, während die äußere Plasmahaut und das Körnerplasma sammt dem Zellkern und den Chloroplasten an der Zellwand haften blieben. Dieselbe Erscheinung constatierte H. de Vries[1] an Zellen, deren

[1] H. de Vries, Plasmolytische Studien über die Wand der Vacuolen. Jahrb. f. wissensch. Bot., 16. Bd., S. 466, 467.

Protoplasma in langsamem Absterben begriffen war. Für die Annahme, dass bei den betreffenden Zellen in meinen Culturen die genannten Plasmatheile bereits vor Beginn der Plasmolyse todt gewesen seien, liegt kein triftiger Grund vor. Dem Absterben des Plasmaschlauches gehen nämlich, wie gleich gezeigt werden wird, charakteristische Veränderungen voraus, die in den oben erwähnten Fällen noch nicht eingetreten waren. Wohl aber muss angenommen werden, dass das Cytoplasma mit Ausschluss der widerstandsfähigeren Vacuolenwand bereits so sehr geschwächt war, dass es durch die plötzliche Einwirkung der 5procentigen Salpeterlösung rasch getödtet wurde. Auch de Vries weist darauf hin, dass Zellen, deren Protoplasma durch längeres Verweilen der Schnitte in Lösungen indifferenter Substanzen oder durch Zusatz äußerst geringer Mengen giftiger Substanzen oder durch langsames Erwärmen bis zur oberen Temperaturgrenze des Lebens geschädigt wird, nach plötzlicher Einwirkung der Salpeterlösung nur noch die Abhebung und Contraction der resistenteren Vacuolenwand erkennen lassen. In meinen Culturen war aber der Schädigung des Cytoplasmas ein kräftiges Wachsthum der Protoplasten vorausgegangen.

Bei diesen Versuchen wurden auch einige Messungen bezüglich der Dimensionsverhältnisse der Palissadenzellen vor und nach der Plasmolyse vorgenommen. Nachstehende kleine Tabelle enthält die gefundenen Werte in Theilstrichen des Ocularmikrometers:

		Vor der Plasmolyse	Nach der Plasmolyse	Verkürzung in Procenten
1. Palissadenzelle, frisch dem Blatte entnommen	Länge . .	20·8	19	8·6
	Breite . .	8	7·5	6·2
2. Palissadenzelle nach 10tägiger Cultur in Nährsalzlösung	Länge . .	37·5	35·8	4·5
	Breite . .	19	18	5·2
3. Palissadenzelle nach 10tägiger Cultur in 1% Rohrzuckerlösung	Länge . .	38	37	2·6
	Breite . .	18·8	18	4·2

Es ergibt sich daraus, dass die Verkürzung des Längsdurchmessers der Zellen bei Aufhebung des Turgordruckes relativ bedeutend größer ist, wenn die Zellen frisch dem Blatte entnommen sind (Verkürzung 8·6%), als wenn sie aus einer 10tägigen Cultur stammen (Verkürzung 4·5 und 2·6%). Viel geringer ist der Unterschied in der Verkürzung des Querdurchmessers. Ob diese geringere Dehnung der Zellwände cultivierter und stark gewachsener Palissadenzellen (trotz des stärkeren Turgordruckes) auf die Zunahme der Wanddicke zurückzuführen ist, oder ob die Dehnbarkeit selbst abgenommen hat, also eine qualitative Änderung in den mechanischen Eigenschaften der Membran eingetreten ist, muss dahingestellt bleiben.

6. Über Änderungen in der Beschaffenheit des Zellkernes der cultivierten Zellen liegen mir bloß wenige Beobachtungen vor. In den normalen Assimilationszellen besitzt der halblinsenförmige, der Zellwand angelagerte Zellkern einen Durchmesser von circa 6 μ. In einer 5tägigen Cultur (Knop'sche Nährstofflösung + 1% Rohrzucker) betrug der Kerndurchmesser 8 bis 10 μ. Mit den Zellen sind also auch die Kerne gewachsen. Dagegen waren in einer 16tägigen Cultur (Knop'sche Nährstofflösung), in der die stark gewachsenen Zellen bereits im Absterben begriffen waren, die Kerne wieder beträchtlich kleiner. Ihr Durchmesser betrug jetzt nur noch 3 bis 4·5 μ.

7. Dem Absterben der Zellen gieng in allen Culturen eine unregelmäßige scharfe Fältelung des ganz dünn gewordenen Plasmaschlauches voraus. Der Plasmabeleg hob sich an verschiedenen Stellen von der Zellwand ab — in den Schwammparenchymzellen zunächst über den polsterförmigen Wandverdickungen in den Zellbuchten — und stülpte sich dann, schmale Falten bildend, oft ziemlich tief in das Zellumen ein. Diese Faltenbildung kann nicht bloß eine plasmolytische Erscheinung sein, denn sie ist mit einer entsprechenden Oberflächenvergrößerung des Plasmaschlauches verknüpft. Es muss vielmehr angenommen werden, dass sie auf activem Flächenwachsthum des Plasmaschlauches beruht, die zur Faltenbildung führt, weil die Zellwand die Fähigkeit zum Flächenwachsthum bereits eingebüßt hat.

Später, beim Absterben, hebt sich allerdings der ganze Plasmabeleg von der Zellwand ein wenig ab (Fig. 5). Er zeigt jetzt in der Flächenansicht unregelmäßig gewundene, oft zickzackförmig gebrochene, scharfe Linien, die zum Theile sicher ganz schmalen, scharfen Falten entsprechen, zum Theile aber feine Risslinien vorstellen dürften.

III.

Ich will jetzt noch die Ergebnisse der mit den isolierten Zellen anderer Pflanzen durchgeführten Culturversuche mittheilen. Allerdings handelte es sich dabei bloß um vereinzelte Versuche, die aber immerhin einige bemerkenswerte Resultate ergaben.

Am 29. September wurden zwei Culturversuche in Schälchen mit den isolierten Assimilationszellen des Laubblattes von *Eichhornia crassipes* begonnen. In beiden Versuchen kam Knop'sche Nährstofflösung zur Verwendung. Die eine Cultur wurde am Fenster dem diffusen Tageslichte ausgesetzt, die andere wurde verdunkelt. Beide Culturen enthielten vollkommen stärkefreie Assimilationszellen vermischt mit solchen, deren Chlorophyllkörner reichlich Stärkeeinschlüsse aufwiesen.

In der belichteten Cultur waren nach 5 Tagen die stärkefreien Zellen fast sämmtlich noch am Leben; einige waren ziemlich stark gewachsen. Die Chlorophyllkörner sind auffallend kleiner und blasser geworden. Von den stärkeführenden Zellen ist eine größere Anzahl abgestorben; die Stärkemenge in den nur wenig verblassten Chlorophyllkörnern hat anscheinend nur wenig oder gar nicht abgenommen.

In der verdunkelten Cultur waren die stärkelosen Zellen nach 5 Tagen wenig oder gar nicht gewachsen; ihre zerstreuten Chlorophyllkörner sind auffallend kleiner geworden und von lichtgelber Farbe. In den stärkeführenden Zellen hat die Stärkemenge in den gleich groß und lebhaft grün gebliebenen Chlorophyllkörnern mehr minder abgenommen. Nach 10 Tagen zeigten stärkelose und stärkeführende Zellen im allgemeinen keine weitere Veränderung. In den stärkelosen waren die vergilbten kleinen Chlorophyllkörner oft rings um den Kern gelagert, in den stärkeführenden waren sie noch immer von gleicher Größe und schön grüner Farbe.

Dieser Versuch lehrt also, dass die Chlorophyllkörner isolierter Zellen im Dunkeln bald degenerieren, wenn sie zu Beginn des Versuches stärkefrei waren, während sie intact bleiben, wenn sie bei mangelndem oder geringfügigen Wachsthume der Zellen die in ihnen aufgespeicherte Stärke wenigstens theilweise für sich verwenden können.

Auch mit chlorophyllosen Zellen wurden Züchtungsversuche ausgeführt. An den Laubblättern von *Pulmonaria mollissima* Kern. kommen zahlreiche »Drüsenhaare« vor, deren keulenförmig gestreckte, oft schräg aufsitzende Endzellen von gleichmäßig körnigem Plasma vollständig erfüllt sind. Der central gelegene runde Kern besitzt ein großes Kernkörperchen (Fig. 11). Diese Drüsenhaare wurden mit dem Rasiermesser so abgeschnitten, dass mit den Drüsenzellen gewöhnlich auch noch ein oder zwei intacte Stielzellen in die Cultur gelangten.

In gewöhnlichem Leitungswasser, sowie in Knop'scher Nährstofflösung traten ungefähr gleichzeitig dieselben Veränderungen ein, doch blieben die Zellen in Leitungswasser etwas länger am Leben. Schon nach einem Tage traten im Plasma der Drüsenzellen zahlreiche, meist längsgestreckte Vacuolen auf, so dass dasselbe einen grobfaserigen Bau erhielt (Fig. 12). Die Plasmafasern waren alle parallel zur Längsaxe der Zelle angeordnet. In der Nähe des Zellkernes war das Plasma feinschaumig. Stark lichtbrechende Tröpfchen in spärlicher Anzahl waren unregelmäßig im Plasma vertheilt. Nach 3 Tagen waren die Drüsenzellen noch plasmaärmer geworden. Es hatte sich ein plasmatischer Wandbeleg ausgebildet, der durch eine Anzahl von Plasmabalken und -Fäden mit einer centralen Plasmapartie im Zusammenhange stand, welche den etwas kleiner gewordenen Kern enthielt (Fig. 13). Nach 7 Tagen waren die in der Nährstofflösung befindlichen Zellen sämmtlich abgestorben. In Leitungswasser waren noch einige am Leben. Ihr Plasmakörper war nun sehr stark reduciert und substanzarm (Fig. 14); er bildete nur mehr einen dünnen Wandbeleg, der an der Basis der Zelle über der Querwand

6*

etwas dicker war; hier trat nunmehr auch der auffallend klein gewordene Zellkern auf. Von der dünnen Plasmahülle, die ihn umgab, strahlten einige Plasmafäden gegen die benachbarten Wandpartien aus. Wachsthum der Zellen ließ sich in keinem Falle beobachten.

In einer dritten Cultur, die gleichzeitig durchgeführt wurde, befanden sich die Drüsenzellen in einer Nährlösung, die 3% Rohrzucker und 1% Asparagin enthielt. Nach einem Tage waren die Zellen noch kaum verändert; nur einzelne zeigten Andeutungen jener faserigen Differenzierung des Plasmas, die in den früher besprochenen Culturen schon nach dem ersten Tage so deutlich zu beobachten war. Nach 3 Tagen zeigte das Plasma dieselbe Vertheilung, wie bei der Cultur in Leitungswasser, doch war es noch reichlicher vorhanden und stark körnig. Am 7. Tage waren zahlreiche Zellen todt, in den noch lebenden zeigte der Protoplast wieder dasselbe Bild, wie in Wasser, doch war er kräftiger, substanzreicher. Auch in dieser Cultur stellte sich kein Wachsthum der Zellen ein.

Die Abmagerung des anfänglich so kräftig entwickelten Protoplasten der Drüsenzellen bei der Cultur in Leitungswasser und Nährsalzlösung war vorauszusehen, da sich die Zellen im Hungerzustande befanden. Überraschend ist dabei einigermaßen die Schnelligkeit, mit der der Substanzverlust erfolgte. Da nicht anzunehmen ist, dass die Plasmahaut nennenswerte Mengen plastischer Baustoffe durch sich austreten ließ, so müssen sich in den Protoplasten sehr lebhafte Stoffwechselprocesse abgespielt haben, deren Endproducte ausgeschieden wurden. Vor allem dürfte die Athmung eine sehr lebhafte gewesen sein. Dass in den Plasmakörpern der Drüsenzellen der Stoffwechsel ein besonders reger ist, muss ja auch aus anderen Gründen angenommen werden. Ernährung mit organischen Stoffen (Rohrzucker und Asparagin) verlangsamte zwar die Abmagerung der Protoplasten, war aber bei der angegebenen Concentration der Nährlösungen nicht imstande, sie hintanzuhalten.

Ein eigenthümliches Verhalten zeigten abgeschnittene Brennhaare von *Urtica dioica*, die in Nährsalzlösung, der 1% Rohrzucker zugesetzt war, im Thermostaten bei einer

Temperatur von 33° C. gezüchtet wurden. Beginn des Versuches am 22. September. Nach 2 Tagen waren noch alle Brennhaarzellen am Leben. Nach 10 Tagen war die Mehrzahl abgestorben; die am Leben gebliebenen zeigten folgendes Aussehen: Der sonst plasmareiche Bulbus der Brennhaarzelle besaß jetzt nur einen relativ dünnen plasmatischen Wandbeleg und einen dicken, längsfaserigen, centralen Plasmastrang. Der Kern war aus dem Bulbus hinausgerückt und befand sich nun in der Basis des kegelförmigen Theiles des Haarkörpers. In diesem war nun sehr reichlich Plasma vorhanden; an Stelle des einheitlichen Saftraumes traten jetzt zahlreiche, verschieden große, ellipsoidisch gestreckte Vacuolen auf. Der obere Theil des Haares war ganz von Plasma erfüllt, ohne Vacuolen. Das Plasma zeigte langsame Strömung und besaß in sehr ausgeprägtem Maße jene längsfaserige Structur, die strömende Plasmamassen so häufig erkennen lassen.[1] Am 7. October, d. i. nach 15 Tagen, war alles todt und stark verpilzt.

Bemerkenswert war bei diesem Versuche erstens die Umlagerung des Protoplasmas, von dem ein großer Theil aus dem Bulbus in die obere Haarpartie auswanderte, und zweitens die Thatsache, dass die Gesammtmenge des Protoplasmas nach 10 Tagen noch nicht abgenommen, sondern, soweit die Schätzung beurtheilen ließ, eher zugenommen hatte. Es ist nicht unmöglich, dass die Regenerierung und das Wachsthum des Plasmakörpers auf Kosten der zugeführten Nährstoffe erfolgt ist. Wahrscheinlicher ist mir aber, dass die beträchtlichen Eiweißmengen, die im Zellsafte des Brennhaares gelöst sind,[2] einen Reservestoff vorstellten, der die Abmagerung des Protoplasten verhinderte, ja eventuell sogar sein weiteres Wachsthum ermöglichte.

Ein noch interessanteres Ergebnis hatte ein Culturversuch mit den Zellen der Staubfadenhaare von *Tradescantia*

---

[1] Vergl. G. Haberlandt, Über fibrilläre Plasmastructuren. Berichte der deutschen bot. Gesellschaft, 1901, Decemberheft.

[2] Vergl. G. Haberlandt, Zur Anatomie und Physiologie der pflanzlichen Brennhaare. Diese Sitzungsberichte, 93. Bd., I. Abth., 1886.

virginica. Die noch nicht ganz ausgewachsenen Haare wurden zerschnitten und in vier- bis achtzelligen Fragmenten in einen hängenden Tropfen der Nährlösung gebracht, die 2⁰/₀ Traubenzucker und 0·4⁰/₀ Asparagin enthielt. Gewöhnlich starben in den Theilstücken alle Zellen bis auf 1 bis 2 ab, so dass thatsächlich einzelne Zellen gezüchtet wurden. Überraschend war nun vor allem die lange Lebensdauer dieser isolierten Haarzellen. Noch nach 26 Tagen waren zahlreiche Zellen am Leben. Durch die künstliche Ernährung konnte also ihre Lebensdauer weit über das Normale hinaus verlängert werden. Dabei zeigten die Zellen ein sehr kräftiges Wachsthum, sie nahmen in Länge und Breite ungefähr um das Doppelte zu und wiesen auch kräftig entwickelte Plasmakörper auf (Fig. 7). Die Vertheilung des Plasmas war die normale.

Sehr auffallend war das Verhalten der an todte Nachbarzellen grenzenden Querwände. Dieselben wurden natürlich infolge des Turgordruckes in die Lumina der abgestorbenen Nachbarzellen vorgewölbt und zeigten meist ein ganz auffälliges Dickenwachsthum (Fig. 8 bis 10). Die Membran wurde schließlich 3- bis 5mal so dick, als sie anfänglich war. Häufig erstreckte sich die Verdickung auch auf die angrenzenden Partien der Außenwände und verlor sich hier allmählich. Bemerkenswert war auch die Lage des Zellkernes. Wenn die betreffende Zelle beiderseits an todte Zellen grenzte und so ihre beiden papillös vorgestülpten Querwände verdickte, lag der Zellkern annähernd in der Mitte. Wenn aber zwei benachbarte Zellen am Leben blieben (Fig. 7), zwischen denen die Scheidewand eben und unverdickt blieb, dann rückten die beiden Kerne bis knapp an die sich verdickenden Querwände heran: ein weiteres instructives Beispiel für die von mir vor Jahren geschilderten Beziehungen zwischen Function und Lage des Zellkernes in wachsenden Pflanzenzellen.

Dass nach Verletzung eines mehrzelligen Haares die Querwand, welche nunmehr zur Außenwand wird, sich verdickt und cutinisiert, kommt häufig vor und ist eine leicht verständliche biologische Schutzeinrichtung. Bei Haaren, die im Zusammenhange mit der Gesammtpflanze stehen, ist es aber fraglich, ob die Verdickung und Cutinisierung der

Querwand eine ausschließliche Reaction der betreffenden Haarzelle ist, oder ob diese von dem ganzen Organe gewissermaßen den Auftrag erhält, ihre bloßgelegte Außenwand zu verdicken. Das Ergebnis unseres Culturversuches mit Haarfragmenten von *Tradescantia* lehrt, dass ersteres zutrifft. Die betreffende Zelle verdickt ihre Querwand aus eigener Initiative und bekundet derart auch den Selbsterhaltungstrieb des Elementarorganismus.

Gewöhnliche Epidermiszellen lassen sich, soweit meine allerdings sehr lückenhaften Beobachtungen reichen, im isolierten Zustande nur eine kurze Zeit lang am Leben erhalten. An kleinen, abgezogenen Epidermisstückchen des Laubblattes von *Ornithogalum* fiel mir auf, dass die zwischen den langen Epidermiszellen eingeschalteten Kurzzellen einige Tage länger am Leben blieben, als die ersteren.

Auf die große Lebenszähigkeit der Spaltöffnungszellen hat bereits Leitgeb[1] hingewiesen. Er ließ z. B. 1 *cm* lange Schaftstücke von *Galtonia candicans* einen Monat lang im feuchten Raume (am Lichte) stehen. Sie waren nach dieser Zeit missfarbig geworden, verfault und von Pilzen durchwachsen. Alle Gewebe waren abgestorben, nur die Schließzellen waren lebhaft grün, stark turgescierend und außerordentlich stark gekrümmt, so dass die einzelne Schliesszelle sich mit ihren Enden berührte und einen förmlichen Ring bildete. Nach Aufhebung des Turgors trat kein vollständiger Spaltenverschluss mehr ein, was Leitgeb auf die enorm starke, die Elasticitätsgrenze überschreitende Dehnung der Zellwände zurückführt. Vielleicht war aber auch schon Flächenwachsthum der Membranen, speciell der Rückenwände, eingetreten. — Auch ich beobachtete in meinen Culturen die von Leitgeb beschriebenen Erscheinungen, und zwar bei verschiedenen Pflanzen (*Ornithogalum umbellatum, Erythronium dens canis, Fuchsia globosa*), kann aber seinen Angaben nichts wesentlich Neues hinzufügen. Jedenfalls empfehlen sich die Schließzellen wegen ihrer großen Widerstandsfähigkeit sehr für derartige Culturversuche.

[1] Beiträge zur Physiologie der Spaltöffnungsapparate. Mittheilungen aus dem bot. Institute zu Graz, 2. Heft, 1888, S. 123.

IV.

Zum Schlusse möchte ich noch auf den bemerkenswerten Umstand hinweisen, dass in meinen Zellculturen trotz des so auffallenden Wachsthums der Zellen, das sich häufig einstellte, niemals Zelltheilungen zu beobachten waren. Es wird nun Aufgabe künftiger Culturversuche sein, die Bedingungen ausfindig zu machen, unter denen isolierte Zellen zur Theilung schreiten. Gewisse Fingerzeige geben in dieser Hinsicht die bekannten Versuche von Loeb, Nathansohn und Hans Winkler über die experimentell herbeigeführte Weiterentwickelung, respective Furchung unbefruchteter Eizellen.

Loeb[1] hat zuerst an Eiern von Seeigeln, die nach ein- bis zweistündigem Verweilen in einer $MgCl_2$-Lösung in gewöhnliches Seewasser zurückgebracht wurden, eine parthenogenetische Weiterentwickelung beobachtet und daraus auf eine specifische Wirkung des Mg geschlossen. Spätere Versuche lehrten ihn aber, dass geeignete Concentrationen von NaCl und KCl, sowie von Rohrzucker die gleiche Wirkung haben, so dass nur eine bestimmte Erhöhung des osmotischen Druckes der die Eier umgebenden Flüssigkeit die parthenogenetische Weiterentwickelung bedingen konnte. Es wird nun zu untersuchen sein, ob vielleicht derartige Versuche mit isolierten Pflanzenzellen zu einer Theilung derselben führen.

Von Nathansohn[2] wurde gezeigt, dass die bei der Gattung *Marsilia* vorhandene Tendenz zur parthenogenetischen Entwickelung der Eizellen durch Temperaturerhöhung (auf 35°) gesteigert werden kann.

Nachdem ich die Mittheilung Nathansohn's gelesen hatte, führte ich noch einige nachträgliche Culturversuche mit isolierten Zellen bei einer Temperatur von 33° C. (im

---

[1] J. Loeb, On the nature of the process of fertilization etc. Americ. Journ. of physiology, Bd. III, 1899. Ferner: Experim. on artifical parthenogenesis in Auclids (*Chaetopterus*) and the nature of fertilization. Ebenda, Bd. IV, 1901.

[2] Über Parthenogenesis bei *Marsilia* und ihre Abhängigkeit von der Temperatur. Berichte der Deutschen bot. Gesellschaft, 1901, S. 99 ff.

Thermostaten) aus. Die Assimilationszellen zeigten dabei kein anderes Verhalten, als bei gewöhnlicher Zimmertemperatur, nur traten die beschriebenen Veränderungen rascher ein und dementsprechend giengen die Zellen auch früher zugrunde. Das Ergebnis des Culturversuches mit Brennhaaren von *Urtica dioica* wurde schon oben beschrieben.

Zuletzt ist von Hans Winkler[1] der Nachweis erbracht worden, dass unbefruchtete Eier von *Arbacia* und *Sphaerechinus* durch Extractivstoffe aus dem Sperma derselben Species zu einigen Theilungen veranlasst werden. Dieses Ergebnis findet in gewisser Hinsicht sein Analogon in der auch von Winkler erwähnten anregenden Wirkung des Pollenschlauches auf die Ausbildung der Samenknospen bei Orchideen, auf die Anschwellung des Fruchtknotens etc. Wahrscheinlich handelt es sich auch hier um Substanzen — »Wuchsenzyme« — die, aus dem Pollenschlauche austretend, durch stoffliche Reizung die betreffenden Zellen zum Wachsthum und zur Theilung anregen. Natürlich müssen diese Substanzen nicht identisch sein mit jenen, die eventuell die Theilung der Eizelle bewirken, wie ja überhaupt die zur Theilung der Eizelle führenden Reize verschieden sein können von jenen, die vegetative Zellen zur Theilung veranlassen.[2] Immerhin würde es sich verlohnen, im hängenden Tropfen gleichzeitig isolierte vegetative Zellen und Pollenschläuche zu cultivieren; vielleicht regen die letzteren jene zur Theilung an. Am aussichtsvollsten wären derartige Versuche mit Orchideen und anderen Pflanzen, bei denen die oben erwähnte Wirkung der Pollenschläuche bereits sicher festgestellt ist.

Allein nicht bloß Pollenschläuche wären heranzuziehen, um vegetative Zellen zur Theilung zu zwingen. Man könnte den betreffenden Nährlösungen auch Extracte aus Vegetationsspitzen zusetzen, beziehungsweise die Zellen in solchen

---

[1] Über die Furchung unbefruchteter Eier unter der Einwirkung von Extractivstoffen aus dem Sperma. Nachricht der k. Gesellsch. der Wissensch. zu Göttingen, Math.-phys. Cl., 1900, Heft 2. Ferner: Über Merogonie und Befruchtung. Jahrb. für wissensch. Botanik, 36. Bd., 1901.

[2] Vergl. Winkler, Jahrb. für wissensch. Botanik, 36. Bd., S. 773.

cultivieren. Auch an die Verwendung von Embryosacksäften wäre zu denken.

Ohne mich auf weitere Fragestellungen einzulassen, glaube ich zum Schlusse keine allzu kühne Prophezeiung auszusprechen, wenn ich auf die Möglichkeit hinweise, dass es auf diese Weise vielleicht gelingen wird, aus vegetativen Zellen künstliche Embryonen zu züchten.

Jedenfalls dürfte die Methode der Züchtung isolierter Pflanzenzellen in Nährlösungen verschiedene wichtige Probleme von einer neuen Seite her der experimentellen Bearbeitung zugänglich machen.

Erklärung der Abbildungen.

Fig. 1. Palissadenzelle von *Lamium purpureum* nach 8tägiger Cultur in Nährsalzlösung, stark gewachsen. Unten eine bei der Isolierung verletzte und abgestorbene Palissadenzelle.

Fig. 2. Zwei Palissadenzellen von *Lamium purpureum* nach 8tägiger Cultur in Nährsalzlösung, stark gewachsen.

Fig. 3. Theil einer Palissadenzelle von *Lamium purpureum* nach 11tägiger Cultur in 1procentiger Rohrzuckerlösung; Plasmolyse durch verdünntes Glycerin. Die obere Querwand hat sich verdickt.

Fig. 4. Schwammparenchymzelle von *Lamium purpureum* nach 12tägiger Cultur in Nährsalzlösung; polsterförmige Membranverdickungen in den Zellbuchten; der Zellinhalt ist nicht eingetragen.

Fig. 5. Abgestorbene Schwammparenchymzelle von *Lamium purpureum* nach 16tägiger Cultur in Nährsalzlösung; der abgehobene Plasmaschlauch zeigt Fältelung.

Fig. 6. Chlorophyllkörner der Palissadenzellen von *Lamium purpureum* nach 5tägiger Cultur in 5procentiger Rohrzuckerlösung; Cultur im Dunkeln.

Fig. 7. Stück eines Staubfadenhaares von *Tradescantia virginica* nach 12tägiger Cultur in Nährstofflösung (2% Traubenzucker, 0·4% Asparagin). Nur zwei Zellen sind am Leben geblieben; dieselben sind gewachsen und haben ihre an die todten Zellen angrenzenden Querwände verdickt.

Fig. 8. Ende einer lebenden Haarzelle nach 8tägiger Cultur; die Querwand hat sich papillös vorgestülpt und stark verdickt.

Fig. 9 und 10. Desgleichen nach 12tägiger Cultur. Die Membranverdickung erstreckt sich auch über die an die Querwand angrenzenden Partien der Außenwand.

Fig. 11. Endzelle eines Drüsenhaares von *Pulmonaria mollissima* Kern. zu Beginn des Culturversuches.

Fig. 12. Desgleichen nach eintägiger Cultur in Leitungswasser. Vacuolisierung des Plasmas, das theilweise eine grob längsfaserige Structur annimmt.

Fig. 13. Desgleichen nach 3tägiger Cultur in Leitungswasser.

Fig. 14. Desgleichen nach 7tägiger Cultur in Leitungswasser. Der Protoplast ist äußerst abgemagert, der Zellkern viel kleiner geworden.

G. Haberlandt, Culturversuche mit isolierten Pflanzenzellen.

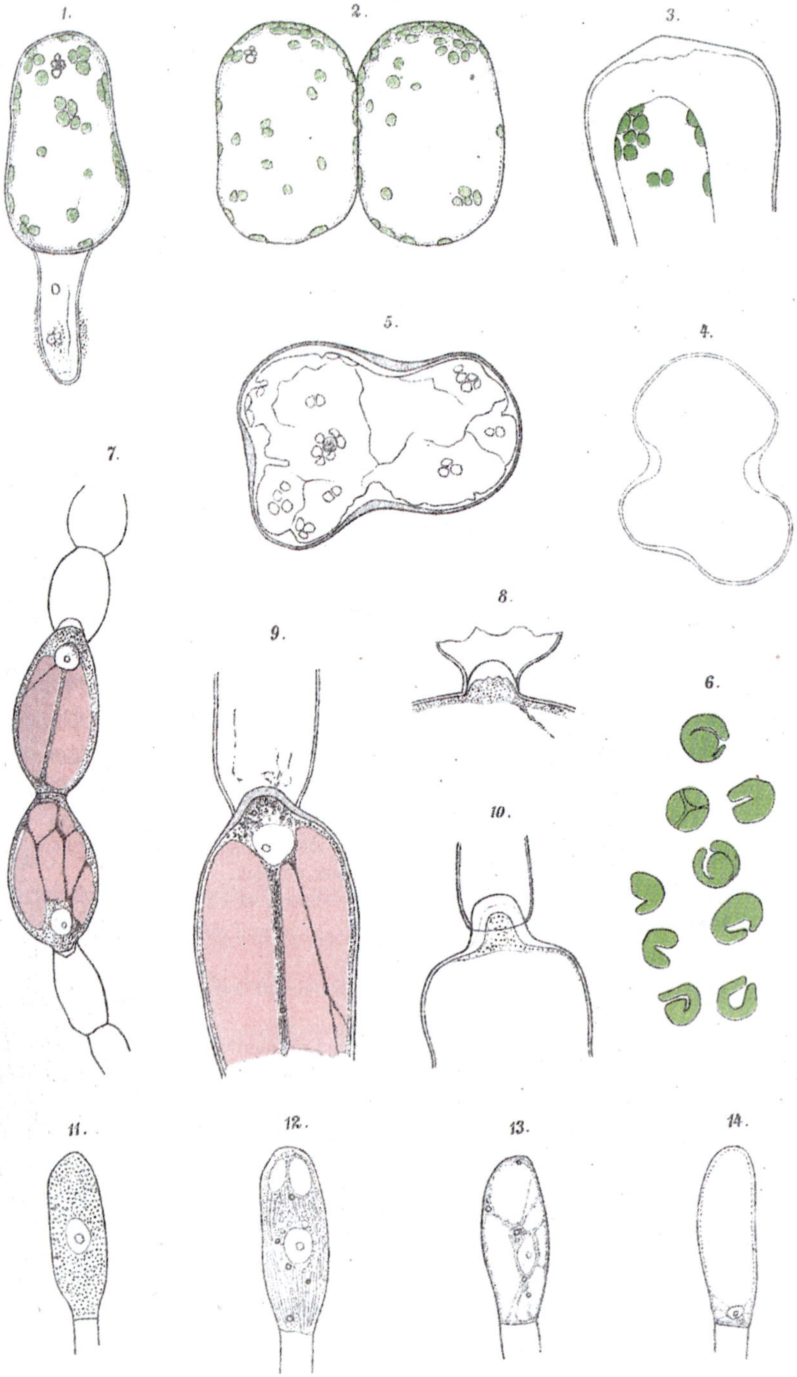

G. Haberlandt del.

Lith. Anst. v. Th. Bannwarth, Wien.

Sitzungsberichte d. kais. Akad. d. Wiss., math.-naturw. Classe, Bd. CXI. Abth. I. 1902

PLANT CELL AND TISSUE CULTURES: THE ROLE OF HABERLANDT[1]

A. D. KRIKORIAN and DAVID L. BERQUAM
Department of Biological Sciences
State University of New York
Stony Brook, New York 11790

The aseptic culture of plant cells and tissues as technique is now well established. Successful development of tissue culture[2] was necessitated by a physiological problem which clearly demanded for its solution some extreme form of isolation of the tissues being studied.[3] Although real success first came with animal tissues, the botanist Gottlieb Haberlandt (1854-1945) (Fig. 1) clearly set forth the purposes and potentialities of cell culture after having attempted culture of plant cells. Haberlandt was not entirely successful but foresaw the use of cell culture as an elegant means of studying physiological and morphological problems.

Recent literature of plant tissue and cell culture is replete with references to Haberlandt's original paper (Haberlandt, 1902), but there is reason to believe that it is often quoted but seldom read. This is especially so since there are an increasing number of researchers who read no modern languages other than English. Because the paper is a classic, it seems appropriate to present it in its entirety in translation.[4] Haberlandt's paper ushered in a new

[1]This paper is dedicated to Professor F. C. Steward, F.R.S., Director of the Laboratory for Cell Physiology, Growth and Development, Cornell University on the occasion of his 65th birthday.

[2]The term "tissue culture" which has come into general use is, insofar as plants are concerned, inappropriate. Bailey (1943, p. 539) squarely faced the problem of terminology pointing out that "most of the so-called tissues of higher plants contain varying proportions of cells whose protoplasts are capable of division and subsequent growth. Callus-like proliferations derived from excised parts of plants when grown under controlled conditions *in vitro,* obviously provide extremely significant material for the experimental investigation of various morphological problems. It is misleading, however, to refer to such proliferations as cultures of a specific tissue . . . it is inadvisable to refer to abnormal proliferations from heterogeneous bits of stem, roots or other organs as cultures of cambium, procambium, cork cambium, etc." For the sake of uniformity however, we shall continue to use the term "tissue culture" since it is so firmly established.

[3]See Oppenheimer (1966) for a lucid discussion on the role played by Ross G. Harrison in establishing the first successful tissue cultures. Although a zoologist, Harrison was quite familiar with the early work done with plant cells.

[4]The difficulty of the original German has emphasized that certain freedom is needed in translation. Accordingly, the exact interpretation has been given throughout but wherever possible, excessively long sentences have been broken up into shorter ones. The whole translation has been scrutinized by Prof. Dr. J. Reinert, Pflanzenphysiologisches Institut, Freie Universität Berlin. For this and other helpful suggestions the authors are grateful.

era of inquiry; the problems he clearly posed still confront plant biologists today.

It seems unfortunate that Haberlandt did not pursue his cell culture studies. Instead, he devoted his attention to "sensory physiological" investigations which culminated in 1906 in the second edition of his 1901 work "Sinnesorgane im Pflanzenreich" (Haberlandt, 1906). While this work contains much valuable information, the problems are almost as obscure now as they were at the turn of the century.

On the other hand, Haberlandt's unsuccessful attempts to culture isolated vegetative cells from higher plants stimulated later investigators to grow tissues and organs. He himself never returned to the original problem although his laboratory was, as we shall see, the scene of a major advance in root culture.

By modern standards, Haberlandt was unsuccessful in growing isolated plant cells. "Cell division was never observed" (p. 88).[5] White (1963, p. 10) accounted for Haberlandt's limited success by emphasizing that while attempting to utilize photosynthetic material for nutritional reasons, he selected green mesophyll and palisade cells that were mature and highly differentiated. Meristematic activity in these specialized cells, if any, was minimal. The simple mineral salt solution supplemented with a few organic compounds could not be expected to supply the wide range of substances that are now known to be needed for cell division. Plant cells *in vivo* are not usually bathed in any single ambient nutritive solution. Cell walls, in addition, act as hindrances to absorption of necessary materials and thereby restrict the kinds of nutrients they can use. The technique of excision in itself involves, often-times, rupturing the cellulosic envelope and results in exposure of the naked protoplasts. This subjects the cells to considerable shock. In connection with the first consideration is the fact that growth in higher plants is restricted to meristematic regions. Cells taken from sources other than primary and lateral meristems probably are less "programmed" for growth than cells from these sources. It was optimistic of Haberlandt to think that single cells could be cultured.

While it is true that tissues and organs in many plants have yielded to modern culture techniques and produce a vigorously growing culture under prescribed conditions, that is not invariably so. The dramatic example of this is that very few successfully and continually growing cultures of monocotyledonous plants have been developed to date. It is true that there are some examples where this has been achieved (Nickell, 1962; Krikorian and Katz, 1968), but for the most part monocotyledonous plants only yield vigorously growing cell, tissue or organ cultures with difficulty. Interestingly enough, Haberlandt used three monocotyledonous genera, *Tradescantia, Erythronium,* and *Ornithogalum.*

A question that should be asked here is whether differentiated cells can be

[5]Page citations refer to the pages in the original German publication (Haberlandt, 1902).

made to grow and divided using techniques *now* available. Before this question can be answered, however, it may help put things into perspective by emphasizing that cells and tissues undergo changes in their metabolism as they grow. The changes are as varied as the techniques used to detect them (Krikorian and Steward, 1969). What then is a differentiated cell?

Differentiation may be considered to be synonymous with specialization. There are many problems about the essential features of the differentiated state that call into question its irreversibility. While it may be theoretically possible to grow any plant cell or part aseptically, in actual practice this may be quite difficult. The general opinion is that the more differentiated the cell, the less feasible it is to make it divide and grow again. The question is far from being settled and this concept may have to be drastically altered. Recently, Joshi and Ball (1968 a and b) have reported good growth of isolated palisade cells from a number of plants. These cell cultures are considered to have originated from mature differentiated parenchyma cells. In fact, all attempts to grow palisade cells excised from immature leaflets failed. Incidentally, cells explanted from leaves of *Eichhornia crassipes,* a species tested by Haberlandt, failed to grow. To be precise, then, there are few examples of cultures that have originated from mature fully differentiated cells. Certainly a criticism of the early workers is that they selected highly differentiated cells as starting materials. For instance, Bobilioff (1925) attempted to culture isolated laticifers.

Since the 1940's a great deal of work has been done on the nutritional requirements of excised plant tissues on strictly defined media. In general, tissues can be successfully cultured on media containing any of several mixtures of mineral salts commonly used to culture plant tissues and organs. (Knop's solution used by Haberlandt is still used today in modified form as Nitsch's Solution). Sucrose is ordinarily employed as an energy source. While some tissues can be grown successfully in completely defined media, many others have failed to grow on salt solutions unless supplemented by trace elements, vitamins and other growth-promoting substances of an incompletely defined nature such as yeast and malt extract, liquid endosperms such as those of coconut (coconut water), corn and horsechestnuts, etc. It is very difficult, if not impossible, to designate a generally "best" medium. It becomes a major problem to study all the interactions of the separate components of such a system (organic and inorganic), and it is usually not profitable at this state of knowledge to do so. Particularly, since the organic requirements are so obtrusive, the detailed specificity of the inorganic requirements can well wait until these are fully specified. When establishing a culture for the first time, therefore, one normally proceeds by using the simpler media first and then arranging to supplement this in several ways. The "art" in this work is to arrive empirically at a recipe which gives tissue or cell type the best chance to display its "intrinsic ability to grow."

Dicotyledonous tissues have so far given the most satisfactory results although some gymnospermous and pteridophyte tissues have also been grown successfully. As already stated, monocotyledonous tissues have not been very responsive to growth induction, and in general, even with the refined methods of growth promotion now available, these tissues are generally considered recalcitrant. The nutritional requirements of plant cells are still a moot point and will continue to be for some time. An example will clarify this. If one removes leaf primordia at an earlier and earlier state from a shoot apex, the prospect of their normal development in isolation becomes increasingly difficult to achieve. If entire apices are removed, the smaller the amount of subjacent tissue, the more difficult they are to culture; the fewer the promordia on the apical portion removed, the more difficult they are to culture. In other words, we don't yet understand the stimuli and nutrients received by certain cells from the rest of the plant body. Haberlandt, then, followed by even present day standards the logical sequence in developing his media.

Moreover, Haberlandt foresaw the difficulty in comparing nutritional requirements *in vivo* with the components of a culture medium, for the synthetic ability of the intact plant is significantly more complete than that of tissue explants or individual cells (Krikorian and Steward, 1969). Thus, it seems that growing cells and tissues in culture require growth factors over and above those essential to the intact plant from which they came. One can assume that the cultured free cells might lack some essential metabolite in a given biosynthetic sequence, which, in fact, might be supplied from other cells or organs through translocation. But it is also possible that cultured cells may be called upon to perform fewer synthetic functions than the intact plant and may be able to dispense with certain substances in the medium. Media which would encourage a more autotrophic metabolism can be used, e.g., by lowering or eliminating the source of reduced carbon. Haberlandt used photosynthetic or "green assimilation" cells wherever possible because he rightly anticipated a more complete supply of nutrients by calling upon the cell's own synthetic power. We now know that some cells will grow in the complete absence of sucrose from the medium, since green strains are capable of photosynthesis.

That the rigid cellulosic wall restricts what we now know as pinocytosis and thereby limits nutrient uptake is overstated by White (1963). Pinocytosis, while traditionally thought to be a phenomenon encountered only in animals, has been observed in plants but cannot be considered to be a major source of nutrient uptake. Trauma or shock of the protoplast incurred during excision or explantation similarly seems to be exaggerated. Haberlandt stated that many cells were obtained "completely isolated" (p. 77). In fact, he deliberately selected plant parts with cells loosely organized . . . "so they were easy to isolate by mechanical means" (p. 70).

The last objection is the most legitimate. The cells selected for culture by Haberlandt were mature non-meristematic cells. They were fully mature parenchyma. Whether the palisade and mesophyll cells can be considered fully differentiated is a matter of debate. Certainly the glandular hair cells of *Pulmonaria* and the stinging hairs of *Urtica* must be accepted as highly specialized or differentiated; the same applied to the stamen hairs of *Tradescantia.*

The epidermal cells of *Ornithogalum, Erythronium* and *Fuchsia* containing the guard cells of the stomatal apparatus must likewise be viewed as specialized.

Haberlandt could not have been less judicious in his selection of his cell types in view of what is now known. Why did he insist on using isolated differentiated cells and even go so far as to say that "stomatal cells, because of their great viability, suggest themselves as very suitable for this kind of experiment" (p. 87)? He believed that the complete qualities of an organism are incompatible with a degree of organization less than that of cells. With so much faith, as it were, in the cell theory, he felt constrained to work with the ultimate unit of organization—the cell. He viewed cells as "elementary organisms" (see footnote 9): the limits of divisibility of plants were cells, and to this end he set out to culture them.

If, despite the expansion " 'growth' of the cells which frequently occurred, cell division was never observed," how can so much value be placed on this paper as being so important a milestone? The paper contains theoretical considerations which hindsight now shows to have been particularly accurate (cf. Section IV of the translation of Haberlandt's paper).

Haberlandt was a scientist of broad interests and followed the literature intently (Haberlandt, 1933). Using the observations of Loeb (1900 a, b; 1901), Nathansohn (1900), and Winkler (1901) on parthenogenetic development as a point of departure, Haberlandt performed experiments on isolated cells in the hopes of stimulating them to divide. Whereas temperature was the controlling factor for cell division of the egg in the water fern *Marsilea,* it only hastened death of Haberlandt's cell cultures.

Although we now know (Wood et al., 1969) that no single growth factor is required to bring a cell to a point where it will divide, Haberlandt's suggestion that there is a substance released from the pollen tube which initiates growth and division of cells in the ovule of orchids was later borne out. Fitting (1909) found that a substance present in orchid pollen caused swelling of the gynostemium in the orchid flower. This substance was later found to be auxin. The word "hormone" was used for the first time in the botanical literature in this connection by Fitting (1910, p. 265).

It is not unexpected that growing cells produce growth-promoting substances. Had Haberlandt carried out his own suggestion "to culture together in hanging drops vegetative cells and pollen tubes" (p. 89), significant results might have been obtained since none of the earlier tissue culture media contained "hormones" or similar growth factors which were not yet then known. By suggesting the use of what is essentially a combined culture, he anticipated what has come to be known as the "nurse tissue technique" (Muir et al., 1958). Single cells can be grown on previously cultured explants. This suggests that the cultured tissue releases substances that stimulate the growth of free or isolated cells.

He also prophesied the use of an "extract from vegetative apices; or else culture the cells from such apices" (p. 89). Although few have sought the stimuli to cell division that must reside in vegetative apices, the aseptic culture of root and shoot apices is now a reality. The suggestion that vegetative apex extracts be used as a source of growth promoters is a good one except there is a difficulty in excising apices and presumably this is why it has not been attempted.

Haberlandt continued, "One might also consider the utilization of embryo sac fluids" (p. 90). Hannig (1904) seems to have been the first to employ embryo sac fluids in attempting to stimulate the growth and development of young embryos. He utilized embryo sac fluids from *Raphanus* species and *Cochlearia* and tested these extracts on the growth of embryos from the same species. Hannig, however, noted that these fluids were toxic to the young embryos. Experiments were not performed to ascertain why the embryos died. The first positive evidence that liquid endosperms contained factors that could enhance growth came from experiments carried out by Van Overbeek et al. (1941). These workers demonstrated that coconut milk provided factors essential to the development of young excised *Datura* embryos. Coconut endosperm turned out to be fortuitous since relatively large amounts of liquid are readily available. It is tempting to speculate that perhaps Haberlandt himself might have conceived coconut as being a source of readily available "embryo sac fluids," had coconuts been generally available in Berlin.

The most significant aspect of Haberlandt's discussion appears to be that he totally believed in what has come to be called "totipotency." Sinnott, following earlier workers, popularized the word "totipotent"[6] among botanists. In his "Cell and Psyche" (1950, p. 30) he stated ". . . the general conclusion, with all its far-reaching implications, seems justified that every cell, fundamentally and under proper conditions is *totipotent,* or capable of developing by regeneration into a whole organism." Stating it a different way, "the fate of a cell is a function of its position" . . . "Single cells, under suitable conditions of isolation and stimulation, will sometimes develop into whole plants. All parts of the plant tend thus to be *totipotent.* Why these potentialities are not realized when the part is a member of an organic whole is a problem" (Sinnott, 1960 p. 102).

Haberlandt clearly postulated his views on the problem as he saw it. "Without permitting myself to pose further questions, I believe in conclusion, that I am not making too bold a prediction if I point to the possibility that in this way, one could successfully cultivate artificial embryos from vegetative cells" (p. 90). The implications in this sentence seem overwhelming in light of recent developments, although it appears that they were all intuitively obvious to Haberlandt and he believed they needed no defense. (see Haberlandt, 1901).

In the sense of the word as used by animal embryologists, "totipotency" had been recognized amongst botanists for a long time. Van Tieghem, for instance, was much concerned with the tissues from which roots arose (Van Tieghem and Douliot, 1888). Although it turned out that roots seemed to arise most frequently from the pericycle, root initials were found to be produced in almost any living tissue. The spate of examples of vegetative propagation in the

[6]Thomas Hunt Morgan appears to have been the first to use the term "totipotence", cf. Morgan, 1901 p. 243.

botanical and horticultural literature must have emphasized the point. Loeb's work (1901) as well as the results of Nathansohn (1900) are taken into account by Haberlandt. Winkler, also acknowledged by Haberlandt, had discovered the important and suggestive fact that the adventitious buds formed upon leaves may originate either from *one single cell* on the epidermis or from several cells together (Winkler, 1903, p. 97).

There is mounting evidence that almost every living cell of a higher plant is potentially "totipotent"—that is, the equivalent of the zygote from which it was originally derived by a series of equational divisions. Cultured free cells of a number of plants can give rise to plantlets and eventually whole plants. Reinert and Steward were the first to confirm Haberlandt's prediction that embryos can arise from somatic cells in culture (Steward et al., 1966; Reinert, 1968 for detailed reviews of this subject). This kind of observation emphasizes that the genetic information must reside in cultured cells. Genes of higher organisms seem to exist in states of varying activity, and differentiation of cells is correlated with changing genic activity. The old idea that genic material is permanently altered or lost during the process of differentiation must now be discarded. The mechanisms controlling genic activity in higher systems are just beginning to be explored with some success. One needs to know what the master controls are. In this field, theory is far ahead of knowledge, so that while specific mechanisms are largely unkown in multicellular systems, in principle it is easy to see how controlled variable gene activity could explain many well known problems of cell differentiation. It seems all the more significant that Haberlandt was thinking of problems which are urgent in the 1960's.

Besides a review by Winkler (1902) of Haberlandt's work, little immediate notice was forthcoming. Winkler described obtaining a few (three) cell divisions in isolated root parenchyma cells of broad bean (*Vicia faba*) in solutions containing .002% $CoSO_4$, but it seems that the work was never published in detail. Hannig (1904) in his embryo culture work made no reference to Haberlandt.

Haberlandt's own efforts were then directed to studying the so-called "wound hormones." In this respect, he really did not leave the problem of cell culture completely for he realized that more had to be known about the specific factors required for cell division. Accordingly then, it is more accurate to say that he concentrated on an indirect approach, which led to the formulation of many valuable concepts in the area of cell division factors. He even "cultured" some tissues although be it said that they were really small pieces of potato tuber in which he studied cell division and periderm formation ("wound healing"). Haberlandt envisioned cell division as being controlled by two hormones. One was the substance "leptohormone" which was associated with vascular tissue; the other was the wound hormone proper which was secreted by injured cells (Haberlandt 1914, 1920, 1921, 1922). It is beyond the scope of this article to evaluate the later work in detail. Many years later, Jablonski and Skoog (1954) obtained evidence for a growth substance that interacted with indole-3-acetic acid and essentially confirmed and extended Haberlandt's cell division hormone concept. A search for the compound led to the discovery of kinetin and introduced the idea of synergistic effects of auxins and cytokinins in promoting cell division (Skoog and Miller, 1957). This discovery has enabled researchers to perform culture experiments under defined conditions by providing a substitute for complex undefined media.

At this point, we may ask where the background of knowledge for the aseptic culture of plant tissues and organs originated. It is surprising that Haberlandt did not think it necessary to achieve complete sterility. Indeed he commented that "the cultured plant cells were impaired only slightly in their progress by the presence of numerous bacteria in the culture solutions" (p. 70-71). It is difficult to evaluate now the effects of the bacterial contamination on the isolated cells he was trying to culture.

Quite early in the history of aseptic technique and culture methods, Erwin F. Smith (1854-1927), the great pioneer of plant pathology (Rodgers, 1952), saw the possibilities of the application of aseptic culture methods to the study of the relationships between a pathogen and its host (Whetzel, 1918). Prompted by their contact with B. M. Duggar, a pioneer in plant physiology at Cornell University (Humphrey, 1961) first L. Knudson (1916; 1919), then W. J. Robbins (Robbins, 1922) exploited aseptic culture methods in their work on root systems. Knudson also utilized aseptically cultured roots, still attached to shoots which were not maintained aseptically, to study carbohydrate metabolism and enzyme secretion. W. J. Robbins from this starting point developed his now well known approach to the culture of isolated roots.

Robbins (1957) has summarized the circumstances which led to his successful establishment of isolated root tip cultures. He was unaware at the time (the experiments were first started in 1917) of Haberlandt's investigations and in point of fact, "had no intention of duplicating the experiments of Harrison and Carrel on animal tissue culture" (Robbins, 1957, p. 190). Instead, he designed his experiments to test the hypothesis set forth by Loeb (1917) that the development of roots in leaf notches of *Bryophyllum* was determined by a hormone produced by the leaf. In Robbins' own words "It seemed . . . that Loeb's hypothesis could be tested by comparing growth of excised root tips in a solution of mineral salts with their growth in one of mineral salts and sugar. Growth in the latter medium, if it occurred, would demonstrate that sugar was the 'hormone' furnished by the leaf and necessary for the growth of roots in the leaf notches" (Robbins, 1957, p. 189).

Kotte (1922), who was working in Haberlandt's laboratory, published independently shortly after Robbins a study of the culture of isolated root tips. A note added in proof calls attention to Robbins' paper. It is clear from Kotte's introductory statements that it was his specific intention to test the growth potential of isolated meristematic tissues. "Up until now," he wrote, "only permanent tissues have been investigated in this manner [culture technique]; apparently isolated meristematic tissues have not yet been cultured." (Kotte, 1922, p. 413). Appropriately, Robbins and Kotte are credited with the first successful plant culture experiments. Later investigations by White (1934) on tomato roots firmly established the technique of continuous root culture and outlined the nutritional requirements for sustained growth.

The first true tissue cultures in contrast to the organ cultures of Robbins and Kotte were aimed necessarily at the establishment of sterile cultures and the demonstration of their survival. In this period, the well known works of Gautheret, Nobécourt and White, which concentrated on methodology, need to be mentioned. These workers published independently, within a period of several weeks, results of the continuous cultivation of cambial tissues of carrots (Nobécourt and Gautheret) and tissues of tumor-forming tobacco hybrids containing procambium (White). There would be no point in reviewing all the voluminous literature, but reference may be made to Gautheret (1937, 1942), Nobécourt (1937, 1939), and White (1931, 1936, 1941, 1943, 1946) since there is to be found in the works of this period a great deal of background information.

The first successes of Gautheret, Nobécourt and White were not achieved with single cells but with relatively large chunks of tissue. Even the positive results obtained with these large explants were not without problems. Although it was found that tissue of the mature carrot root could be grown when explanted in a relatively large piece that contained cambium, it proved much more difficult to culture relatively small pieces sufficiently removed from the cambium so that the cells would not normally grow again. This, however, was solved by the supplementation of the then known basal medium with the additional growth stimulating qualities of coconut milk (Caplin and Steward, 1948). A very similar storage tissue, the potato tuber, proved to be much more recalcitrant. It was not until discovery that the basal medium supplemented with coconut milk, or coconut water, further needed an appropriate synergist (the first example of which was 2.4-dichlorphenoxyacetic acid, 2.4-D), to allow the potato tissue to grow easily and rapidly (Steward and Caplin, 1951), that interaction among growth regulating substances was appreciated.

We have already seen that the extension of the general principle that cells of a higher plant may require basal medium to be supplemented by a subtle combination of many constituents does not necessarily lead to the growth of many plant tissues. Nevertheless, great progress is being made in the field of plant growth regulation, and we are in Haberlandt's debt for having so elegantly opened the way for these advancements.

EXPERIMENTS ON THE CULTURE OF ISOLATED PLANT CELLS

by

G. HABERLANDT

Member of the Academy

(With 1 Plate)

(Presented at the February 6, 1902 Session)

I.

To my knowledge[7,8], no systematically organized attempts to culture isolated vegetative cells from higher plants in simple nutrient solutions have been made. Yet the results of such culture experiments should give some interesting insight to the properties and potentialities which the cell as an elementary organism[9] [Elementarorganismus] possesses. Moreover, it would provide information about the inter-relationships and complementary influences to which cells within a multicellular whole organism are exposed.

As early as 1898, I had performed a number of such culture experiments with artificially isolated plant cells. Originally, it was my intention to pursue these experiments on a large scale, testing the behavior of cells from different kinds of tissues in different kinds of solutions. Other work prevented this plan from being carried out. Since my sensory

---

[7]Our footnotes will appear in brackets to distinguish them from Haberlandt's own footnotes.

[8]It seems quite clear that Haberlandt was in fact the first. Harrison (1928, p. 7) described Haberlandt's priority in the following way: "About the time that Haberlandt's first paper appeared Loeb published his experiments with pieces of epithelium from the Guinea pig, imbedded in small blocks of clotted blood or agar which were placed for incubation in the body of another animal . . . The technique was entirely different from Haberlandt's and had nothing in common with that of modern tissue culture, although the underlying purpose of the experiment was essentially the same. Loeb in an earlier paper . . . mentions having made experiments in which the agar blocks containing pieces of living tissue were incubated outside the organism. The results were not stated."

[9]Haberlandt in his *Physiological Plant Anatomy* (1914) emphasized that cells were a unit not only in the morphological sense; e.g., "If the term 'organ' be employed in general to denote the instrument wherewith a definite physiological function is performed, then the cell must be regarded as an elementary physiological instrument or 'elementary organ'! Every cell, namely, performs a definite physiological service for the whole term of its life or at any rate at some period of its existence while the sum total of the physiological functions of the various cells constitutes the vital activity of the entire plant . . . (p. 15). The majority of cells represent not only elementary organs, but also elementary organisms, in other words, a cell, as a rule, does not merely work in the service of a higher living entity, namely the entire plant, but also behaves as a living entity, though indeed as one of a lower order or magnitude (p. 16)."

physiological[10] [sinnesphysiologisches] investigations will probably preoccupy me for some time yet, I should like to briefly communicate, if I may be permitted, the results of my earlier experiments in the following pages.

Of course, only plant parts with cells loosely organized in tissues, so that they were easy to isolate by mechanical means, could be used for these experiments. Since I wanted to try culturing green assimilation[11] cells, it was a question at the outset of finding the appropriately constructed leaf. In this connection, leaves subtending the bracts of *Lamium purpureum*, which possess typical palisade and mesophyll tissue, proved to be most suitable. Small leaf fragments on a slide were teased apart in a few drops of solution with two needles until examination under the low-power objective showed the presence of numerous isolated palisade and mesophyll parenchyma cells. The cultures were initially maintained in hanging-drop slides and later in small glass dishes with covers. The dishes contained approximately 10 cm^3 of solution. Finely drawn-out glass pipettes were used to transfer the cells into the solution. Pipettes of the same sort were also used from time to time to "fish" out [herauszufischen] individual cells from the dishes. These were then transferred to a slide for microscopic examination. The culture dishes stood on a table facing a northwest window of the Botanical Insti-

[10]Haberlandt argued that terms such as sense-organ, sensitivity, sensation, perception, etc. could readily be used in connection with the physical aspects of stimulation and response. All cells and organs capable of receiving stimuli could, in his view, be termed "sense organs" whether they show any special anatomical features or not. The term "sense physiology" is now outmoded but was never really commonly used in the botanical literature. The English translation of Haberlandt's anatomy book is the only place where consistent usage of the word appears. "In zoological nomenclature, organs concerned with the perception of external stimuli have always been known as sense organs, even among the lower animals, and in other cases in which it is doubtful if the organs in question are responsible for sensation in the psychological sense. It is therefore not only permissible, but necessary in the interests of consistency, to apply the term sense-organ to the analogous structures in plants, especially as the latter often exhibit a close resemblance in plan to some of the perceptive organs of animals (Haberlandt, 1914, p. 572)."

[11]The term photosynthetic [photosynthetisch; Photosynthese] was not then in common usage. Around the turn of the century the noun *photosynthesis* and the adjective *photosynthetic* gained general acceptance (Green, 1900, p. 164) and are of course, now firmly established. Stiles (1925, p. 4) sums up the dilemma of terminology in the following. "The depth of ignorance of this aspect of the subject is clearly indicated by the variety of terms which have been used to describe the process: carbon assimilation, carbon dioxide assimilation, photosynthetic assimilation, chlorophyllous assimilation, photosyntax, photolysis of carbon dioxide. . ."

See also editor's footnote *2*, Pfeffer (1890) p. 302. Ewart discusses the term *photosynthetic assimilation* here for the first time.

tute. Here they were well-lighted but protected from direct exposure to the sun's rays. A few experiments were also carried out in darkness. The temperature, depending on the season of year (April, May, June, September, October, November) varied from 18 to 24°C.

Various precautions were taken, of course, to keep the cultures as nearly bacteria and fungus-free as possible, though in this regard, complete sterilization turned out to be scarcely feasible and really unnecessary. The slides, coverslips, steel needles, pipettes and glass dishes were always passed through the flame of a Bunsen burner several times before use. The solutions were boiled in advance. The shredded leaf pieces were carefully rinsed with sterilized water. This was enough to keep at least some of the cultures sufficiently pure. As for the contaminated cultures, it is worth remarking that, in general, the cultured plant cells were impaired only slightly in their progress by the presence of numerous bacteria in the culture solutions.

The following nutrient solutions were used: tap water, Knop's solution[1], one to five percent sucrose solutions, and Knop's solution with the addition of sucrose, dextrose, glycerine, asparagine and peptone in various combinations and concentrations.

II.

Before I consolidate and discuss the results of culture experiments attempted with the bracts of *Lamium purpureum,* I would like to quote, as an example of the course of a single culture experiment, from the entries of my day book.

Small dish culture. Knop's solution. Started on 21st of April. Average length of palisade cells 50μ, width 27μ. Chloroplasts starch-free.

April 22. Cells unchanged. Engelmann's bacteria method[12] indicates that the isolated cells are assimilating vigorously.

April 23. Cells unchanged. When stained with iodine solution, small

[1]For which Sachs (Vorlesungen über Pflanzenphysiologie, II. Aufl., S. 266) lists the following ingredients: to 1000 cm^3 of water, add 1 gram potassium nitrate, .5 gram calcium sulfate, .5 gram magnesium sulfate, .5 gm. calcium phosphate and a trace of ferrous sulfate.

[12]This elegant technique which was introduced by Engelmann is based upon the fact that certain aerobic bacteria are motile in the presence of oxygen and inactive in its absence. The cells to be tested for photosynthetic activity are placed on a slide in a solution containing the bacteria; the preparation is covered with a cover glass and sealed with a mixture of vaseline and paraffin. In darkness, the available oxygen is depleted by respiration and the bacteria are immobile. As oxygen is generated in the preparation by photosynthesis, the bacteria begin to move and are chemotactically attracted by a bubble of air or oxygen. As the sealed preparation is illuminated, the bacteria aggregate near the photosynthesizing cells (Engelmann, 1882). The method is, therefore, essentially a test for oxygen.

starch grains can be seen in the chloroplasts of several cells.
April 24. Almost all the cells are still alive. Many have grown considerably. Palisade cells grow relatively more in width than in length and show a tendency to round up. Often they take on a pear-shaped form. Chloroplasts have become smaller. They are symmetrically distributed or, in one protoplast, form a compact mass.
April 28. Nearly all cells are still alive. Their growth has progressed even further. Individual palisade cells are now 70μ long and 50μ wide. The chloroplasts have become still smaller and show a tinge of yellow. The bacteria method indicates assimilation still continuing, though less vigorously.
April 30. Majority of the cells still alive. Cell walls have become somewhat thicker. Normal wall thickness .7μ compared to a wall thickness of 1 to 1.4 μ. While the walls of normal cells slowly turn light blue when treated with zinc chloroiodide, this stain is quickly and intensively picked-up by cultured cells. The diameter of the chloroplasts, which have turned yellowish, has diminished by half since the beginning of the experiment: initially 6-8 μ, now 3.2-3. 8μ. Chloroplasts, however, still contain tiny starch grains.
May 2. All cells dead. The very thin plasma membrane has withdrawn from the cell wall, which is furrowed. Chloroplasts still smaller, quite pale, partially disorganized.

I should like to summarize the most important experimental results in the following points:

1. Under culture conditions in diffuse daylight, the photosynthetic cells continued to live many days. In Knop's solution, a simple nutrient solution of inorganic materials, the cells sometimes remained alive for three weeks (for example, in one dish culture, from the 2nd to the 24th of May). In solutions supplemented with 1% sucrose, they lived even longer. After a month, individual cells in these solutions were still alive. The cells quickly died in darkness. In Knop's solution death occurred after only 4-6 days; in Knop's solution plus 1% sucrose, a few day's later. They remain alive no longer in 5% sucrose solution.

2. Initially at least, the chloroplasts photosynthesize quite vigorously. This was established by means of Engelmann's bacteria method and through the demonstration of starch grains in chloroplasts which were free of starch at the beginning of the experiment.

The difference in behavior of chloroplasts in Knop's solution and in 1 to 5% sucrose solution is remarkable. In Knop's solution, they became gradually smaller, soon taking on a yellowish tinge. They then became still paler and were eventually transformed into small, soft and contorted leucoplasts. Their bahavior in sugar solutions was dependent upon the concentration of the solution. It is true that, in 1% sucrose solution, the chloroplasts also became smaller, but they maintained their green color. In higher concentrations (3-5%) they did not decrease in size and still looked intensively green-colored when the cells died, often just as deep a green as at the beginning of the experiment. It did not matter whether the cells were in the light or in darkness.

How can these differences in behavior of the chloroplasts be explained? One soon assumes that it is a question of nutrition. Since the chloroplasts of isolated cells are entirely dependent upon their own powers of assimilation, they cannot remain intact but must eventually deteriorate. They release their assimilation products so completely to the rest of the cell organelles (which as a result often show vigorous growth), that too little remains for the preservation of their own integrity. It must be assumed that, with the resumption of cell growth, the normal relationship between chloroplasts and non-green organelles is destroyed. A relationship now begins which is similar to that of host and parasite. It would be similar to the simplest form of parasitism, in which the parasite injures the host by depriving it of formative building materials and finally causes its death. That this explanation is correct is suggested by culture experiments with assimilation cells of *Eichhornia crassipes* mentioned below, in which, in darkness, chloroplasts free of starch at the beginning of the experiment quickly perished, while those containing starch remained green until the starch was depleted.

A supply of sugar sufficed to keep the chloroplasts of assimilation cells of *Lamium purpureum* intact. Organic nitrogenous substances were not required. In a solution containing 3% sucrose and 1% asparagine, the chloroplasts remained bright green until the death of the cells, but showed neither growth nor increase. Their tendency to flatten and lie side-by-side was striking, especially in the lobes of the spongy parenchyma cells where uniform, large and trough-shaped chloroplasts were present. Careful observation also showed fine boundary lines present between the individual chloroplasts.

In a culture maintained in darkness in 5% sucrose solution, I observed on the fifth day very distinctive changes of form in the chloroplasts (Fig. 6). Brightly green colored chloroplasts with deep indentations and sinuses were seen. The chloroplasts appeared to be horse-shoe shaped or of an irregularly lobed form. Sometimes the lobes enveloped the rest of the chloroplast. These peculiarities of form are strongly reminiscent of the unusual forms of chloroplasts which I have observed in various species of *Selaginella* (*S. Martensii,* [*martensii*][13] leaf base; *S. Kraussiana*),[1] [*kraussiana*].

[13]The nomenclature has been checked by Dr. William J. Dress of the Bailey

3. A more or less pronounced growth of the isolated assimilation cells was usually associated with their continuing capacity to photosynthesize. Palisade as well as spongy parenchyma cells showed this. The average length of typical palisade cells at the beginning of the experiment was 50 μ, their width, 27 μ. After completion of growth, the maximum values recorded were 108 μ for length and 62 μ for width. The volume increase of palisade cells, computed on the basis of assuming that they have a cylindrical form, was 8 times greater than that of the original. The growth of spongy parenchyma cells was less substantial but still considerable. They increased their diameter from 38-40 μ to 50-68 μ. The palisade cells in general showed more vigorous growth in width than in length. Their tendency to round up and assume a spherical form was especially noticeable. That the volume increase was really due to growth, and not simply the result of an enormous stretching of the cell wall, was shown by plasmolysis experiments and, further, by the growth phenomena of the cell wall discussed in detail below.

The growth of the assimilation cells was not enhanced by the addition of sucrose or asparagine to the medium. The most pronounced growth occurred rather in Knop's solution.

From the previous remarks, it is evident that isolated assimilation cells, which stop growing in the normal course of development are able, in nutrient solution culture, to resume growth in a very vigorous way. What induces them to do so? Little would be gained by regarding this renewed growth as a reaction to injury during isolation (shock stimulus) [traumatische Reizung]. A term of this sort covers a number of separate processes, any of which could act as a stimulus. Among these are the physical strain on the cells during isolation; the rupture of plasmodesmata; the exposure of cell walls, which earlier bordered other cells (involving a presumed increase in transpiration rate coupled to the diminution of water uptake); the interruption of translocation between neighboring cells; the removal of physical and other influences on the part of neighboring tissues and organs; the uptake of decomposition products from cell components destroyed during isolation; or the effect of wounded areas bordering cells which remained uninjured. All these and still other changes in previous equilibrium conditions make up the wound-stimulus in its entirety. Therefore, if a particular reaction, which begins after a traumatic effect, is regarded as a result of this stimulus, what results is only a paraphrase of the facts and not scientific insight.

Hortorium, Cornell University, Ithaca, New York for accuracy and consistency. Where necessary, corrected generic and specific epithets have been inserted in brackets. This help is gratefully acknowledged.

[1]G. Haberlandt, Die Chlorophyllkörper der Selaginellen. Flora, 1888.

In the present case, a careful posing of questions is necessary. In the following pages, a few possibilities which could serve as explanations for the growth of isolated assimilation tissue, will be briefly discussed.

One might next consider the possibility that the cells begin to grow again because they cannot give up the formative building materials which they produce. That this could not be the only or the decisive basis for the renewal of growth is shown by any foliage leaf. The assimilation cells of a leaf, in the course of a sunny summer day, produce far more products of assimilation than they can release in the same time. They do not apply the surplus to their own growth, however. Instead the cells store it up temporarily until, in the course of the night, translocation follows. In the same way, isolated assimilation cells could store up their products without applying them towards growth.

Another basis for the resumption of growth might be found in the removal of physical growth hindrances which restrict cells contained in tissues. But in very loosely constructed palisade and mesophyll parenchyma, these cells, if they had any tendency to grow further, could grow vigorously into the air-filled intercellular spaces.

Most probably, the stimulus responsible for the recommencement of growth is one which the new medium exerts on the cells. In leaves, the cells are partly surrounded by air; in cultures, by solution. The increased water uptake could lead to renewed growth. However, I regard such a direct influence on the part of the surrounding medium as quite unlikely. Years ago in the Botanical Garden at Buitzenzorg, I poisoned the normal hydathodes of foliage leaves of *Conocephalus ovatus Tréc.*[1] [*Poikilospermum suaveolens*] and thus brought about a daily filling of the intercellular spaces with water. The palisade and spongy parenchyma cells flooded by the liquid—disregarding certain spots—showed no changes. It was not the increased water supply as such, but the requirement of the whole leaf for the secretion of surplus quantities of water which lead to the local production of numerous substitute hydathodes. The conductive parenchyma and palisade cells which showed strong growth under these circumstances got no more water conveyed to them than other conductive parenchyma and palisade cells which showed no renewed growth.

The possibility must also be rejected that the uptake of decomposition products from cells disrupted and killed during isolation is largely responsible for inducing the renewed growth of intact isolated cells. Although as a result of isolation, individual dead cells or cell fragments frequently remained attached to intact cells, a sufficient number were

[1]Cf. G. Haberlandt, Über experimentelle Hervorrufung eines neuen Organes bei *Conocephalus ovatus* Tréc. Festschrift für Schwendener, 1899.

also completely isolated. The latter showed just as substantial growth as the former.

In the ambient solution, these unidentified products of decomposition, associated with an extremely small volume of introduced cells, could only have been present in such small quantities in proportion to the dish contents that a stimulating effect on their part was probably excluded.

It is most probable that the renewal of growth of assimilation cells after their isolation is not actually the result of a new stimulus. Rather cells resume an interrupted growth, because some growth inhibiting factor released by the plant as a whole, which induces the assimilation cells of the leaf to cease their growth at a particular stage, disappears after the isolation of cells.

We certainly know that, in an organism, different processes and activities are stimulated or repressed in a self-regulatory way[1] as it meets the needs of the whole. In the interest of the best possible efficiency for a foliage leaf, it is obvious that the photosynthetic cells should not exceed a certain size. The size of the cells comprising a particular kind of tissue, in view of its physiological function, is just as important an attribute as its form and its other morphological characteristics. When this size is reached in the course of ontogenetic development, further growth of the cells will be checked. This happens not because the cells lose their potential capacity for further growth, but because a stimulus is released from the whole organism or from particular parts of it. It could for the moment be a purely dynamic or a material influence, through the action of which growth comes to a standstill. The isolated cell is capable then of resuming interrupted growth.

Even in the whole organism, if it lost control of individual cells or an entire cell complex, as a consequence of some disturbance in the control of the course of regulation, a renewal of growth in these cells could produce a "pathological hypertrophy." This "hypertrophy" could have some similarity to the kind which arises through the direct stimulus of various parasites, for example.

4. The cell walls of isolated assimilation cells show not only surface growth, but also growth in thickness. In the above-mentioned culture (page 71) [pp. 70-71 in this paper], wall thickness increased from .7 μ to 1-1.4 μ in 9 days. Disregarding those in frequent cases where growth in wall thickness was uniform, localized, but very conspicuous wall swellings often occurred. The palisade cells sometimes thickened their end-walls (Fig. 3). These thickenings were most pronounced in the middle and became less conspicuous along the margins. Even more con-

[1]Cf. Pfeffer, Pflanzenphysiologie II. Aufl., 2. Band, S. 160 ff.

spicuous were cushion-shaped swellings of the cell wall in the sinuses between short lobes of the spongy parenchyma cells (Figs. 4, 5). Wall thickness here measured up to 4.6 μ, while the walls of the lobes themselves were usually only .8-.9 μ thick. These thickenings consistently showed the usual cellulose reaction to zinc chloroiodide, just like the rest of the wall parts.

5. The turgor pressure of cells which had grown in culture was greater than that in normal cells found in a tissue. This increase in osmotic pressure occurred in culture in Knop's solution as well as in 1 or 3 percent sucrose solutions. Therefore, it could not be simply an adaptation to a more concentrated solution. The less so since the increase in osmotic pressure was very great in comparison to the concentration of solution. In normal palisade cells at the beginning of the experiment, plasmolysis occurred in a 3% potassium nitrate solution. In cells grown for two weeks in two different cultures (nutrient salt solution and 1% sucrose solution), plasmolysis occurred only after the addition of 5% potassium nitrate solution. This would be equivalent to an increase in turgor pressure from 10.5 to 17.5 atmospheres. However, the rapid deplasmolysis in cultured cells was conspicuous. The tonoplast (wall of the vacuole) was readily permeable to potassium nitrate, which suggests an abnormal modification of the vacuolar membrane. If these cells possessed a specific permeability to potassium nitrate at the beginning of the plasmolysis experiments (which seems quite likely to me) the above turgor pressure value would be too high, of course.

During plasmolysis in 5% nitrate solution, or in dilute glycerine, frequently I observed only the withdrawal and contraction of the tonoplast; the outer protoplasmic membrane [plasmalemma] and the granular cytoplasm, together with the nucleus and chloroplasts, remained adhered to the cell wall. Hugo DeVries[1] recorded the same appearance in protoplasts which were in the process of slowly dying. There is no valid reason to believe that, in my cultures, the cells and cytoplasmic constituents referred to were already dead at the beginning of plasmolysis. Characteristic changes, which will be described, precede the death of the protoplasm; in the above-mentioned case, these had not occurred. It might be supposed, however, that the cytoplasm (with the exception of the more resistant vacuolar membrane) was already so weakened that it was rapidly killed by the sudden introduction of 5% nitrate solution. DeVries also points out that cells whose protoplasts are injured by placing a bit of tissue in solutions of neutral substances for an extended

[1]H. deVries, Plasmolytischen Studien über die Wand der Vacuolen. Jahrb. f. Wissensch. Bot., 16. Bd., S. 466, 467.

time, or through the addition of extremely small quantities of poisonous substances or by gradual heating to the upper temperature limits of life are capable of responding to the sudden introduction of nitrate solution only by withdrawal and contraction of the more resistant tonoplast. In my cultures, however, injury to the cytoplasm was preceded by vigorous growth of the protoplast.

As part of these experiments, a few measurements of the dimensional changes of palisade cells before and after plasmolysis were made. The following short table records the values found in ocular micrometer units.

		Before Plasmolysis	*After Plasmolysis*	*Shortening in Percent*
1. Palisade cells, taken fresh from the leaf	(length	20.8	19.	8.6
	(width	8.	7.5	6.2
2. Palisade cells after 10 days culture in nutrient salt solution	(length	37.5	35.8	4.5
	(width	19.	18.	5.2
3. Palisade cells after 10 days culture in 1% sucrose	(length	38.	37.	2.6
	(width	18.8	18.	4.2

It is evident from this that the shortening of the longitudinal diameter of cells, in response to an increase in turgor pressure, is significantly greater if the cells are taken fresh from the leaf (shortening 8.6%) than if they are taken from a 10-day culture (shortening 4.5% and 2.6%).

The difference in shortening of the tranverse diameters is much less striking. Whether the slighter stretching of the cell wall in palisade cells which have grown substantially in culture (despite the higher turgor pressure) is related to the increase in wall thickness or whether the capacity to stretch has diminished as a result of a qualitative change in the physical properties of the wall remains to be demonstrated.

6. I have only a few observations regarding changes in the condition of the nucleus of cultured cells to discuss. In normal palisade cells, the nucleus, pressed against the cell wall, possesses a half-lens shaped form with a diameter of about 6 μ. In a five-day culture (Knop's solution + 1% sucrose) the nuclear diameter measured from 8 to 10 μ. The nuclei have thus grown with the cells. In contrast to this, in a 16-day culture (Knop's solution) in which cells which had previously grown considerably were on the verge of dying, the nuclei were considerably smaller. Their diameter now measured only 3 to 4.5 μ.

7. In all cultures an irregular sharp convoluting of the protoplasts, now quite watery, preceded the death of the cells. The protoplasmic surface withdrew from different parts of the cell wall—in spongy parenchyma cells, next to the cushion-shaped wall thickenings in the cell sinuses. Then, forming narrow folds, it invaginated rather deeply into the cell lumen. This convoluting cannot be merely a plasmolytic phenomenon, since it involves a corresponding surface increase of the protoplast. It must rather be regarded as dependent upon an active surface growth of the protoplast. This growth results in the formation of convolutions because the cell wall has previously lost the capacity for surface growth.

Later, during death, the entire protoplasmic surface withdraws slightly from the cell wall. It now shows in surface view irregularly twisted often zig-zag shaped, broken, sharp lines which certainly correspond in part to the rather narrow, sharp convolutions, but may in part also represent fine tear lines.

III.

I will now relate the results of culture experiments carried out on isolated cells of other plants. Actually it is simply a matter of reporting some isolated experiments which, however, still produced some results worth mentioning.

On the 29th of September, two dish-culture experiments were started with isolated photosynthetic cells from the foliage leaves of *Eichhorina crassipes*. In both cultures Knop's solution was used. One culture was placed in front of a window in diffuse daylight; the other was placed in the dark. Both cultures contained completely starch-free photosynthetic cells as well as some whose chloroplasts exhibited numerous starch inclusions.

After 5 days, almost all the cells were still alive in the lighted culture. A few had grown fairly vigorously. The chloroplasts had become conspicuously smaller and paler. A greater number of the starch-containing cells had died; the starch content in a few faded chloroplasts had apparently decreased little or not at all.

In the darkened culture after 5 days, the starch-free cells had grown very slightly or not at all. Their scattered chloroplasts had become conspicuously smaller and were light yellow in color. In the starch-containing cells, where the chloroplasts remained as bright a green as normal, the starch contents had diminished even less than those that had been in the light. After 10 days, the starch-free and starch-containing cells in general showed no further changes. In the starch-free cells, the small yellowed chloroplasts were often pressed around the nucleus. In the starch-containing cells, they were still the same size and a beautiful green color.

This experiment therefore shows that chloroplasts of isolated cells soon deteriorate in darkness, if they were starch-free at the beginning of the experiment whereas they remain intact if they are able to utilize for themselves at least part of their stored-up starch during the negligible growth of the cells.

Culture experiments with cells lacking chlorophyll were also carried out. Numerous "glandular hairs" occur on the foliage leaves of *Pulmonaria mollissima* Kern. The expanded, club-shaped, often obliquely attached terminal cells of these hairs are completely full of uniformly granular protoplasm. The centrally situated round nucleus possesses a large nucleolus. These glandular hairs were cut off with a razor in such a way that one or two intact stalk cells were usually carried along with the glandular cells into culture.

Roughly the samc changes took place in ordinary tap water as in Knop's solution, although the cells remained alive a little longer in tap water. After one day in culture, numerous vacuoles, most flattened lengthwise, appeared in the protoplasm of glandular cells, so that the protoplasm took on a course, fibrous appearance (Fig. 12). The protoplasmic strands were all arranged parallel to the long axis of the cell. In the vicinity of the nucleus, the protoplasm was finely alveolar. A few strongly refractive droplets were irregularly distributed in the protoplasm After three days, the protoplasm of the glandular cells had become highly vacuolated. The fluid cytoplasm was distributed uniformly over the walls and connected by numerous thick or thin cytoplasmic strands to a central cytoplasmic mass containing the nucleus, which had become somewhat smaller (Fig. 13).

After 7 days, cells contained in nutrient salt solution were completely dead; in tap water, a few were still alive. Their protoplasts were now very greatly reduced in mass and poor in substances (Fig. 14). The cytoplasm now formed only a thin wall covering which was somewhat thicker at the base of the cell. The nucleus, grown conspicuously smaller, was situated here. A few cytoplasmic strands connected the thin cytoplasmic mass, which surrounded the nucleus to adjacent parts of the cell wall. No growth of the cells was ever observed.

In a third culture, set up at the same time, the glandular cells were placed in a solution which contained 3% sucrose and 1% asparagine. After one day, the cells had scarcely changed. Only a few individual cells showed a hint of the fibrous differentiation of cytoplasm observed so clearly in the fore-mentioned cultures after the first day. After three days, the cytoplasm showed the same distribution as cells in tap water, yet was still very abundant and quite granular. On the seventh day, many cells were dead. Again, cells which were alive showed cytoplasm distributed as in cells cultured in water, but were more vigorous and richer in substances. No growth occurred in this culture either.

The deterioration of the initially well developed protoplasts of the glandular cells would be expected under culture in tap water and nutrient salt solution, where the cells were under starvation conditions. To some extent, the rapidity with which loss of substance followed is surprising. Since it is supposed that the plasmalemma uses up negligible quantities of building materials, it must be that very vigorous metabolic processes occur. The end products of these processes are excreted. Above all, respiration must have been very intense. It must also be assumed that respiration in the protoplasm of glandular cells is especially intense on the basis of other reasons. Solutions with organic materials (sucrose and asparagine) delayed the deterioration of the protoplast, but were not able, at the concentrations employed, to stop it completely.

A peculiar response was shown by the stinging hairs of *Urtica dioica,* which were cut off, placed in a 1% sucrose solution, and cultured at a temperature of 33°C in a thermostat. The experiment started on September 22. After two days, all the stinging hair cells were still alive. After ten days, the majority were dead. Those with signs of life remaining had the following appearance. The formerly protoplasm-rich base of the hair cells now possessed only a relatively fluid cytoplasm forming a thin peripheral wall layer and a wide, long, fibrous central protoplasmic strand. The nucleus had shifted out the bulb and was now situated at the base of the cone-shaped part of the hair. A great deal of protoplasm was now present here. Numerous ellipsoidally stretched vacuoles of various sizes now occurred in place of uniform vacuoles. The upper part of the hair was completely filled with protoplasm containing no vacuoles. The protoplasm exhibited slow cytoplasmic streaming and showed the long-fibrous structure so characteristic of streaming cytoplasmic masses.[1] On the seventh of October, i.e., after fifteen days, all cells were dead and badly fungus infected.

Two points are worth mentioning with respect to this experiment. First, the streaming of the protoplasm, a greater portion of which migrated from the base to the upper part of the hair; and secondly, the fact that, after ten days, the total amount of protoplasm had not diminished, but instead, so far as could be estimated, had increased. It is not impossible that regeneration and growth of the protoplasm was accomplished at the cost of introduced nutrient materials. However, it seems more probable to me that the considerable quantities of protein lost

[1]Cf. G. Haberlandt, Über fibrilläre Plasmastructuren. Berichte der deutschen bot. Gesellschaft, 1901, Decemberheft.

from the cell sap of the stinging hairs,[2] represent a food reserve, and that this reserve delays the deterioration of the protoplast and eventually even supports further growth.

An experiment with cultured filament hairs of *Tradescantia virginica* (*sic*) [*T. virginiana*] gave interesting results. Immature hairs were removed from the plant, and 4-8 celled fragments were placed in a hanging drop of solution which contained 2% dextrose and .4% asparagine. Usually all but one or two of the cells of each fragment died, so that individual cells were actually cultured. The long life-span of the isolated cells was especially surprising. After 26 days, numerous cells were still alive.

Their life span above and beyond the usual may have been prolonged by the artificial medium. The cells showed a very vigorous growth, approximately doubling in length and width, and also showed a vigorously developed protoplast (Fig. 7). The distribution of protoplasm was normal.

The response of transverse walls bordering dead neighboring cells was very striking. These walls were (in spite of the turgor pressure) curved into the lumen of the dead neighboring cells and showed, in most cases, a rather conspicuous growth in thickness (Figs. 8-10). The walls were eventually three to five times as thick as they were initially. Frequently the thickening extended into adjacent parts of the cell wall (outside the area of contact) and here gradually disappeared. The location of the nucleus was also worthy of notice. If the cell in question bordered dead cells on both sides so that both transverse walls were thickened into protruding papillas, the nucleus lay approximately in the middle of the cell. If, however, two neighboring cells were alive (Fig. 7), so that the septum between them remained even and unthickened, then the two nuclei moved closely up against the thickened end walls. This is a further informative example of the relationship discussed by me years ago between function and position of the nucleus in growing plant cells.

After injury of a multicellular hair, the end-wall, which now becomes the outer wall, thickens and cutinizes; this is an easily understood and common biological protective device. With hairs connected to a whole plant, however, it is questionable whether the thickening and cutinization of the end wall is a gradual reaction of the hair itself or whether this hair receives instructions, as it were, from the whole organ. Results of the experiments with the cultured hair fragments of *Tradescantia* suggest that the former is the case. The cells in question thicken their end wall on their own initiative and demonstrate in such a manner the instinct of self-preservation of the elementary organism.

[2]Cf. G. Haberlandt, Zur Anatomie und Physiologie der Pflanzlichen Brennhaare. Diese Sitzungsberichte, 93. Bd., I. Abth., 1886.

Ordinary epidermal cells, as far as my very fragmentary observations go, remain alive only a short time in an isolated condition. In small pieces of epidermis peeled from the foliage leaf of *Ornithogalum,* I noted that the shorter cells inserted between long epidermal cells remainded alive a few days longer than the others.

Leitgeb[1] has already referred to the powerful viability of stomatal cells. For example, he allowed a 1 cm. piece of the scape of *Galtonia candicans* to stand for a month in a humid, lighted, room. After this time, it had become discolored, decayed and fungus infected. All tissues were dead, except for the guard cells, which were a vivid green, strongly turgid and extraordinarily strongly curved, so that individual guard cells touched their own ends and formed a ring. No complete closure of the guard cells was seen after the increase of turgor, a fact which Leitgeb attributes to the enormous extension of the cell, which exceeds the limits of elasticity of its wall. Perhaps surface growth of the walls, especially the dorsal walls, had already occurred. I have also observed the phenomena described by Leitgeb in my cultures and, although with different plants (*Ornithogalum umbellatum, Erythronium dens canis,* [*E. dens-canis*], *Fuchsia globosa*) [*Fuchsia magellanica* cv. *'Globosa'*] I can add nothing substantially new to his statements. In any case, the stomatal cells, because of their great viability, suggest themselves as very suitable for this kind of culture experiment.

IV.

In closing, I should like to point out the fact that, in my cultures, despite the conspicuous growth of the cells which frequently occurred, cell division was never observed. It will be the problem of future culture experiments to discover the conditions under which isolated cells undergo division. Certain hints in this connection are given by the well known experiments of Loeb, Nathansohn, and Hans Winkler concerning the experimentally induced extensive development, actually cleavage, of unfertilized egg cells.

Loeb[1] first observed a parthenogenetic development of sea urchin eggs which were exposed for one or two hours to a solution of $MgCl_2$ and then returned to sea water. He concluded on the basis of this experiment that a specific effect of Mg was involved. Later experiments, however, showed that appropriate concentrations of NaCl and KCl, as well

[1]Beiträge zur Physiologie der Spaltöffnungsapparate. Mittheilungen aus dem bot. Institute zu Graz, 2. Heft, 1888, S. 123.

[1]J. Loeb, On the nature of the process of fertilization, etc. Amer. Journ. of Physiology, Bd. III. 1899. Ferner: Experim. on artificial parthenogenesis in Auclids (Chaetopterus) and the nature of fertilization. Ebenda, Bd. IV, 1901.

as sucrose, have the same effect. Only a specific increase in the osmotic pressure of the fluid surrounding the egg is needed to induce the parthenogenetic development. The possibility that experiments of this kind with isolated plant cells could lead to a division of the same sort will now be examined.

It was shown by Nathansohn[2] that, with the genus *Marsilia* (*sic*) [*Marsilea*], the capacity of the eggs for parthenogenetic development can be enhanced by raising the temperature to 35°C. After I had read Nathansohn's publication, I performed a few additional culture experiments with isolated cells at a temperature of 33°C. (in a thermostat). The photosynthetic cells behaved no differently from those at ordinary room temperature. The described changes occurred more quickly and accordingly the cells died sooner. The results of a culture experiment with stinging hairs of *Urtica dioica* were as already described above.

Finally, demonstration has been furnished by Hans Winkler[1] that uncleaved eggs of *Arbacia* and *Sphaerechinus* can be induced to undergo a few cleavage divisions by material extracted from the sperm of the same species. This result finds its analogue, to a certain degree, in the effect (also reported by Winkler) of the pollen tube on the development of the ovule in orchids, the swelling of ovaries, etc.

Probably substances are involved here, "growth enzymes" ["Wuchsenzyme"] which, released from the pollen tube, act as a chemical stimulus to the growth and division of the cells concerned. Of course, these substances are probably not identical to those which generally induce the egg cell to divide. Moreover, the stimulus causing the egg cell to divide could be different from that which causes a vegetative cell to divide.[2] Still, it would be worthwhile to culture together in hanging drops vegetative cells and pollen tubes; perhaps the latter would induce the former to divide. Most promising would be such experiments as those with orchids and other plants, by which the effect of the pollen tube mentioned above has already been established.

Not only pollen tubes could be utilized to induce division in vegetative cells. One could also add to the nutrient solutions used an extract from vegetative apices, or else culture the cells from such apices. One might also consider utilization of embryo sac fluids.

---

[2] Über Parthenogenesis bei *Marsilia* und ihre Abhangigkeit von der Temperatur. Berichte der Deutschen bot. Gesellschaft, 1901, S. 99 ff.

[1] Über die Furchung unbefructeter Eier unter der Einwirkung von Extractivestoffen aus dem Sperma. Nachricht der K. Gesellsch. der Wissensch. zu Göttingen, Math.-Phys. Cl., 1900, Heft 2. Ferner: Über Merogonie und Befruchtung. Jahrb. für Wissensch. Botanik, 36., Bd., 1901.

[2] Cf: Winkler, Jahrb. für Wissensch. Botanik, 36. Bd., S. 773.

Without permitting myself to pose further questions, I believe, in conclusion, that I am not making too bold a prediction if I point to the possibility that, in this way, one could successfully cultivate artificial embryos from vegetative cells.

In any case, the technique of cultivating isolated plant cells in nutrient solutions permits the investigation of important problems from a new experimental approach.

EXPLANATION OF THE FIGURES

FIGS. 1-14. FIG. 1. Palisade cell of *Lamium purpureum* after 8 days of culture in nutrient salt solution; it has grown actively. Below is a dead palisade cell which was injured in the isolation. FIG. 2. Two actively growing palisade cells of *L. purpureum* after 8 days of culture in nutrient salt solution. FIG. 3. Part of a palisade cell of *L. purpureum* after 11 days of culture in 1% cane sugar; plasmolyzed with dilute glycerin. The upper cell wall has become thickened. FIG. 4. A spongy parenchyma cell of *L. purpureum* after 12 days of culture in nutrient salt solution; cushion-like thickenings in the cell indentations; the cell contents are not damaged. FIG. 5. Dead spongy parenchyma cell of *L. purpureum* after 16 days of culture in nutrient salt solution; the elevated plasma membrane shows folding. FIG. 6. Chloroplasts from palisade cells of *L. purpureum* after 5 days of culture in 5% cane sugar; cultured in darkness. FIG. 7. Segment of a stamen hair of *Tradescantia virginica* [*T. virginiana*] after 12 days of culture in nutrient solution (2% glucose, 0.4% asparagine). Only two cells have remained alive; these have grown and have thickened on their cross-walls adjacent to the dead cells. FIG. 8. End of a living hair cell after 8 days of culture; the cross-wall has turned-up papillae and is quite thickened. FIGS. 9 and 10. The same after 12 days of culture. The wall thickening extends even up to the cross-wall of the neighboring parts of the outer wall. FIG. 11. End cell of a glandular hair of *Pulmonaria mollissima* Kern. at the beginning of culture. FIG. 12. The same after 1 day of culture in tap water. Vacuolization of the protoplast, which partly assumes a coarse fibrous structure. FIG. 13. The same after 3 days of culture in tap water. FIG. 14. The same after 7 days of culture in tap water. The protoplast has grown thin; moreover, the cell nucleus has become much smaller.

REFERENCES

BAILEY, I. W. 1943. Some misleading terminologies in the literature of "plant tissue culture." Science **93**: 539.

BOBILIOFF, W. 1925. Waarnemingen aan melksapvaten in Levenden Toestand. Arch. Rubber Cult. Bogor. **9**: 313-324.

CAPLIN, S.M. & F. C. STEWARD. 1948. Effect of coconut milk on the growth of explants from carrot root. Science **108**: 655-657.

ENGELMANN, Th. W. 1882. Ueber Sauerstoffausschiedung von Pflanzenzellen im Mikrospectrum. Bot. Zeit. **40**: 419-426.

FITTING, H. 1909. Beeinflussung der Orchideenblüten durch die Bestäubung und durch andere Umstände. Zeit. Bot. **1**: 1-86.

————. 1910. Weitere entwicklungsphysiologische Untersuchungen an Orchideenblüten. Zeit. Bot. **2**: 225-267.

GAUTHERET, R. J. 1937. La culture des tissus végétaux; son état actuel, comparaison avec la culture des tissus animaux. Préface de M. A. Guillermond. Hermann et Cie., Paris.

————. 1942. Manuel technique de culture des tissus végétaux. Preface du docteur Alexis Carrel. Masson et Cie., Paris. 170 pp.

GREEN, J. REYNOLDS. 1900. An Introduction to Vegetable Physiology. J. & A. Churchill, London. vii + 459 pp.

HABERLANDT, G. 1901. Ueber Regeneration im Pflanzenreich. Deutsche Revue **26**(1): 334-342.

————. 1902. Culturversuche mit isolierten Pflanzenzellen. Sitz-Ber. Mat.-Nat. Kl. Kais. Akad. Wiss. Wien, **111**(1) : 69-92.

————. 1906. Sinnesorgane im Pflanzenreich. Zweite, vermehrte auflage. Verlag von Wilhelm Engelmann, Leipzig. 207 pp.

————. 1914. Zur Physiologie der Zellteilung. Sitz.-Ber. Akad. Wiss. Berlin **16**: 1096-1111.

————. 1914. Physiological Plant Anatomy (trans. from the fourth German edition by Montagu Drummond). Macmillan, London, 777 pp.

————. 1920. Zur Physiologie der Zellteilung. V. Über das Wesen des plasmolytischen Reizes bei Zellteilungen nach Plasmolyse. Sitz.-Ber. Akad. Wiss. Berlin **22**: 323-338.

————, 1921. Wundhormone als Erreger von Zellteilung. Beitr. allgem. Bot. **2**: 1-53.

————. 1922. Über Zellteilungshormone und ihre Beziehungen zur Wundheilung, Befruchtung, Parthenogenesis und Adventivembryonie. Biol. Centralbl. **42**: 145-172.

————. 1925. Zelle und Elementarorgan. Biol. Centralbl. **45**: 257-272.

————. 1933. Erinnerungen, Bekentnisse und Betrachtungen. J. Springer. vii + 243 p.

HANNIG, E. 1904. Zur Physiologie pflanzlicher Embryonen. I. Ueber die Cultur von Cruciferen–Embryonen ausserhalb des Embryosacks. Bot. Zeit. **62**: 45-80.

HARRISON, R. G. 1928. On the status and significance of tissue culture. Arch. exp. Zellforsch. **6**: 4-27.

HUMPHREY, HARRY BAKER. 1961. Makers of North American Botany. The Ronald Press, New York. See Benjamin Minge Duggar, pp. 72-76.

JABLONSKI, JOHN R. & FOLKE SKOOG. 1954. Cell Enlargement and Division in Excised Tobacco Pith Tissue. Physiol. Plantarum **7**: 16-24.

JOSHI, P. C. & ERNEST BALL. 1968. Growth of isolated palisade cells of *Arachis hypogaea in vitro*. Developmental Biology **17**: 308-325.

————., & ————. 1968. Growth values and regenerative potentiality in mesophyll cultures of *Arachis hypogaea*. Z. Pflanzenphysiol. **59**: 109-123.

KNUDSON, LEWIS. 1916. Influence of certain carbohydrates on green plants. Cornell Univ. Agr. Exp. Sta. Mem. **9**: 5-75.

———. 1919. Viability of detached root-cap cells. Amer. Jour. Bot. **6**: 309-310.

KOTTE, W. 1922. Wurzelmeristem in Gewebekultur. Ber. Deuts. Bot. Ges. **40**: 269-272.

KRIKORIAN, A. D. & G. M. KATZ. 1968. The aseptic culture of onion roots and root tissue: a preliminary report. Phytomorphology **18**: 207-211.

———, & F. C. STEWARD. 1969. Biochemical Differentiation: Potentialities of Growing and Quiescent Tissues, *In* (F. C. Steward [ed.]) Plant Physiology: A Treatise Vol. 5B. pp. 225-326.

LOEB, JACQUES. 1900. On the nature of the process of fertilization and the artificial production of normal larvae (Plutei) from the unfertilized eggs of the sea urchin. Amer. Jour. Physiol. **3**: 135-138.

———. 1900. On the artificial production of normal larvae from the unfertilized eggs of sea urchin *(Arbacia)*. Amer. Jour. Physiol. **3**: 434-471.

———. 1901. Further experiments on artificial parthenogenesis and the nature of the process of fertilization. Amer. Jour. Physiol. **4**: 178-184.

———. 1917. Influence of the leaf upon root formation and geotropic curvature in the stem of ***Bryophyllum Calycinum*** and the possibility of a hormone theory of these processes. Bot. Gaz. **63**: 25-50. (1917).

MORGAN, THOMAS HUNT. 1901. Regeneration. Macmillan, London. xii + 316 pp.

MUIR, W. H., A. C. HILDEBRANDT, & A. J. RIKER. 1958. The preparation isolation and growth in culture of single cells from higher plants. Amer. Jour. Bot. **45**: 589-597.

NATHANSON, ALEXANDER. 1900. Über Parthenogenesis bein *Marsilia* und ihre abhängigkeit von der Temperatur. Ber. Deut. Bot. Ges. **18**: 99-109.

NICKELL, L. G. 1962. Submerged growth of plant cells. Adv. Appl. Microbiology **4**: 213-236.

NOBÉCOURT, P. 1937. Cultures en série de tissus végétaux sur milieu artificiel. Compt. Rend. Acad. Sci. (Paris) **205**: 521-523.

———. 1939. Sur la pérennité et l'augmentation de volume des cultures de tissus végétaux. Compt. Rend. Soc. Biol. **130**: 1270-1271.

OPPENHEIMER, JANE M. 1966. Ross Harrison's contributions to experimental embryology. Bull. History Medicine **40**: 525-543.

PFEFFER, W. 1890. The Physiology of Plants. Revised ed. [Transl. from German and ed. by Alfred J. Ewart.] Vol. I. Oxford. At the Clarendon Press.

REINERT, J. 1968. Morphogenese in Gewebe- und Zellkulturen. Naturwissenschaften **55**: 170-175.

ROBBINS, WILLIAM J. 1922. Cultivation of excised root tips and stem tips under sterile conditions. Bot. Gaz. **73**: 376-390.

———. 1957. The influence of Jacques Loeb on the development of plant tissue culture. Bull. Jardin Bot. État Bruxelles **27**: 189-197.

RODGERS, ANDREW DENNY. 1952. Erwin Frank Smith. American Philosophical Society, Philadelphia, Pa. viii + 675 pp.

SINNOTT, EMUND W. 1950. Cell and Psyche. The Biology of Purpose. University of North Carolina Press. Chapel Hill.

———. 1960. Plant Morphogenesis. McGraw-Hill Book Company, Inc., New York. x + 550 pp.

SKOOG, FOLKE & CARLOS O. MILLER. 1957. Chemical regulation of growth and organ formation in plant tissues cultured *in vitro*. Symp. Soc. Exp. Biol. **11**: 118-131.

STEWARD, F. C. & S. M. CAPLIN. 1951. A tissue culture from potato tuber; the synergistic action of 2,4-D and coconut milk. Science **113**: 518-520.

———, A. E. KENT, & MARION O. MAPES. 1966. The culture of free plant cells and its significance for embryology and morphogenesis. Curr. Top in Devel. Biol. **1**: 113-154.

STILES, WALTER. 1925. Photosynthesis. The Assimilation of Carbon by Green Plants. Longmans, Green and Co., London. vii + 268 pp.

THIMANN, K. V. 1948. Other Plant Hormones, pp. 75-119. *In* Gregory Pincus and K. V. Thimann [ed.] Vol. I. The Hormones. Academic Press, Inc., New York.

Van Overbeek, J., M. E. Conklin, & A. F. Blakeslee. 1941. Factors in coconut milk essential for growth and development of very young *Datura* embryos. Science **94**: 350-351.

Van Tieghem, Ph. & H. Douliot. 1888. Recherches comparatives sur l'origine des membres endogènes dans les plantes vasculaires. Ann. Sci. Nat. Bot. VII. sér. **8**: 1-660.

Whetzel, H. H. 1918. An Outline of the History of Phytopathology. W. B. Saunders Co., 130 pp.

White, Philip R. 1931. Plant tissue cultures. Arch. exp. Zellforsch. **10**: 501-518.

————. 1934. Potentially unlimited growth of excised tomato root tips in a liquid medium. Plant Physiol. **9**: 585-600.

————. 1936. Plant tissue cultures. Bot. Rev. **2**: 419-437.

————. 1941. Plant tissue cultures. Camb. Phil. Soc. Biol. Rev. **16**: 34-48.

————. 1943. A handbook of plant tissue culture. The Jacques Cattell Press, Inc., Lancaster, Pa. 277 pp.

————. 1946. Plant tissue culture II. Bot. Rev. **12**: 521-529.

————. 1963. The Cultivation of Animal and Plant Cells. Second ed. The Ronald Press, New York.

Winkler, Hans. 1901. Über Merogonie und Befruchtung. Jahrb. Wiss. Bot. **36**: 753-775.

————. 1902. G. Haberlandt, Culturversuche mit isolierten Pflanzenzellen. Bot. Zeit. **60**: 262-264.

————. 1903. Über regenerative Sprossbildung auf den Blättern von *Torenia asiatica* L. Ber. Deuts. Bot. Ges. **21**: 96-107.

Wood, Henry N., Armin C. Braun, Hans Brandes, & Hans Kende. 1969. Studies on the distribution and properties of a new class of cell division-promoting substances from higher plant species. Proc. Nat. Acad. Sci. (U.S.) **62**: 349-356.

Gottlieb Haberlandt (1854–1945): a portrait

O. Härtel

It seems to be a paradox: Although I have never met Gottlieb Haberlandt, I would like to commence this portrait with a personal reminiscence.

In my last semester at the University of Vienna, in 1935, where I was preparing for my doctoral exams, Professor Karl Höfler recommended Gottlieb Haberlandt's „Physiologische Pflanzenanatomie" for thorough reading. The time pressed and therefore I was at first not delighted about the additional reading. But since I was interested also in both Physics and Technics, I was fascinated by the synthesis of form and function. Reading this book I never dreamed, that I would some day be chosen for the chair formerly occupied by its famous author!

Fig. 1. Gottlieb Haberlandt, photo Graz 1903 (portrait collection, Plant Physiological Institute of the Graz University)

While being assistant at the Institute of Plant Physiology of the University of Graz after World War II the villa-like building built by Haberlandt became my scientific home. Among the portraits of the botanists who had worked here in the past particularly the photos of Haberlandt were impressive because of his thick dark hair (Fig. 1), and there was also some equipment from Haberlandt's time. But as I grew older, I also developed an interest in the historical background. Anniversaries gave me additional stimuli to deal with Haberlandt and to follow his traces up to the present time and the picture of Haberlandt attained sharper contours. If in the following pages the time which Haberlandt spent in Graz seems to get too much weight, I remember that Haberlandt himself dedicated the major part of his „Erinnerungen" (1933) to this period of his life.

Following his family through eleven generations into the past one finally gets as far as to the region of Sachsen. When exactly the family immigrated into the Austro-Hungarian Monarchy is unknown (W. Haberlandt 1996). His great-grandfather Gottlieb Christoph was an innkeeper in Preßburg, his oldest son was a workman, whereas his son, Friedrich, the father of our Gottlieb, was interested in nature. He studied at the Agricultural High School at Ungarisch-Altenburg. Here he became an assistant and in 1853 professor of Mathematics, Zoology and Agricultural Botany. In the same year he married Katharina Köhler; her family came from the region of Thüringen. A very lucky combination of genes: the husband attaining his knowledge largely through reading, was gifted with a great competency in science with widespread interests and great manual skills, also talented in various arts, his wife being a governess, well educated and also interested in arts and literature as well as in music. Their first born child Gottlieb (∗ 28. November 1854 at Ungarisch-Altenburg, today Mosonmagyaróvár) possessed the same qualities.

Gottlieb received elementary education from his father who awakened his interest in nature; later on a student of the Agricultural School was hired for further teaching. Childhood and youth were not always idyllic. Being a Protestant in a Catholic country and his education in Grammar School where the official language was Hungarian caused some difficulties. Repeated illnesses made things worse. The worries after the lost war in 1866 and the 'Ausgleich' with Hungary in 1867 caused the German speaking staff to leave Altenburg. The family moved to Görz where his father became head of an Experimental Station for breeding silk worms. In 1872 he was appointed Professor of Agriculture at the newly founded 'Hochschule für Bodenkultur' in Vienna. One year before his final examination Gottlieb had to change schools again. Extremely exhausted he passed the examination in 1873 and registered at the University of Vienna.

Besides of his deep aversion to killing animals, the textbook 'Plant Physiology' by Julius Sachs, a Christmas present from his father, was an important stimulus for the choice of botany as the field of his studies; but the lectures of Julius Wiesner impressed him most. Soon the young student took a fancy to studying the relationship of structure and function. But not the lenticells which interested him became the topic of his thesis: Wiesner suggested he should study the winter colours of leaves, although the student was not really interested in chemistry.

After attaining his doctor's degree (1876) and working as a substitute for an assistant in the department of his father for one year, he turned to Schwendener in Tübingen. That was against the tradition of that time. For advanced training Julius Sachs (Würzburg) or de Bary (Straßburg) were the preferred professors. But Haberlandt was highly impressed by Schwendener's investigation „Das mechanische Prinzip im anatomischen Bau der Monocotylen", published in 1874. Choosing among the topics proposed by Schwendener Haberlandt decided to work on the development of the mechanical system. After one year the time in Tübingen came to an end, Schwendener was called to Berlin. With the investigation carried out in Tübingen Haberlandt was given the status of academic lecturer in Vienna (1879). In his inaugural dissertation fundamental ideas of his main work published some years later are presented for the first time.

In 1880 we find Haberlandt as 'Supplent (a substitution assistant) in Botany', which was the official title of a teacher of Botany at the young Technical University of Graz, which had been split off from the Styrian Museum 'Joanneum' in 1873. His predecessor in this position was Hubert Leitgeb, Professor of Botany at the University of Graz. As the 'Joanneum' completely restricted its activities to museum concerns, Leitgeb incorporated its botanical laboratory into the University in order to save the remarkable botanical tradition in Graz. So Leitgeb became the founder of the Botanical Institute of the University. Among the botanists who have worked here the most prominent was Franz Unger (1800–1870), born in the south of Styria. He worked at the 'Joanneum' for 14 years. After the death of Franz Endlicher in 1847 Unger was appointed Professor at the University of Vienna and became the first head of the newly founded Institute of Plant Physiology at the University.

At first the young botanical laboratory (naming it 'Institute' would be very exaggerated) had to share a rented accommodation with two other institutes. Apart from a microscope there was hardly any equipment. In 1888 the widely popular Botanical Garden near the 'Joanneum' was transferred to a suitable site in the Schubertstraße 51, near the periphery of the town. No money was available however for a new institute building. After suffering repeated rejection Leitgeb felt deeply distressed. Inclined towards melancholy he put an end to his life.

As early as 1878 the venia of Haberlandt as academic lecturer had been transferred to the University of Graz. In 1881 he married Charlotte Haecker who he had known for many years. In 1884 he became an associate professor and in 1888 the fully installed successor of Leitgeb. At the same time he dropped his activity at the Technical University.[1] Being ordinarius he

[1] A 'Supplenz' at the Technik proved to be a successful start for a scientific career. Haberlandt was followed by Ernst Heinricher who became Professor in Innsbruck one year later. He was followed by Hans Molisch, the last supplent until his appointment at the Karls-University of Prague in 1894.

succeeded in having the long desired new building for the Institute of Botany built on the site of the New Botanical Garden. It was opened on December 9, 1899 and so the long improvised arrangements came to an end.

These were the circumstances of Haberlandt's time in Graz, forming the background of his portrait.

Meanwhile, after some preliminary studies and an article for a handbook (1882) Haberlandt caused some excitement among his colleagues editing his „Physiologische Pflanzenanatomie, im Grundriß dargestellt" (1884). Plant anatomy seems to be a peaceful science, so why excitement? Seven years before, in 1877, de Bary had published his „Vergleichende Anatomie der Vegetationsorgane der Phanerogamen und Farne". With this carefully prepared book through its abundance of details, plant anatomy was believed to be at its climax, if not near completion. Schwendener, however, had judged de Bary's book critically: „This meritorious book cannot give any further inspirations and therefore is antiquated from the start" (translated from German). And imagine, here comes a young lecturer and does away with all accepted rules! The new plant anatomy was indeed by no means lacking inspiration!

In contrast to categorising tissues following the forms of the cells which was then believed to be the only correct way, Haberlandt classified the tissues according to their functions. Besides the „Bildungsgewebe" he categorised an assimilation system, a mechanical system, a conducting system etc., all together 10 systems of tissues. That was revolutionary. Judgements varied from agreement (mainly from younger botanists) to downright refusal by his older colleagues. de Bary presented this book to his students with the words: „Here you can see the latest botanical novel!", and F. Cohn locked the book away so that his students should not fall prey to heretical ideas!

Today we can only understand the uproar when we consider the circumstances. Heavy offences against the scientific methods of the time seemed to have been committed. It must be stated that physiological plant anatomy is based mainly on analogies, for Haberlandt the main source of inspiration (Höxtermann 1997). But in those days analogies were considered as not valid, only homologies were believed to be admissible. Haberlandt was aware of these hazards and pointed out that principally a verbal dispute was not sufficient, only facts were really valid – a clear challenge for experimental control! Consequently developing his ideas, Haberlandt started off with the assimilatory system which animals lack, and hence the danger of being misled by wrong conclusions seemed minimised. Considering the contemporary possibilities, experimental confirmation of functional analogies, however, was hardly to be expected. Haberlandt's efforts to clearing up fundamental questions are documented in his lecture „Über Erklärung in der Biologie" given on the occasion of the opening of the new Institute of Botany in December 1899.

It was considered wrong to draw conclusions about the functions of living organisms from fixed microscopic samples. But modern electron microscopy faces the same if not more difficult problems. It deals with structures completely invisible using conventional microscopes and *in vivo* investigation is principally excluded. Maintaining criticism on analogies consequently would exclude sub-microscopic investigation. There is no better illustration of the changes in opinion than the topic chosen by Konrad Lorenz for his Nobel-Prize-lecture: „Analogy as a source of knowledge“ (1974).

The question arises: Are homologies really more 'true', scientifically more 'valid'? Homologies, as a rule, are beyond experimental verification and they reflect human schemes of thinking, no wonder that one feels them to be more convenient (Riedl 1980).

There is a further point of criticism: It was argued that two disciplines were combined, considered a 'crime' at that time. One studied either anatomy or physiology (this principle was applied also to Medicine). This point of view, of course, is correct and indispensable at an early stage of development of a discipline. But it seems the time had come to leave such restrictions – an autonomous, inherent tendency of science ? – and to build bridges between disciplines; that allowing fertilising new ideas thus laying the foundations of a new discipline. Among the biologists Haberlandt was one of the first, perhaps the very first of all who risked to break a tabu with the courage of youth and remove barricades between disciplines. A door was opened and significant progress and enormous advantages became obvious. So in the two following decades the classical work „Ökologische Pflanzengeographie“ by Warming was published, combining both botany and geography (1896). „Pflanzengeographie auf physiologischer Grundlage“ by A. F. W. Schimper (1898) mentions 'Physiology' even in the title. K. Goebel intended to trace the relationship between the form of the plants and their living functions – this same Goebel had written sarcastically in a letter to Sachs some years before that he regretted the fact that Schwendener had not been a member in the Commission of Creation, as he would have done everything more appropriately (cit. after Mägdefrau 1995: 182). With the proof of the relationship between structure of plants and their surrounding conditions a strong and mighty pillar of ecology was put up (Mägdefrau 1995: 271). Out of this courage multidisciplinary research developed and experimental ecology as well as research into ecosystems would otherwise be unthinkable. Considering the scientific importance and the effect of his work it is not exaggerated to compare the botanist Haberlandt to Ernst Haeckel (Höxtermann 2001).

A severe point of criticism concerned teleology. If one is not convinced that a wise and omnipotent Creator exists, successful structures can only be explained by mutation and subsequent selection of the better adapted individuals in a mechanistic sense. The word 'purpose' ('Zweck') inevitably evokes an association with 'vitalism' and with a force working beyond nature driven by a future need to fulfil a function. Therefore 'Teleology' is identical with scientific ignorance. In the preface of his book Haberlandt clearly distanced himself from such opinions. One cannot find a 'Why' or a 'What for' in his book – nevertheless related prejudices have not completely been removed to this day.

If the term 'functional structures' had been used instead of 'purpose' from the very beginning, the concepts of mutation and selection would have remained unaltered. Yet the apparently convincing association with the Aristotelian *causa finalis* would hardly have been fixed in our brains, and many fruitless discussions might have been avoided. I am convinced that what Haberlandt had in mind was nothing but the idea of adapted functional structures. His book confirms the great heuristic power of the theory of the adaptation of structures, in whatever way these structures may have developed, as the momentary end-points of evolution. Haberlandt fully agrees with Darwinism,[2] therefore his view is diametrically opposed to teleology. 'Teleonomy' seems to be the more appropriate term. Unfortunately, the term is not commonly accepted – do we fear teleonomy might be an 'escape doorway' to teleology?

In spite of all criticism the „Physiologische Pflanzenanatomie", this „dangerous derailment" (Höxtermann 1997), went through six editions (the last one in 1924) and the translation into English (1914). It was the favoured textbook of plant anatomy for a long time. Already in the 2nd edition the restricting „im Grundriß dargestellt" was cancelled from the title, every edition was enlarged. Here one must mention the investigations of Haberlandt concerning the perception of the geotropic stimuli leading to the 'Statolithic theory' (1900), and the perception of light, possibly essential for the orientation of leaves according to the direction of incident light. Thus the number of tissue systems was enlarged by addition of the chapters on „Sinnesorgane" and „Reizleitungssystem". The statolithic theory seems well established, some doubts however do exist, whether we can speak of sense organs in plants.

It might be surprising that Haberlandt did not establish a school in Graz. As there was an extreme lack of space as described above, it was impossible to accept Ph D students. During the time spent in Graz (1880–1910) Haberlandt had only 8 students who obtained their doctor's degree, the first in 1903. The connection with the establishment of the new institute building is obvious. The update of plant anatomy included the drawings he had to accomplish alone, an immense amount of work! Only in the new institute was there plenty of room for assistants and Ph D students.

Among Haberlandt's students the most engaged in plant anatomy was Hermann von Guttenberg (1881–1969), who graduated in Graz in 1904 and was assistant of Haberlandt from 1904 to 1906 and from 1909 to 1910; we will meet him again in Berlin. He is the author of seven volumes of the 'Handbook of Plant Anatomy', edited by Karl Linsbauer, the successor of Haberlandt in Graz. This incompleted handbook together with the „Protoplasmatic Anatomy" by Friedl Weber, the successor of Linsbauer, must be understood as independent continuation of a plant anatomy tradition (Thaler 1987).

---

[2] In this respect Haberlandt did not fully consent with Schwendener.

Fritz Knoll (1883 – 1981), graduated in 1904 in Graz, was Haberlandt's assistant from 1904 to 1906 and from 1907 to 1908 until he was appointed head of department of botany at the Karls-University of Prague, in 1933 he took over Richard Wettstein's position at the University of Vienna. He was especially renowned as a flower biologist.

After profound studies on the phylogeny of stomata, Otto Porsch (1875–1859) graduated in Vienna from Wiesner's department, and found his field of activity, the biology of flowers, being an assistant of Haberlandt from 1901 to 1904. His name will remain connected with 'bird flowers'. Carl Correns also received some impulses for flower biology in Graz in 1888, which possibly led him to genetics and to the rediscovery of the Mendelian Rules. In any case, the visit of Correns in Graz laid the foundations of a deep lifelong friendship between Correns and Haberlandt. The emphasis on flower biology is somewhat surprising, because in Haberlandt's oeuvre there is no paper dealing with this topic. It might have happened that many a student was somewhat irritated occasionally by Haberlandt, who himself never thought highly of his teaching abilities. Nevertheless his students were well prepared and able to pursue their own ways successfully. Can a teacher be rewarded with higher praise?

It is true that plant anatomy today does not count as the most dynamic discipline of botany. But there is hardly any modern textbook in this field which ignores the relationship between form and function. Already the title of B. Kaussmann's and U. Schiewer's „Funktionelle Morphologie und Anatomie der Pflanzen" (1969) indicates that the publication is a direct continuation of Haberlandt's ideas, and W. Eschrich includes submicroscopic structures in his textbook „Funktionelle Anatomie der Pflanzen" (1995). But when the author commences his book with the sentences: „In this textbook the anatomic structures of plants are described in connection with their functions. [...] The principle of the systematic – morphologic description of organs has been abandoned and replaced by functional descriptions" (transl. from German), one is somewhat surprised about the lack of any remark, that exactly this principle was established one hundred and eleven years before, leading to a successful concept of plant anatomy.

So 'the Haberlandt' became the most favoured textbook in plant anatomy for many decades (Mägdefrau 1997: 184), well known and estimated also in the USA. It is a perfect and harmoniously rounded piece of work, based on intuition, we may also say on a vision of a scientist endowed by nature with artistic talents.

Haberlandt more than once was nominated for professorships at other universities, but he always refused. In 1909 he had received two invitations, one from Vienna *primo et aequo loco* with Hans Molisch as successor of Wiesner, and Schwendener favoured Haberlandt as his successor in Berlin. Vienna decided for Molisch, so Haberlandt accepted the invitation to Berlin with a heavy heart. He would rather have stayed in Austria. He loved the

Fig. 2. The elder Haberlandt at the microscope, photo Berlin 1923 (portrait collection, Staatsbibliothek zu Berlin, Preußischer Kulturbesitz)

Styrian landscape, he loved Graz. He left his home and entered his new field of activity on October 1st, 1910 (Fig. 2).

His coming to Berlin was overshadowed by a sad incident. His wife took ill, an operation proved to be no success and after being married for 30 years she died on February 16th, 1911.

In Berlin things seemed to repeat themselves. The Botanical Garden was also relocated a short time before he came and like in Graz a new building for the Institute was necessary. Being called from abroad, Haberlandt's position surely was much better than it had once been in Graz. Two weeks before the beginning of World War I the new building could be opened. In Graz where the Institute was a lot smaller, it had taken 11 years of hard struggle with the administration. The new Institute in Berlin-Dahlem was planned on a much more generous scale, about three times more rooms were at his disposal. Neither in the outward appearance nor in the arrangement of rooms were there any similarities with the Institute in Graz, which was only 10 years older. Under these optimal conditions and despite the remaining 12 years to his retirement Haberlandt was now able to found a school. More than 40 students were awarded a doctor's degree, and from here his men made their way; so H. von Guttenberg became professor in Rostock; instead of giving a long list I should like to mention only L. Brauner, P. Metzner and G. Pringsheim (Höxtermann and Schnarrenberger 1999).

What caused such a change? The better working conditions, the enlarged pool of human resources, the famous air of Berlin, or the attraction of a new field of investigation?

Stimulated by observations of regeneration processes after the wounding or grafting of plants Haberlandt was interested in the physiology of cell divisions. So he entered a new field of investigation, the physiology of development. Preliminary experiments initiated in 1898 were published in 1902, the world-wide first publication concerning the culture of cells and tissues, indispensable for both Medicine and Biology today. The results of these experiments however were moderate. The tissues did grow, but cell divisions did not occur.

Obviously Haberlandt in Graz was not further engaged in this topic, but in Berlin he took it up again. Carefully planned experiments showed that cells of potato buds divide only in contact with phloem cells, suggesting control of cell divisions by a certain substance. Induction of cell divisions after wounding and stopping the divisions after careful rinsing gave further support to this idea. Using the term 'hormones', part of the terminology of Medicine introduced in 1905, Haberlandt called these substances 'wound hormones' or 'necrohormones', because they are synthesised after wounding. Krikorian and Berquam (1968) and Höxtermann (1994) have described this phase in detail.

These results seemed doubtful at first, mainly because the chemistry of the substances in question was unknown. The final confirmation of hormonal control of growth was given in about 1930. It was possible to catch the substance in agar and the prepared agar blocklets were able to induce growth. In 1933/34 the growth promoting substance was identified as ß-indole acetic acid.

Haberlandt was not to live until the day of the discovery of the main promoters of cell divisions, the cytokinins.

Early reports or similar observations are not seldom dug up and presented as „first discoveries", although their importance was not grasped and therefore the observation did not lead to any consequences. Julius Sachs (1875: IX) emphasises that priority is only to be conferred to the person, who „contributed fruitful ideas for the observations and processed the empirical material theoretically" (transl. from German). Even on the basis of this narrow interpretation Haberlandt was the first to establish a hormone theory of plant growth and therefore he must correctly be named a co-founder of phytohormones research.

The list of scientific publications of Haberlandt (about 150 titles, von Guttenberg 1953) shows the two different fields he studied in Graz and in Berlin, and two different methods of research he used as well as different manners of presenting the results respectively. In Graz, after some preliminary papers the „Physiologische Pflanzenanatomie" was written, distinguishable by its spontaneity and perfection. Working on wound hormones Haberlandt proceeded step by step and the results were published stepwise. The question arises again: is this difference caused by the different topics or by the respective *genius loci*? In Graz one lives far away from the pulse of the world, the mild and lovely countryside was a more suitable background to Haberlandt's main work than the much more industrious Berlin. Haberlandt was able to use the given opportunities to his advantage. With Schwendener and Haberlandt the Alma Mater Berolinensis turned into a European centre of Botany (Höxtermann 1997).

Different as both themes and methods of research in Graz and Berlin might seem some common traits may nevertheless be observed. Haberlandt confesses that he made only a single unexpected observation, because he „firstly saw with the inner eyes before he saw with the physical eyes" (Weber 1945, transl. from German). It was the power of vision which had let him see the complete rebuilding of the plant anatomy, and it was another vision – the expression 'working hypothesis' might be less romantic or less idealistic – i. e. that of the possibility of a hormonal control of cell divisions, which was confirmed later to become an important guideline for further investigation. Perhaps it is sloppy to say that in Haberlandt both the 'romantic' (= speculative) and classical (= inductive) way of research were unified in a very successful, fortunate and fruitful synthesis.

One is almost induced to get lost in speculative thinking: the vision – perhaps an Aristotelian *causa finalis*, acting from the future?

It has already been said which artistic talents Haberlandt was doted with. He played the pianoforte, sang (according to his own words) with an agreeable baritone voice, he wrote in an excellent style and was very good at drawing and painting – precious paternal inheritance; his nerves, however, played tricks on him. Not only did his scientific papers show clarity, but also his book 'Eine Botanische Tropenreise' (1891/92) presents an excellent style, which is why the book went into three editions, rarely happening with such kind of writing. Attention should be drawn to his edition of the „Briefwechsel zwischen Unger und Endlicher" (1899).

His life, however, was not free of calamities: the death of his first wife in 1911[3] and of his oldest son Ludwig. Nevertheless, a letter from Haberlandt to my predecessor Friedl Weber, dated Berlin, 27. 11. 1941, shows four neatly hand-written pages without any sign of senility down to the last line, and the letter was written by a man of 87! His handwriting shows an unbroken spirit, profound thinking and a sensitivity, paired with a sense of reality. In spite of repeated illness, this is quite remarkable and may be attributed to his natural tenacity as he himself said once.

Through the course of life, great honours were bestowed on him. In 1907 he was chosen as a member of the Academy of Science in Vienna, in 1936 he became its honorary member, and in 1911 a member of the Prussian Academy

[3] Haberlandt in 1914 married again, Emma Klingenberg. She took care of him after his severe street accident.

of Sciences. He was also an honorary member of the Deutsche Botanische Gesellschaft; at its foundation in 1882 in Eisenach he had acted as secretary.

So the picture emerges of a multi-talented, imaginative and impressive man, an ingenious researcher, a scientist of unremitting creative power with ideas directed towards the future – in short, the picture of an ingenious man. It had been a life which only few mortals are privileged to live.

After a harrowing escape from Silesia, he lonely died in Berlin on the January 30st, 1945. On the day of the funeral service, Berlin suffered one of the worst air raids in the Second World War. And when the mourners left the air shelter they saw that Haberlandt's house had been completely destroyed and with it most of the numerous drawings and paintings which Haberlandt had always cherished so dearly had vanished.[4]

References

Anonymous (1935) Otto Porsch zum 12. September 1935. Biol. Gen. 11: I–IV.

de Bary A. (1877) Vergleichende Anatomie der Vegetationsorgane der Phanerogamen und Farne. Leipzig.

Ehrendorfer F. (1982) Fritz Knoll. Almanach Österr. Akad. Wiss. 132: 289–292.

Eschrich W. (1995) Funktionale Pflanzenanatomie. Berlin.

Guttenberg H. von (1955) Gottlieb Haberlandt. Phyton (Horn, Austria) 6: 1–14.

Haberlandt G. (1881) Vergleichende Anatomie des assimilatorischen Gewebesystems der Pflanzen. Jb. Wiss. Bot. 13: 1–117.

Haberlandt G. (1882) Die physiologischen Leistungen der Pflanzengewebe. In: Schenck A. (Hrsg.) Handb. d. Bot. Vol. 2: 557–693.

Haberlandt G. (1884–1924) Physiologische Pflanzenanatomie, 1.–6. Ed. Leipzig.

Haberlandt G. (1899) Briefwechsel zwischen Franz Stephan Endlicher und Franz Unger. Leipzig.

Haberlandt G. (1902) Über Erklärung in der Biologie. 2. Ed. Graz.

Haberlandt G. (1902) Culturversuche mit isolierten Pflanzenzellen. Sb. Akad. Wiss. Wien, math.-nat. Cl. Abt. I: 69–91.

Haberlandt G. (1933) Erinnerungen, Bekenntnisse und Betrachtungen. Berlin.

Haberlandt W. (1998) Gottlieb Haberlandt (1854–1945) – Reminiszenzen eines Nachfahren. Mitt. Österr. Ges. f. Wissenschaftsgeschichte 16: 21–27.

Härtel O. (1996) Gottlieb Haberlandt – Ein Gedenkblatt anläßlich der 50. Wiederkehr seines Todestages. Mitt. naturwiss. Ver. Steiermark 126: 21–26.

Höxtermann E. (1994) Die Anatomie der Pflanzen 'im Dienste des Lebens' – Gottlieb Haberlandts Versuche zur 'Physiologie der Zellteilung' (1913–1921) und die Entdeckung der Phytohormone. Medizinhist. J. 29: 59–81.

Höxtermann E. (1997) Gottlieb Haberlandt (1954–1945) und die evolutionistische Morphologie der Pflanzen – Über eine gefährliche „Entgleisung" und ihre Folgen. Dahlemer Archivgespräche Berlin 2: 21–39.

[4] Personal communication by E. Höxtermann.

Höxtermann E. (2000a) „.. der schönste Ginkgo, den ich je gesehen!“ – Haberlandt in Graz. In: Wessel K. F., Schulz J., Hackethal S. (eds.) Ein Leben für die Biologie(geschichte), Festschrift zum 75. Geburtstag von Ilse Jahn, (= Berliner Studien z, Wissenschaftsphilosophie u. Humanontogenetik, 17) S. 78–95. Bielefeld.

Höxtermann E. (2000b) Die Königin Luise-Straße 1 – 3: Momentaufnahmen aus der Geschichte eines Hauses (1914, 1930, 1935, 1945, 1949). Sber. d. Ges. Naturforschender Freunde zu Berlin N. F. 39: 129–152.

Höxtermann E. (2001) Die Schwendener-Schule der Physiologischen Anatomie – ein ‘Grundpfeiler’ der Pflanzenökologie. Verh. z. Geschichte und Theorie der Biologie 7: 165–189.

Höxtermann E., Schnarrenberger C. (1999) Wurzeln und Zweige der Botanik an den Dahlemer Universitätsinstituten bis 1961. In: Kössler F., Höxtermann E. (Hrsg.) Zur Geschichte der Botanik in Berlin und Potsdam, Wandel und Neubeginn nach 1945 S. 21–48. Berlin.

Kaußmann B., Schriewer U. (1969) Funktionelle Morphologie und Anatomie. Stuttgart, New York.

Krikorian A. D., Berquam D. L. (1969) Plant and tissue cultures, the role of Haberlandt. Bot. Rev. 35: 59–67.

Mägdefrau K. (1992) Geschichte der Botanik. 2. Aufl. Stuttgart, Jena.

Riedl R. (1980) Die Strategie der Genesis. 2. Aufl. München.

Sachs J. (1875) Geschichte der Botanik. Nachdruck 1964. New York.

Schimper A. F. W. (1898) Pflanzengeographie auf physiologischer Grundlage. Jena.

Schwendener S. (1874) Das mechanische Prinzip im anatomischen Bau der Monocotylen. Leipzig.

Thaler I. (1987) 100 Jahre Zellforschung in Graz – Friedl Weber zum 100. Geburtstag. Phyton (Horn, Austria) 26: 137–147.

Warming E. (1896) Lehrbuch der ökologischen Pflanzengeographie. Berlin.

Weber F. (1945) Gottlieb Haberlandt. Almanach Österr. Akad. Wiss. 95: 372–380.

Address of the author: em. Univ.-Prof. Dr. Otto Härtel, Pflanzenphysiologisches Institut der Karl-Franzens-Universität Graz, Schubertstraße 51, A-8010 Graz, Austria.

Cellular 'elementary organisms' in vitro: The early vision of Gottlieb Haberlandt and its realization

E. Höxtermann

The botanist Gottlieb Haberlandt was the first who tried the systematic culture in vitro of single cells in 1898 (published in 1902). His purpose was to study the mutual influences of cells as the last 'living units' within the multicellular body. Haberlandt visualized the theoretical potential of the culture approach in experimental plant morphology and physiology and nearly half a century was to elapse before his far-reaching ideas were realized. The historical way of cell and tissue culture is traced from the first concepts and origins in experimental embryology (1858/59) to its final verification almost 100 years later. The paper reminds of essential steps, theoretical backgrounds, accidental and desired discoveries and methodical approaches and presents all the sources. Summarizing the more or less known reviews of White (1931, 1936 and 1946), Fiedler (1938/39), Stapp (1947), Kandler (1948) and Street (1959), the mutual influences of plant and animal tissue cultures (Bucher 1940, Wylie 1967) are discussed. Previous retrospective articles on the particular role of Haberlandt (Gautheret 1942, Krikorian and Berquam 1969) are embedded in recent, more general assessments of physiological anatomy.

Organ correlation and regeneration in the morphology and physiology of germination – the origin of organ culture in 19th century botany

The first attempts at tissue culture in botanical research originated from morphogenic and physiological studies on organ correlation and plant regeneration. The morphologist Irmisch combined morphology and genesis research. In 1858 he tried to culture embryonic partial organs (cotyledons) to investigate morphogenic relations of the whole to its parts. At about the same time, the physiologist Sachs (1859) succeeded in raising isolated embryos from mature beans in artificial media. He was interested in the physiology of germination and development and studied the morphological and 'chemical' (starch-related) differentiation of growing embryos and their dependence on histological and environmental factors. Sachs proved the cotyledons to be

Reprinted with kind permission from Physiol. Plant. (1997) 100: 716–728.

nutrient reservoirs explaining the early discovery of Bonnet (1754) that removal of cotyledons prevented embryos from growing.

Irmisch and Sachs induced many attempts to isolate and culture mature embryos (Gris 1864, van Tieghem 1873, Marek 1875, Błociszewski 1876) or partial organs of embryos, especially cotyledons (van Tieghem 1873, Marek 1875, Błociszewski 1876, Zabel 1882) and later hypocotyls (Smith 1907). Even immature embryos developed into normal plants (Hannig 1904).

The first cultures of vegetative embryos were aimed at two problems: (1) the morphogenic and physiological behaviour of isolated organs, and (2) the nutrient and environmental requirements for complete regeneration and normal growth. Koch (1887) was able to regenerate whole plants, even from only a few embryonic cells. In general, all these culture studies showed the regenerative ability of embryonic tissues and the reciprocal relationship between regeneration and differentiation. Highly differentiated and specialized tissues could hardly be raised. The cultures of differentiating embryonic tissues were consequently equivalent to the experiments on regeneration of lower plants (Vöchting 1885) and animals (Loeb 1900b) and did not immediately contribute to the concept of cultures of indefinite growth.

Nevertheless, it was only a small step from the regeneration problem to 'true' tissue cultures. Wiesner (1892) directed the attention to the limits of divisibility in the vegetative kingdom with his book on 'The Elementary Structure and the Growth of the Living Substance'. His student Rechinger (1893) took the view that, in principle, the protoplasm as 'the last elementary structure of the living cell' is the minimal reproductive unit. But in practice, isolated individual cells would not divide because 'plastic and reserve substances' delivered by other cells were lacking.

Gottlieb Haberlandt in contrast, saw some chance of adding these essential substances externally. He regarded cells as simple, distinct 'elementary organisms' or relatively independent 'living units': 'Als Elementarorganismus ... ist die Zelle eine Lebenseinheit, ein Individuum für sich, das ein vom Gesamtorganismus bis zu einem gewissen Grade unabhängiges Eigenleben führt' (Haberlandt 1925).

Physiological experiments with cells of less organized plants should have encouraged him in this opinion. Klebs (1888) had cultured isolated cells of algae to analyse their living conditions and recommended analogous investigations with cells of higher plants – an advice that Townsend (1897) took to study the role of the nucleus in cell wall formation.

Haberlandt's 'Culturversuche mit isolierten Pflanzenzellen' – the beginning of cell and tissue culture

Haberlandt (1902) was the first to attempt the systematic culture in vitro of somatic cells from higher plants, a technique for determining the optimum developmental requirements of different kinds of cells. He suggested that not only the properties and potentialities of individual cells could be investigated, but that also some insight might be gained as to the mutual influences within the multicellular body: '... the results of such culture experiments should give some interesting insight to the properties and potentialities which the cell as an elementary organism possesses. Moreover, it would provide information about the inter-relationships and complementary influences to which cells within a multicellular whole organism are exposed' (Haberlandt 1902; the cited translations of Haberlandt's paper are taken from Krikorian and Berquam, 1969). Haberlandt used mesophyll cells as well as non-green cells from different vegetative hair types. He preferred cells that were loosely oganized into tissues and consequently easy to isolate mechanically. The cultures were initially maintained in hanging-drops on slides and later in small glass dishes containing water or different nutrient solutions with mineral salts, sucrose, glucose, glycerine, asparagine and peptone. He examined microscopically-striking morphological changes, particularly those of cell shape, cell walls, nuclei and chloroplasts. Isolated mesophyll cells from *Lamium purpureum* and stamen hair cells of *Tradescantia virginica* started to grow and stayed alive for several weeks. Cell-stretching and wall-thickening were observed, but cell division never occurred (plate 1 in Haberlandts original paper). Haberlandt concluded that future attempts at culture would focus on the problem of cell division: 'It will be the problem of future culture experiments to discover the conditions under which isolated cells undergo division' (Haberlandt 1902).

Haberlandt saw certain indications of externally-induced cell divisions in the experimental findings of Loeb (1900a), Nathanson (1900) and Winkler (1901) on artificial parthenogenesis. Loeb and Nathanson had 'produced' further development of unfertilized eggs by ionic, osmotic or physical means, whereas Winkler had added extracts from 'male' tissues. Haberlandt presumed that the active extractable principle was a type of 'growth enzyme': 'Probably substances are involved here, 'growth enzymes' which, released from the pollen tube, act as a chemical stimulus to the growth and division of the cells concerned' (Haberlandt 1902).

In this case, he clearly distinguished between generative and vegetative cell-dividing stimuli. Referring to Winkler (1901) he suggested that isolated vegetative cells and pollen tubes could be cultured together: 'Still, it would be worthwile to culture together in hanging drops vegetative cells and pollen tubes; perhaps the latter would induce the former to divide' (Haberlandt 1902). By suggesting the use of what is essentially a combined culture, Haberlandt anticipated what later came to be known as the 'nurse culture technique'. Single cells can be grown on previously cultured explants, releasing growth stimulants.

Expecting that growing tissues or embryonic media produce growth-promoting substances, he, moreover, proposed the application of extracts from vegetative apices or, alternatively, to imitate nearly natural conditions by using embryo sac fluids: 'Not only pollen tubes could be utilized to induce division in vegetative cells. One could also add to the nutrient solutions used an extract from vegetative apices, or else culture the cells from such apices. One might also consider utilization of embryo sac fluids' (Haberlandt 1902).

Thus, with a few sentences Haberlandt prophesied the future direction of cell and tissue culture. Nurse cultures and cultures of root and shoot apices are now a reality, and embryo sac fluids turned out to be rich sources of cell division-exciting hormones. He reduced the culture problem to the problem of cell multiplication and drew attention to hypothetical 'growth enzymes' or 'hormones' that were not yet known.

The theoretically most important aspect of Haberlandt's paper appears to be his premature and daring general conclusion that all living cells, even vegetative protoplasts, were what has since come to be called 'totipotent': 'Without permitting myself to pose further questions, I believe, in conclusion, that I am not making too bold a prediction if I point to the possibility that, in this way, one could successfully cultivate artificial embryos from vegetative cells' (Haberlandt 1902).

Haberlandt had performed his culture experiments as early as 1898 with the original intention to pursue them on a large scale. But his investigations of sensory physiology (Haberlandt 1904, 1908) prevented this from being carried out and so he briefly communicated his earlier results in 1902.

Only in 1911, after his appointment at Berlin, did he return to the problem of cell culture. Changing his strategy, he no longer worked with individual cells. Rather, he used cell complexes to get to understand the empirical limits of divisibility: How small could tissue fragments be and were there special tissue regions particularly qualified for cell division? 'Ich suchte die Frage zu beantworten, wie klein die Gewebestückchen sein können, um noch jene Zellteilungen zu erfahren, die bei mechanischen Verletzungen der Organe zur Wundkorkbildung führen oder die Kallusbildung begleiten. Ferner wurde die Frage aufgeworfen, ob in den kultivierten Zellkomplexen ganz bestimmte Gewebearten vertreten sein müssen, damit es in ihnen zur Zellteilung kommen könne' (Haberlandt 1913).

Haberlandt's new, indirect approach to cell culture led to a series of communications on the physiology of cell division. Already in 1913 he experimentally proved the existence of cell division factors in plants. He envisioned cell division and periderm formation as being regulated by two hormones: The so-called 'lepto-hormones' that were associated with the vascular tissue (1913), and the 'wound' or 'necro-hormones' that were secreted by injured or dead cells, respectively (1921a,b). As a major result, Haberlandt (1922) formulated the concept of a cell division hormone embracing various developmental phenomena such as wound healing, fertilization, parthenogenesis or adventitious embryo formation. His students Lamprecht (1918) and Reiche (1924) confirmed this idea (cp. Höxtermann 1996b). Thus, Haberlandt established the first hormone theory in botany (cp. Höxtermann 1994a,b) that eventually culminated with the discovery of kinetin (Miller et al. 1955) and other cytokinins (Skoog et al. 1965).

First cultures of meristematic root tips and the establishment of 'true' organ culture

New experiments with photosynthetic tissue cultures (e.g. Bobilioff-Preisser 1917) confirmed Haberlandt's observations: More or less growth, but no cell division! The situation changed by turning from parenchymatous to meristematic tissues. Robbins and Kotte independently of each other succeeded in culturing tips of *Pisum* and of *Zea* roots in different synthetic media. Robbins (1922a) was especially interested in nutritional and correlative questions, whereas Kotte (1922a,b) pursued morphogenic problems.

Robbins aimed to study the complete and uninfluenced nutrient requirements of roots and shoots so as to characterize their interactions. He liked '... to define the classes of materials required by a plant shoot or root for continued growth.... In order to eliminate the influence of the shoot and its products on the root, or of the root on the shoot, it was considered necessary to grow ... tips isolated ..., in artificial media under sterile conditions' (Robbins 1922a). He attached particular importance to absolute sterility – a necessity '... in the investigation of problems involving the direct use by higher plants of organic or inorganic substances which may be altered by bacterial action' (Robbins 1922a).

In contrast, Haberlandt had not thought it possible or necessary to achieve complete aseptic conditions: 'Various precautions were taken, of course, to keep the cultures as nearly bacteria and fungus-free as possible, though in this regard, complete sterilization turned out to be scarcely feasible and really unnecessary' (Haberlandt 1902).

However, sterile culture was demanded by plant pathologists to study the relationships between a pathogen and its host. Prompted by their contact with Benjamin M. Duggar, Knudson (1919) and Robbins (1922a) exploited aseptic culture techniques in their work on root caps and tips, respectively.

Robbins performed his investigations in 1917, at which time he was unaware of Haberlandt's experiments. He designed his studies to examine the hypothesis of Loeb (1917) that the development of roots in leaf notches of *Bryophyllum* was induced by a hormone of the leaf: 'It seemed ... that Loeb's hypothesis could be tested by comparing growth of excised root tips in a solution of mineral salts with their growth in one of mineral salts and sugar. Growth in the latter medium, if it occurred, would demonstrate that sugar was the 'hormone' furnished by the leaf and necessary for the growth of roots in the leaf notches' (Robbins 1957).

Kotte was a student and assistant of Haberlandt and wished to test the general growth potential of meristematic tissues by means of tissue culture.

Only permanent tissues had been investigated before: 'Bisher wurden nur Dauergewebe auf diese Weise untersucht, während isolierte meristematische Gewebe anscheinend noch nicht in Kultur genommen worden sind' (Kotte 1922b). He considered tissue cultures to be a 'developmental-analytical method' for studying external morphogenic influences that were believed to be analogous to internal developmental factors.

Robbins and Kotte established the important fact that an excised root meristem, if it grows, continues to differentiate into the usual tissues and to develop as a normal root (Figs. 1 and 2). Thus, they are credited with the first successful organ culture experiments.

Both introduced colloidal agar media as being superior to liquid cultures. They also confirmed the intention of Haberlandt that the addition of crude extracts may improve the nutrient medium. Robbins used yeast autolyzate for this purpose, whereas Kotte obtained beneficial effects with meat extract.

In the cultures of Robbins and Kotte, active growth increments did not occur, as only comparatively short culture periods were employed. In the following years an extensive series of investigations into satisfactory nutrient conditions was undertaken to continue the indefinite growth of excised organ

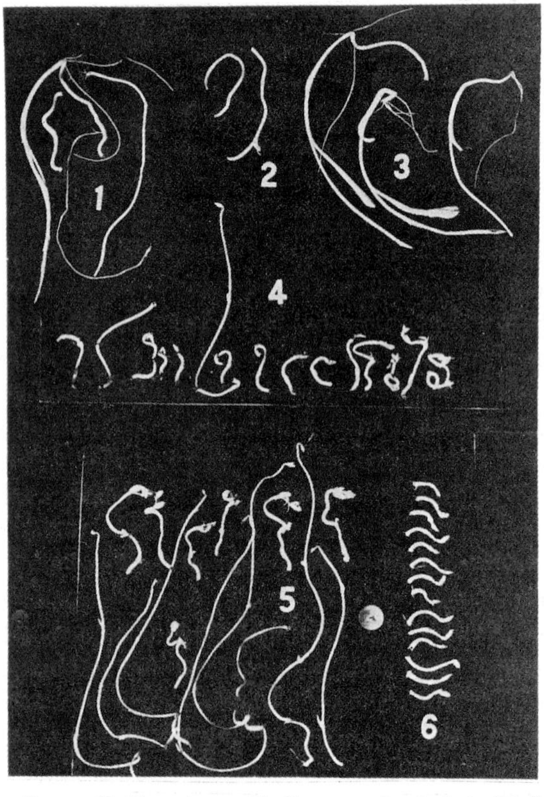

Fig. 1. Shoot tips of corn (1–3) and pea (4–6) grown in dark in Pfeffer's solution with levulose (1, 4), glucose (3, 5) and without carbohydrates (2, 6) by Robbins (1922a, p. 384)

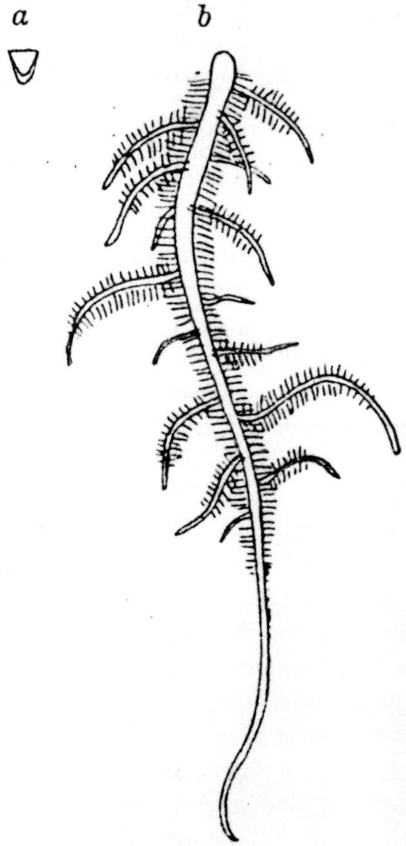

Fig. 2. Root tip of *Zea mays*, (a) just isolated, and (b) after 12 days in culture (Kotte 1922b, p. 420)

tips (cp. Fiedler 1938/39, Street 1959). Great strides were made by systematic tests of (1) carbohydrates (glucose, Robbins 1922a, Kotte 1922a; sucrose, White 1934), (2) amino acids (asparagine, glycine, peptone, Robbins 1922b, Kotte 1922a; complementary mixtures, Bonner and Addicott 1937, White 1937a), (3) hormones (concentration-dependent effects of auxins, Fiedler 1936, Bonner and Addicott 1937), (4) tissue extracts (from seedlings and embryos, Robbins and Maneval 1923), and (5) yeast extracts (inaugurated by Robbins 1922b and then efficiently used by White 1934 and Bonner and Addicott 1937). The active principle of tissue extracts was assumed to be hormonal growth substances, whereas the remarkable growth-promoting activity of yeast extracts was attributed to the existence of essential trace elements (Robbins and White 1936, Fiedler 1936), vitamins (especially vitamin B_1 or thiamine, Bonner 1937, White 1937b) and amino acids (Bonner and Addicott 1937).

By using those exogenous ingredients White (1934) was able to announce the 'Potentially unlimited growth of excised tomato root tips in a liquid medium'. He worked in a department of pathology and preferred to study physiological problems with respect to pathological themes. Tomato for instance, was chosen as a test organism for later studies of certain diseases. Most of the plant tissue cultures reported in literature were pathological cultures (as were the experiments of Haberlandt) showing only survival, often for months, but not true growth. White outlined, for the first time, the nutritional requirements for real, permanent growth. He distinguished between survival with minimal metabolic rates and a medium acting essentially as an inert substrate and growth with high metabolic activity at the expense of the culture medium. White convincingly showed that his nutrient supply was adequate for all growth requirements. Extending the earlier work of Robbins (1922b), he particularly demonstrated that minute amounts of yeast material were beneficial and even necessary.

In the 1930's much work was done to identify the unknown 'active principles' of yeast and to substitute them with known chemical substances. Bonner and Addicott (1937) replaced yeast extract with a complementary mixture of vitamin B_1 and diverse amino acids and reported sustained growth of excised pea roots in the first completely known artificial medium. Bonner and Addicott, working in a laboratory of biological science, were interested in 'Plant tissue cultures from a hormone point of view' (Bonner 1936). The progress in auxin research formed the basis of their culture experiments: 'Because of the work on auxin we are now beginning to realize the great part special chemical substances or 'hormones' play in plant growth and development, and it seems probable that such substances must be present in any medium in which plant tissue is to be successfully cultivated' (Bonner 1936). 'It was with the hope of isolating and identifying still other substances concerned with growth and differentiation that the present work was undertaken' (Bonner and Addicott 1937).

After the establishment of a suitable technique for continuous root growth, Bonner's and Addicott's cultures of excised organs became a valuable multipurpose standard method for physiological and biochemical investigations. In cultures of root tips the meristematic tissue continues to differentiate in a comparatively normal fashion. Tissue culture without organ generation was accomplished only by Schmucker (1929) with palisade cells, and by Gautheret (1937) with cambium cells, but their results were difficult to confirm.

The long, winding route of plant tissue culture and the problem of cell division

After Haberlandt (1902) had made a research subject of cell and tissue culture, but failed in his attempts with leaf and hair cells, which were easy to isolate mechanically but highly specialized, his successors tried to find more suitable objects. Winkler (1902) and Bobilioff-Preisser (1917) used parenchymatous leaf cells from other species and Haberlandt's visiting scholar Thielmann (1925) examined epidermal cells. Stomatal cells proved to be particularly viable and stayed alive up to four months. Referring to an observation of Leitgeb (1888), culture experiments with guard cells had already been recommended by Haberlandt: 'In any case, the stomatal cells, because of their great viability, suggest themselves as very suitable for this kind of culture experiment' (Haberlandt 1902).

Apart from leaf tissues, a variety of other plant tissues was tested, e.g. root-cap cells (Knudson 1919), cells from cryptogams, ovaries and fruit pericarp (Börger 1926, Pfeiffer 1931), perianth cells of flowers (Kunkel 1927), marrow cells of stems (Úlehla 1928) or cells from cambium and derivative tissues (Bailey 1930). As mentioned, changing from parenchymatous tissues to root tips opened the new field of organ culture.

The first, and for a time only, note of a successful cell culture was that by Schmucker (1929) who announced in passing that isolated mesophyll cells of a poppy species (*Bocconia cordata*) would divide and develop into small, compact cell aggregates in the presence of a concentrated leaf extract (see also Kohlenbach, this volume). 'Dieser theoretisch und praktisch wichtige, neuartige Befund läßt vielleicht sogar auf die Totalregeneration der ganzen Blütenpflanze aus einer Zelle hoffen' (Schmucker 1929). Schmucker was primarily interested in new methods and presented an epidermal model for transpiration studies and a simple, mechanical isolation method for obtaining individual cells. Unfortunately, he did not pursue his culture experiments and remained unnoticed.

Since tissue culture attempts with different plant material failed, methodical aspects were increasingly considered to be the cause of this persistent failure. Every effort was made to improve isolation, sterilisation and culture. Special attention was paid to the nutrient media, to their physical state (e.g. to naturelike semi-solid agar gels, already used by Hannig 1904, in contrast to liquid solutions; and to optimum hydrogen ion concentrations, Pearsall and Priestley 1923) as well as to the chemical and biological components of the media. The interest became progressively focussed on active factors of tissue extracts.

In 1927 Wehnelt, one of the last students of Haberlandt in 1923/24, reported a sensitive technique for testing cell division activity. Dealing with the problem of wound healing, he found the homogeneous, vascular-free pericarp tissue inside the immature hulls of young beans to be suitable. Drops of tissue extracts induced a callus-like proliferation of only parenchymatous cells. 'In jedem Falle handelte es sich bei den durch die wirksamen Stoffe hervorgerufenen Neubildungen um rein parenchymatische Gewebe ...' (Wehnelt 1927).

Extending the investigations of Wehnelt (1927), Bonner (1936) cultured pericarp tissue from bean pods. He succeeded using an alcoholic hull extract.

The cells both enlarged and divided and continued to grow as a callus without any differentiation! Though the growth was limited after a time, Bonner could verify a reproducible tissue culture for the first time. He was convinced that the growth-promoting substances might be derived from exogenous sources. 'The objectives of the present work have therefore been the separation and purification of special substances or hormons which control growth and development of plant tissues and organs, and the perfection with the aid of such substances of true tissue cultures' (Bonner 1936).

Further concentration on methodology brought the breakthrough. Early in 1939, three workers, White in the USA, and Gautheret and Nobécourt in France, published independently of each other within a period of several weeks the results of continuously growing tissues, with the consequence that two distinct research lines arose: An American and a French school of plant tissue culture with different objectives, material and techniques (White 1946, Stapp 1947, Kandler 1950).

White favoured problems dealing with cancer research. After Stapp (1927) had found that bacteria-induced tumors of plants acted much like malignant cancer tissues, White connected the general tumor problem with the topic of tissue culture and produced callus cultures from both stem tissues of tumor-forming tobacco hybrids containing procambium (White 1939) and crown-gall tumors of sunflower (White and Braun 1942) (Figs. 3 and 4). The tumorous cultures could be transplanted and upon implantation produce new, secondary tumors in healthy hosts. White (1939) was interested in analysing factors involved in controlling differentiation of *Nicotiana* tumor cultures – an

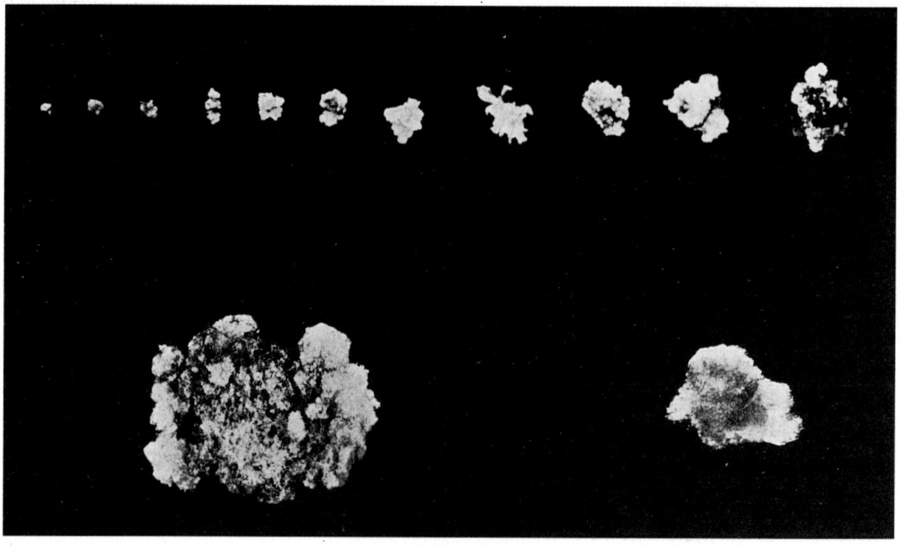

Fig. 3. A series of cultures of excised hybrid tobacco callus varying in age from 0 (left) to 10 weeks (right) without any macroscopic evidence of differentiation (lower tissue fragments enlarged), from White (1939, p. 60)

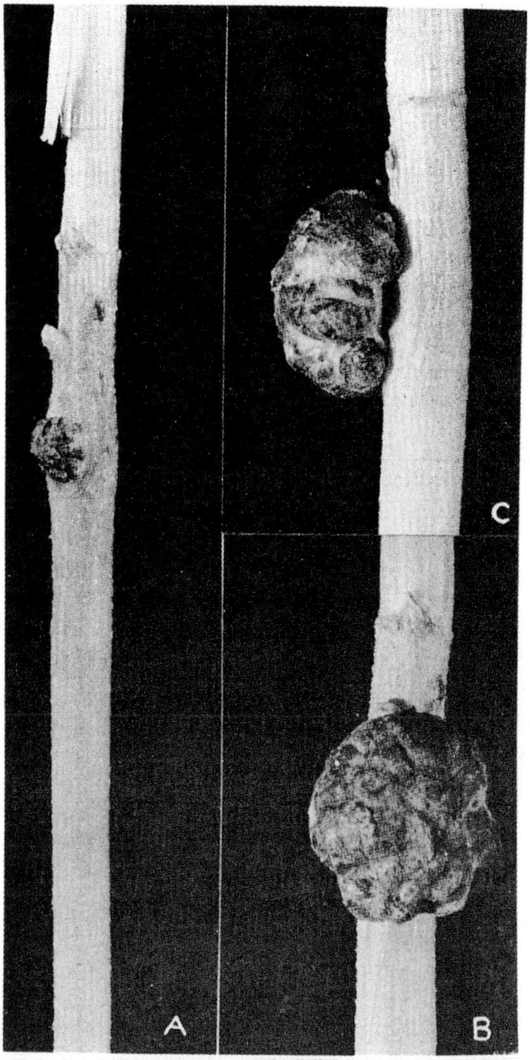

Fig. 4. A bacteria-free tumor on sunflower produced by ingrafting of a fragment of cultured tumor-tissue: (A) one month, and (B, C) two months after inoculation (White and Braun 1942, p. 606)

approach that especially Skoog later carried on with. Skoog stated: 'It is possible to control undifferentiated growth and organ formation in tobacco callus cultures ... by manipulation of external factors ... ' (Skoog 1944).

In the USA, cultures of undifferentiated masses were consequently restricted to neoplastic tissues derived from several types of aseptic tumors. In France, on the other hand, cultured tissues from normal, non-tumorous plant materials were studied with special regard to morphogenesis. After the first, very frail cultures of slowly-growing cambial tissues from woody plants (Gautheret 1937) Gautheret (1939) in Paris and Nobécourt (1939) in Grenoble succeeded in culturing cambial root tissues of carrot. Their work dealt with the effects of nutritional and morphogenic factors, particularly of indoleacetic and naphthaleneacetic acids (Gautheret) as well as indoleacetic acid and vitamin B_1 (Nobécourt), on growth, development and differentiation in vitro (root and shoot initiation, formation of vascular tissues, budding, etc.). Special emphasis was paid to the problem of tissue polarity (in the movement of heteroauxin) and on the morphological responses resulting from this polarized movement (Gautheret 1942/43, Nobécourt 1943). Gautheret (1942) expressly discussed the bearing of the various findings on the hormone theory of Haberlandt.

The first successes of White, Gautheret and Nobécourt were not achieved with cultures of individual cells, but from relatively large tissue explants containing cambium. Culture of small pieces sufficiently removed from the cambium proved to be much more difficult and was only possible in 1948 when coconut milk was supplemented (Fig. 5). Coconut milk was then frequently used in basal media following the success of van Overbeek and co-workers (1941) in growing immature *Datura* embryos by including coconut milk in their culture medium. Subsequently, the liquid coconut endosperm was shown to promote cell division in other tissues, as Haberlandt (1902) had predicted. Coconut milk recommended itself since relatively large volumes are readily available in a fluid state. It is tempting to speculate '... that perhaps Haberlandt himself might have conceived coconut as being a source of readily available 'embryo sac fluids', had coconuts been generally available in Berlin' (Krikorian and Berquam 1969).

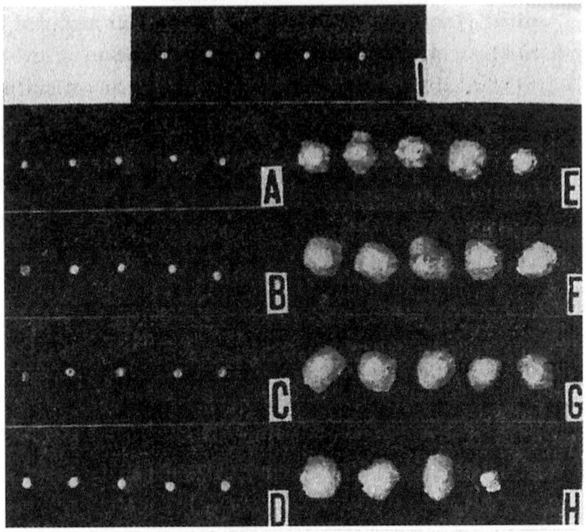

Fig. 5. The cell division-promoting effect of coconut milk on the growth of carrot cultures, as Haberlandt (1902) had predicted: (I) Pieces of phloem tissue after 21 days on a basal nutrient agar medium, (A–D) with indoleacetic acid at various concentrations, (E – H) with different quantities of coconut milk (Caplin and Steward 1948)

Since the 1950's, a great deal of work was done on the nature of the coconut milk growth factors. Letham (1974) identified cytokinins, i.e. cell-division inducing plant hormones as Haberlandt (1902) had expected, in the liquid endosperm of the coconut. Letham had also isolated the first native cytokinin, zeatin from immature maize grains, in 1963, half-a-century after Haberlandt (1913) had experimentally demonstrated the existence of hormonal cell division substances in plants.

The necessity of essential vegetative supplements (yeast extract or coconut milk) to cultured tissues was surmounted when Reinert (1958) introduced a fully-synthetic culture medium. The formation of roots and shoots in callus tissue from carrot became controllable by classic one-factor-analysis, pointing the way to artificial embryogenesis of single somatic cells (Reinert 1963, Steward et al. 1966).

Animal tissue culture – a rapidly-attained goal despite a delayed start

Fiedler (1938/39), probably somewhat resignedly, emphasized the wide gap between plant and animal tissue culture: 'Es ist an und für sich sehr merkwürdig, daß man das Pflanzengewebe, das im Vergleich zum tierischen viel einfacher gebaut ist, isoliert nicht zum weiteren Wachstum bringen kann, während den Tierphysiologen, die ... mit einem viel komplizierteren Ausgangsmaterial rechnen mußten, schon nach kurzer Zeit eine (erfolgreiche, E. H.) Erfahrung zur Verfügung stand ...' (Fiedler 1938/39).

Animal tissue culture has its roots, just as plant tissue culture, in the physiology, morphology and embryology of the 19th century. Already the concept of the internal and external milieu of organisms, organs, tissues and cells by Bernard (1878) had given an impetus to study tissues and cells under extracorporal conditions. Much of the pioneer work was done using embryonic tissues on account of their more rapid growth. The early attempts at best achieved cell survival without actual growth. Ljunggren (1897/98) then successfully cultured human tissues. He grew skin epithelium and showed that even under conditions in vitro a comparatively normal histology could be preserved over a certain time.

The anatomist Harrison (1907), for the first time, used tissue culture to solve a selected developmental problem, i.e. the origin of the axon, which had been in dispute for some years. Harrison intended ' ... to obtain a method by which the end of a growing nerve could be brought under direct observation while alive' (Harrison 1907) and could demonstrate impressively that by culturing pieces of frog embryos in a drop of lymph the axon was an outflow of the central neurone cell.

Harrison presented the first efficient tissue culture technique in the history of biology. He continued former embryological regeneration and explantation studies by Roux (1895), Driesch (1897) and J. Loeb (1900b), but also implantation experiments with tissue 'cultures' in warm-blooded bodies by L. Loeb (1897) and others (cp. Bucher 1940). Although a zoologist, Harrison was familiar with the early work on plant cells. Without envy, he admitted Haberlandt's priority in systematic attempts at tissue culture under extra-organismic conditions: 'About the time that Haberlandt's first paper appeared Loeb published his experiments with pieces of epithelium from the Guinea pig, imbedded in small blocks of clotted blood or agar which were placed for incubation in the body of another animal ... The technique was entirely different from Haberlandt's and had nothing in common with that of modern tissue culture, although the underlying purpose of the experiment was essentially the same. Loeb in an earlier paper ... mentions having made experiments in which the agar blocks containing pieces of living tissue were incubated outside the organism. The results were not stated' (Harrison 1928).

Tissue culture in experimental medicine and zoology was tackled later than that in botany but was successful much sooner. The objective of permanently-growing, non-differentiating individual cells was quickly reached. The morphogenesis of peripheral nerve fibers was almost completely a subject of descriptive embryology, but opened a wide field of causal-analytical investigations into problems of the physiology of development.

Within only a few years an efficient technique was elaborated, especially by Carrel (1914) (Fig. 6). Frog lymph was replaced by chicken plasma and embryonic and various organ extracts were found strongly growth-stimulating. Carrel also surmounted the hazards of infections. As an experimental surgeon he knew the methods of antisepsis and asepsis. Using chicken plasma he kept chicken fibroblasts alive for over 30 years. But in spite of its furious start,

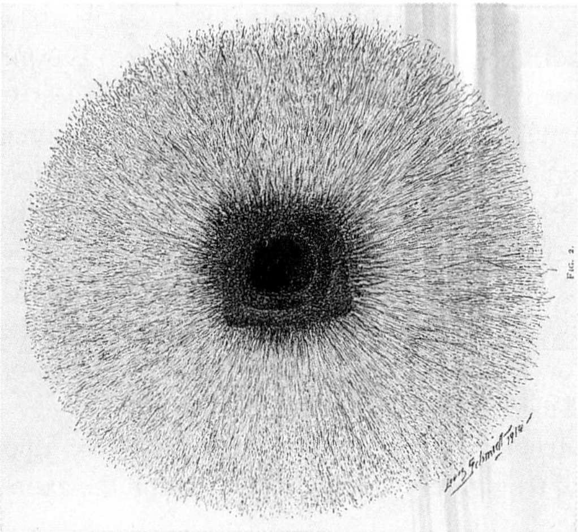

Fig. 6. A fragment of connective tissue extirpated from an 8-months-old culture, 48 h after subculture (Carrel 1914, p. 2)

animal tissue culture was only slowly adopted. The rigid demands made by sterility and the new paradigm of studying biological processes outside the organism caused trouble. Opponents were sceptical as to whether cultures showed actual living activity or artificial survival and warned against the too facile extrapolation from in vitro findings to in vivo events.

The development and scope of animal tissue culture were significantly influenced by two factors: First, the increased progress in biochemistry, and second, the observation by Fleming (1929) of the antibiotic action of penicillin. The more or less empirical and qualitative approach to tissue culture merged imperceptibly into more planned and quantitative methods. The general application of tissue culture techniques came with the introduction of relatively non-toxic antibiotics in the 1940's, which could be added to culture media and thus allowed those not specially trained in bacteriology or surgery to use these methods. From then onwards cultured tissues contributed fundamentally to solving problems posed by medical and veterinary science, and cell and microbiology (cp. Wylie 1967).

In Germany, Rhoda Erdmann promoted generally both animal and plant tissue culture when she founded a Department of Experimental Cell Biology in Berlin (1919) and edited the 'Archiv für experimentelle Zellforschung, besonders Gewebezüchtung' from 1925 onwards. She brought medical practitioners, zoologists, botanists and bacteriologists, anatomists, physiologists and pathologists together (Hoppe 1989). In the first volume of the 'Archives', Haberlandt's students Lamprecht (1925) and Thielmann (1925) reported on their results of plant tissue culture.

Interdisciplinary relations and interactions between animal and plant tissue culture research were typical for that time. The zoologist and anatomist Roux, for example, edited a 'Terminology of the Mechanics of Development' (1912) of both animals and plants, in close connection with the botanists Correns and Küster. As stated earlier, even Haberlandt (1902) had relied on the zoological findings of Loeb and Nathanson and the root culture experiments of Robbins (1922) had immediately been induced by Loeb (Robbins 1957).

It is an interesting historical fact that the first tissue culture attempts in botany as well as in zoology arose from experimental anatomy. Haberlandt and Harrison, both anatomists, led the descriptive and comparative anatomy and ontogenesis research of the 19th century to the progressive causal-analytical physiology of development of the 20th century.

Cellular totipotency – the daring vision of Haberlandt

Already as a young postgraduate, Haberlandt had conceived his concept of a physiological interpretation of plant anatomy, which Schwendener (1874) had suggested. In 1884 his 'Physiologische Pflanzenanatomie' appeared. Haberlandt's method was to reach conclusions about the physiological functions of anatomical structures on the basis of purely microscopical observations (cp. Höxtermann 1996a). Most of his deductions stimulated physiological research and were confirmed by later experiments and so did his attempts at tissue culture.

Haberlandt was both a thorough observer and a splendid and daring interpreter. 'He had eminently what the Germans call a philosophical mind, never being satisfied with the establishment of mere facts, but always attempting a theoretical interpretation' (Noé 1934). In particular, two theoretical positions enabled him to do his tissue culture experiments: First, he regarded single cells as 'elementary organisms' (a term that had been introduced by Brücke 1862), and second, he approved the existence of 'morphogenic substances' and chemical correlations between these elementary units. In his 'Physiological Plant Anatomy' he emphasized that cells were units not only in the morphological sense: 'If the term 'organ' be employed in general to denote the instrument wherewith a definite physiological function is performed, then the cell must be regarded as an elementary physiological instrument or 'elementary organ'! Every cell, namely, performs a definite physiological service for the whole term of its life or at any rate at some period of its existence while the sum total of the physiological functions of the various cells constitutes the vital activity of the entire plant ... The majority of cells represent not only elementary organs, but also elementary organisms, in other words, a cell, as a rule, does not merely work in the service of a higher living entity, namely the entire plant, but also behaves as a living entity, though indeed as one of a lower order of magnitude' (Haberlandt 1914). Haberlandt suggested that the reciprocal relationships between the cellular 'elementary organisms' might well be studied through observations of the results obtained by severance of these correlations, that is, by the culture of isolated cells and tissues in vitro – an idea, first clearly formulated in 1902.

Haberlandt was not successful. Besides a review by Winkler (1902), little immediate notice was taken. The now classic paper was not even mentioned in an appreciation on the occasion of Haberlandt's 80th birthday (Noé 1934). The situation changed around 1940 when plant tissue culture came into being. In the 1960's the pioneer work of Haberlandt was so popular and so often quoted that in 1969, 67 years after its appearance, Krikorian and Berquam presented an entire English translation of the original paper (see also this volume). 'The paper contains theoretical considerations which hindsight now shows to have been particularly accurate' (Krikorian and Berquam 1969).

Although success first came with animal tissues, the botanist Haberlandt clearly set forth the purposes and potential of cell cultures and foresaw their usefulness as an elegant means of studying morphological and physiological problems. His paper ushered into a new era of research.

Haberlandt anticipated both future methodical and theoretical developments. Experimental ideas were realized when extracts from vegetative apices, embryo sac fluids that promoted growth and cell division (van Overbeek et al.

1941) or nurse culture techniques (Muir et al. 1958) were applied. But the most significant result was his far-reaching postulation of what has come to be called 'totipotency'.

Haberlandt totally believed in the possibilty that one could successfully culture artifical embryos from somatic cells. The word 'totipotence' seems to have been used first by Morgan (1901). Various examples of vegetative propagation in the botanical and horticultural literature legitimized the conceptual adoption from animal embryology to botanical physiology of development. Van Tieghem and Douliot (1888), for instance, had investigated root-forming tissues. Although roots appeared to arise most frequently from the pericycle, root initials were observed to be formed in almost any living tissue. Moreover, Winkler (1903) discovered the impressive phenomenon that adventitious buds formed on leaves may originate either from several cells together or even from a single epidermal cell.

However, the long-lasting failure of many tissue culture attempts nourished doubts about the developmental potential of somatic cells. Küster (1928) questioned whether somatic tissue culture was perhaps principally impossible because the cell types used were not able to develop. Miehe (1928) also took the view that differentiated cells from permanent tissue could not regain a juvenile status: '... die sogenannten Dauerzellen (sind) grundsätzlich nicht imstande, in den entwicklungsfähigen Zustand zurückzukehren'. He reproached botanists like Haberlandt for misunderstanding the plant body as a kind of colony of relatively independent cellular sub-individuals. The somatic cells would have 'something', a special type of protoplasm, the so-called 'archiplasm', missing. The archiplasm-hypothesis of Miehe to a certain extent followed the germ plasm theory of the zoologist Weismann (1885). Miehe rejected the reproductive equivalence of the subindividuals of the so-called 'cell state', i.e. the principle of totipotency.

But some experimental findings spoke against this hypothesis. Haberlandt's student Reiche (1924), for instance, induced new tissue formation of somatic cells by injected tissue juices. The successes of animal tissue cultures, moreover, encouraged most of the botanists to disapprove considerations on theoretically impossible cultures of permanent tissue and to look for better methodical solutions of the problem.

The term 'totipotent' was popularized among botanists especially by Sinnott (1950, 1960). In his book 'Cell and Psyche. The Biology of Purpose' he announced '... the general conclusion, with all its far-reaching implications, seems justified that every cell, fundamentally and under proper conditions is totipotent, or capable of developing by regeneration into a whole organism' (Sinnot 1950). 'The fate of a cell is a function of its position ... Single cells, under suitable conditions of isolation and stimulation, will sometimes develop into whole plants. All parts of the plant tend thus to be totipotent. Why these potentialities are not realized when the part is a member of an organic whole is a problem' (Sinnot 1960).

Reinert (1963) and Steward and co-workers (1966) were the first to confirm Haberlandt's prediction that embryos can arise from single cells in culture. The old opinion that genic material is successively altered or lost during the differentiation process had to be discarded.

But why was Haberlandt unsuccessful in growing isolated plant cells? White (1963) accounted for Haberlandt's limited success in this field that fully-mature and highly differentiated cells whose meristematic activity was minimal were used. These specialized cells were selected for ease of isolation and for nutritional reasons. Mesophyll and palisade cells, capable of synthetis, should be able to complete the supply of nutrients. The simple nutritional medium containing mineral salts and a few organic compounds could not be expected to supply all essential substances. Cell walls, in addition, would restrict and limit nutrient uptake. Besides, Krikorian and Berquam (1969) pointed out that Haberlandt's technique of excision would, often, produce protoplasts that would be rendered in a state of shock.

It was optimistic of Haberlandt to think that single, highly differentiated cells could be cultured by simple mechanical and nutritional means. With maximum faith in the cell theory he felt constrained to work with the ultimate living unit of biological organization, the cell.

Table 1. Review: Plant organ, tissue and cell cultures

The culture of isolated embryos or embryonic parts	
1858	Thilo Irmisch (1816–1879), Sondershausen: Formulation of the organ culture approach to embryogenesis research
1859	Julius Sachs (1832–1897), Prague: First culture of isolated embryos from mature seed (beans)
1887	Ludwig Koch (1850–1938), Heidelberg: Regeneration of whole plants from only few embryonic cells of seedlings (*Orobanche*)
1904	Emil Hannig (1872–1955), Strasbourg: First culture of immature embryos
1907	Louie H. Smith (1872– ?), Halle/Saale: First culture of excised hypocotyls
The beginning of plant cell and tissue culture	
1893	Carl Rechinger (1867–1952), Vienna: Extensive tissue culture studies of the limits of divisibility
1902	Gottlieb Haberlandt (1854–1945), Graz: First systematic culture attempts with individual somatic cells and general formulation of the culture programme
1913	G. Haberlandt, Berlin: First experimental evidence of cell division-stimulating substances, establishment of a lepto-hormone theory of cell division
1921	G. Haberlandt, Berlin: Establishment of a wound-hormone theory of cell division

Table 1 (continued)

The culture of isolated root tips	
1922	William J. Robbins (1890 – 1978), Columbia/Missouri: First successful culture of a typically meristematic tissue to study nutritional problems
1922	Walter Kotte (1893 – 1970), Berlin: Successful culture of meristematic tissue independently of Robbins to study morphogenic problems
1934	Philip R. White (1901 – 1968), Princeton/New Jersey: First cultures of excised root tips with potentially unlimited growth excluding any pathological survival effects
1937	James F. Bonner (1910–1996) and Fredrick T. Addicott (∗ 1912), Pasadena/California: Sustained growth of excised root tips in the first completely known medium
The culture of plant cells and tissues	
1927	Bruno Wehnelt (1902–1945), Erlangen: Report on a sensitive technique for testing cell division activity
1929	Theodor Schmucker (1894–1970), Göttingen: First note of a successful culture of multiplying single somatic cells
1936	J.F. Bonner, Pasadena/California: Following Wehnelt 1927, first verification of a reproducible cultured tissue with dividing and enlarging cells and without any differentiation
1939	P.R. White, Princeton/New Jersey: Indefinitely growing callus cultures from stem tissues of tumor-forming tobacco hybrids (to study pathological phenomena)
1939	Roger J. Gautheret (1910–1997), Paris: Permanently growing cultures of cambial tissues from woody plants and of root tissues from carrots (to study morphogenesis, polarization and intercellular correlation)
1939	Pierre Nobécourt (1895- ?), Grenoble: Indefinitely growing cultures of root explants from carrots (to study nutritional effects on growth and development)
1942	P.R. White and A.C. Braun, Princeton/New Jersey: Transplantation experiments with callus cultures from crown-gall tumors of sunflowers producing new, secondary tumors in healthy hosts
1948	Samuel M. Caplin (∗ 1917) and Frederick C. Steward (1904–1993), New York: Convincing evidence for an active principle in coconut milk promoting growth and development
1958	Jakob Reinert (1912–2002), Tübingen: Fully-synthetic cell and tissue culture without any essential vegetative supplements

In summary, it can be said that plant organ and tissue culture arose from questions of the morphology and physiology of germination, regeneration and correlation and passed through a series of stages (Table 1). Haberlandt theoretically outlined the field. He visualized the theoretical potential of the culture approach to the study of cellular correlation within the plant body and started first analytical attempts. However, almost 40 years were to elapse before tissue cultures were to be successfully established. The major emphasis shifted from how to grow to what can be done with tissues when grown. '... we are in Haberlandt's debt for having so elegantly opened the way for these advancements' (Krikorian and Berquam 1969).

After a full life, Haberlandt died at the end of World War II in 1945. In the morning of his obsequies, most of the personal notes, manuscripts, letters and aquarelles, documents and books of Haberlandt, almost all the estate, were destroyed by one of the terrible air raids on Berlin. Only few original examples of his manifold talents were saved; but the memory of Haberlandt lives in his works.

References

Bailey I. W. (1930) The cambium and its derivative tissues. V. A reconaissance of the vacuome in living cells. Z. Zellforsch. Mikrosk. Anat. 10: 651–682.

Bernard C. (1878/79) Leçons sur les phénomènes de la vie communs aux animaux et aux végétaux. J.B. Baillière et fils, Paris.

Błociszewski T. (1876) Physiologische Untersuchungen über die Keimung und weitere Entwickelung einiger Samentheile bedecktsamiger Pflanzen. Landwirtsch. Jahrb. 5: 145–161.

Bobilioff-Preisser W. (1917) Beobachtungen an isolierten Palisaden- und Schwamm-parenchymzellen. Beihefte Bot. Centralbl. 33: 248–274.

Börger H. (1926) Über die Kultur von isolierten Zellen und Gewebsfragmenten. Arch. Exp. Zellforsch. 2: 123–190.

Bonner J. (1936) Plant tissue cultures from a hormone point of view. Proc. Natl. Acad. Sci. 22: 426–430.

Bonner J. (1937) Vitamins B_1, a growth factor for higher plants. Science 85: 183–184.

Bonner J., Addicott F. (1937) Cultivation in vitro of excised pea roots. Bot. Gaz. 99: 144–170.

Bonnet C. (1754) Recherches sur l'usage des feuilles dans les plantes, et sur quelques autres sujets relatifs à l'histoire de la vegetation. E.Luzac, Göttingen, Leyden, Chap. § LXXXIX.

Brücke E. (1862) Die Elementarorganismen. Sitzungsber. Akad. Wiss. Wien, Math. Nat. Cl. 44, Abt. 2: 381–406.

Bucher O. (1940) Zur Entwicklung der Gewebezüchtung. Ciba Z. 7: 2531–2534.

Caplin S. M., Steward F. C. (1948) Effect of coconut milk on the growth of explants from carrot root. Science 108: 655–657.

Carrel A. (1914) Present conditions of a strain of connective tissue twenty-eight months old. J. Exp. Med. 20: 1–2.

Driesch H. (1897) Studien über das Regulationsvermögen der Organismen. Arch. Entwicklungsmech. 5: 389foll.

Fiedler H. (1936) Entwicklungs- und reizphysiologische Untersuchungen an Kulturen isolierter Wurzelspitzen. Z. Bot. 30: 385–436.
Fiedler H. (1938/39) Die pflanzliche Gewebe- und Organkultur. Sammelreferat. Z. Bot. 33: 369–416.
Fleming A. (1929) On the antibacterial action of cultures of a penicillium, with special reference to their use in the isolation of *B. influenzae*. Brit. J. Exp. Pathol. 10: 226–236.
Gautheret R. (1937) La culture des tissus végétaux. Son état actuel, comparaison avec la culture des tissus animaux. Hermann, Paris.
Gautheret R. (1939) Sur la possibilité de realiser la culture indéfinie des tissus de tubercules de carotte. C. R. Acad. Sci. Paris 208: 118–120.
Gautheret R. (1942) A propos de la théorie des hormones de division d'Haberlandt. C. R. Soc. Biol. 136: 458–459.
Gautheret R. (1942/43) Recherches sur le développement de fragments de tissus végétaux cultivés "in vitro". Rev. Cytol. Cytophysiol. Vég. 6: 85–208.
Gris A. (1864) Recherches anatomiques et physiologique sur la germination. Ann. Sci. Nat., Ser. 5, Bot. 2: 5–123.
Haberlandt G. (1884) Physiologische Pflanzenanatomie, im Grundriß dargestellt. W. Engelmann, Leipzig.
Haberlandt G. (1902) Culturversuche mit isolierten Pflanzenzellen. Sitzungsber. Akad. Wiss. Wien, Math. Nat. Cl. 111, Abt. 1: 69–91; translated by A. D. Krikorian & D. L. Berquam 1969: Experiments on the culture of isolated plant cells. Bot. Rev. 35: 68–85.
Haberlandt G. (1904) Die Sinnesorgane der Pflanze. Barth, Leipzig.
Haberlandt G. (1908) Über Reizbarkeit und Sinnesleben der Pflanzen. A. Hölder, Wien.
Haberlandt G. (1913) Zur Physiologie der Zellteilung. Sitzungsber. Akad. Wiss. Berlin, Phys. Math. Cl.: 318–345.
Haberlandt G. (1914) Physiological Plant Anatomy. Macmillan & Comp., London.
Haberlandt G. (1921a) Zur Physiologie der Zellteilung. 6. Mitt.: Über Auslösung von Zellteilungen durch Wundhormone. Sitzungsber. Akad. Wiss. Berlin 1/2: 221–234.
Haberlandt G. (1921b) Wundhormone als Erreger von Zellteilungen. Beitr. Allg. Bot. 2, H. 1: 1–53.
Haberlandt G. (1922) Über Zellteilungshormone und ihre Beziehungen zur Wundheilung, Befruchtung, Parthenogenesis und Adventivembryonie. Biol. Zentralbl. 42: 145–172.
Haberlandt G. (1925) Zelle und Elementarorgan. Biol. Zentralbl. 45: 257–272.
Hannig E. (1904) Zur Physiologie pflanzlicher Embryonen. I. Ueber die Cultur von Cruciferen-Embryonen ausserhalb des Embryosacks. Bot. Z. 62: 45–80.
Harrison R. G. (1907) Observations on the living developing nerve fiber. Proc. Soc. Exp. Biol. Med. 4: 140–143.
Harrison R. G. (1928) On the status and significance of tissue culture. Arch. Exp. Zellforsch. 6: 4–27.
Höxtermann E. (1994a) Zur Geschichte des Hormonbegriffes in der Botanik und zur Entdeckungsgeschichte der 'Wuchsstoffe'. Hist. Phil. Life Sci. 16: 311–337.
Höxtermann E. (1994b) Die Anatomie "im Dienste des Lebens". Gottlieb Haberlandts Versuche "Zur Physiologie der Zellteilung" (1913–1921) und die Entdeckung der Pflanzenhormone. Medizinhist. J. 29: 59–81.

Höxtermann E. (1996a) "Das Wetter wird vermutlich schön ..." Eine Erinnerung an Gottlieb Haberlandt (1854–1945) im 50. Todesjahr. Biol. Zentralbl. 115: 214–240.

Höxtermann E. (1996b) Berliner Schüler Gottlieb Haberlandts in der Geschichte der Zell- und Gewebekultur. Mitt. Österr. Ges. Wissenschaftsgesch. 16: 29–39.

Hoppe B. (1989) Die Institutionalisierung der Zellforschung in Deutschland durch Rhoda Erdmann (1870–1935). Biol. Heute 7, Nr. 366: 2–4, 9.

Irmisch T. (1858) Botanische Mittheilungen. Flora, N. R. 16: 33–42; quoted from Fiedler (1938/39): 412.

Kandler O. (1948) Die pflanzliche Organ- und Gewebekultur. Naturwiss. Rundsch. 1: 28–33.

Kandler O. (1950) Versuche zur Kultur isolierten Pflanzengewebes in vitro. Planta 38: 564–585.

Klebs G. (1888) Beiträge zur Physiologie der Pflanzenzelle. Unters. Bot. Inst. Tübingen 2, H. 3: 489–568.

Knudson L. (1919) Viability of detached root-cap cells. Am. J. Bot. 6: 309–310.

Koch L. (1887) Die Entwicklungsgeschichte der Orobanchen, mit besonderer Berücksichtigung ihrer Beziehungen zu den Kulturpflanzen. C. Winter, Heidelberg.

Kotte W. (1922a) Wurzelmeristem in Gewebekultur. Ber. Dtsch. Bot. Ges. 40: 269–272.

Kotte W. (1922b) Kulturversuche mit isolierten Wurzelspitzen. Beitr. Allg. Bot. 2: 413–434.

Krikorian A. D., Berquam D. L. (1969) Plant cell and tissue cultures: The role of Haberlandt. Bot. Rev. 35: 59–88.

Küster E. (1928) Das Verhalten pflanzlicher Zellen in vitro und in vivo. Arch. Exp. Zellforsch. 6: 28–42.

Kunkel W. (1927) Über die Kultur von Perianthgeweben. Arch. Exp. Zellforsch. 3: 405–427.

Lamprecht W. (1918) Über die Kultur und Transplantation kleiner Blattstückchen. Beitr. Allg. Bot. 1: 353–398.

Lamprecht W. (1925) Über die Züchtung pflanzlicher Gewebe. Arch. Exp. Zellforsch. 1: 412–423.

Leitgeb H. (1888) Beiträge zur Physiologie der Spaltöffnungsapparate. Mitt. Bot. Inst. Graz, H. 2: 123.

Letham D. S. (1963) Zeatin, a factor inducing cell division isolated from *Zea mays*. Life Sci. 8: 569–573.

Letham D. S. (1974) Regulators of cell division in plant tissues. XX. The cytokinins of coconut milk. Physiol. Plant. 32: 66–70.

Ljunggren C. A. (1897/98) Von der Fähigkeit des Hautepithels, ausserhalb des Organismus sein Leben zu behalten, mit Berücksichtigung der Transplantation. Dtsch. Z. Chir. 47: 608–615.

Loeb J. (1900a) On the nature of the process of fertilization and the artificial production of normal larvae (*Plutei*) from the unfertilized eggs of the sea urchin. Am. J. Physiol. 3: 135–138.

Loeb J. (1900b) On the transformation and regeneration of organs. Am. J. Physiol. 4: 60–68.

Loeb J. (1917) Influence of the leaf upon root formation and geotropic curvature in the stem of *Bryophyllum calycinum* and the possibility of a hormone theory of these processes. Bot. Gaz. 63: 25–50.

Loeb L. (1898) Ueber Regeneration des Epithels. Arch. Entwicklungsmech. 6: 297–364.
Marek G. (1875) Das Saatgut und dessen Einfluss auf die Menge und Güte der Ernte. C. Gerold's Sohn, Wien.
Miehe H. (1928) Die Archiplasmahypothese. Arch. Exp. Zellforsch. 6: 366–369.
Miller C. O., Skoog F., von Saltza M. H., Strong F. M. (1955) Kinetin, a cell division factor from deoxyribonucleic acid. J. Am. Chem. Soc. 77: 1392.
Morgan T. H. (1901) Regeneration. Macmillan, New York, London, p. 243.
Muir W. H., Hildebrandt A. C., Riker A. J. (1958) The preparation, isolation and growth in culture of single cells from higher plants. Am. J. Bot. 45: 589–597.
Nathanson A. (1900) Über Parthenogenesis bei *Marsilia* und ihre Abhängigkeit von der Temperatur. Ber. Dtsch. Bot. Ges. 18: 99–109.
Nobécourt P. (1939) Sur la pérennité et l'augmentation de volume des cultures de tissus végétaux. C. R. Soc. Biol. 130: 1270–1271.
Nobécourt P. (1943) La culture des tissus et des organes végétaux. Rev. Sci. 81: 161–170.
Noé A. C. (1934) Gottlieb Haberlandt 1854. Plant Physiol. 9: 851–855.
Pearsall W. H., Priestley J. H. (1923) Meristematic tissues and protein iso-electric points. New Phytol. 22: 185–191.
Pfeiffer H. (1931) Beobachtungen an Kulturen nackter Zellen aus pflanzlichen Beerenperikarpien. Arch. Exp. Zellforsch. 11: 424–434.
Rechinger C. (1893) Untersuchungen über die Grenzen der Theilbarkeit im Pflanzenreiche. Verh. Zool. Bot. Ges. Wien 43: 310–334.
Reiche H. (1924) Über die Auslösung von Zellteilungen durch Injektion von Gewebesäften und Zelltrümmern. Z. Bot. 16: 241–278.
Reinert J. (1958) Morphogenese und ihre Kontrolle an Gewebekulturen aus Carotten. Naturwissenschaften 45: 344–345.
Reinert J. (1963) Growth of single cells from higher plants on synthetic media. Nature 200: 90–91.
Robbins W. J. (1922a) Cultivation of excised root tips and stem tips under sterile conditions. Bot. Gaz. 73: 376–390.
Robbins W. J. (1922b) Effect of autolyzed yeast and peptone on growth of excised corn root tips in the dark. Bot. Gaz. 74: 59–79.
Robbins W. J. (1957) The influence of Jaques Loeb on the development of plant tissue culture. Bull. Jard. Bot. État Bruxelles 27: 189–197.
Robbins W. J., Maneval W. E. (1923) Further experiments on growth of excised root tips under sterile conditions. Bot. Gaz. 76: 274–287.
Robbins W. J., White V. B. (1936) Limited growth and abnormalities in excised corn root tips. Bot. Gaz. 98: 209–242.
Roux W. (1895) Gesammelte Abhandlungen über Entwickelungsmechanik der Organismen. 2 Vols., W. Engelmann, Leipzig.
Roux W. (Hrsg.), in Verb. mit Correns C., Fischel A., Küster E. (1912) Terminologie der Entwicklungsmechanik der Tiere und Pflanzen. W. Engelmann, Leipzig.
Sachs J. (1859) Physiologische Untersuchungen über die Keimung der Schminkbohne (*Phaseolus multiflorus*). Sitzungsber. Math. Nat. Cl., Akad. Wiss. Wien 37: 57–119.

Schmucker T. (1929) Isolierte Gewebe und Zellen von Blütenpflanzen. Planta 9: 339–340.

Schwendener S. (1874) Das mechanische Princip im anatomischen Bau der Monocotylen. W. Engelmann, Leipzig.

Sinnott E. W. (1950) Cell and Psyche. The Biology of Purpose. Univ. of North Carolina Press, Chapel Hill, p. 30.

Sinnott E. W. (1960) Plant Morphogenesis. McGraw-Hill, New York, p. 102.

Skoog F. (1944) Growth and organ formation in tobacco tissue cultures. Am. J. Bot. 31: 19–24.

Skoog F., Strong F. M., Miller C. O. (1965) Cytokinins. Science 148: 532–533.

Smith L. H. (1907) Beobachtungen über Regeneration und Wachstum an isolierten Teilen von Pflanzenembryonen. Phil. Diss., Univ. Halle/Saale.

Stapp C. (1927) Der bakterielle Pflanzenkrebs und seine Beziehungen zum tierischen und menschlichen Krebs. Ber. Dtsch. Bot. Ges. 45: 480–504.

Stapp C. (1947) Der bakterielle Pflanzenkrebs und seine Bedeutung im Lichte allgemeiner Krebsforschung. Naturwissenschaften 34: 81–87.

Steward F. C., Kent A. E., Mapes M. O. (1966) The culture of free plant cells and its significance for embryology and morphogenesis. Curr. Top. Devel. Biol. 1: 113–154.

Street H. E. (1959) Special problems raised by organ and tissue culture. Correlations between organs of higher plants as a consequence of specific metabolic requirements. Handb. Pflanzenphysiol. 11: 153–178.

Thielmann M. (1925) Über Kulturversuche mit Spaltöffnungszellen. Arch. Exp. Zellforsch. 1: 66–108.

Townsend C. O. (1897) Der Einfluss des Zellkerns auf die Bildung der Zellhaut. Jahrb. Wiss. Bot. 30: 484–510.

Úlehla V. (1928) Vorversuche zur Kultur des Pflanzengewebes. I. Das Wasser als Faktor der Gewebekultur. Untersuchungen über die Konstitution des Wassers auf den freien Zelloberflächen und über den Einfluß des Eintauchens in wässerige Lösungen auf die Zellvitalität. Arch. Exp. Zellforsch. 6: 370–417.

van Overbeek J., Conklin M. E., Blakeslee A. F. (1941) Factors in coconut milk essential for growth and development of very young *Datura* embryos. Science 94: 350–351.

van Tieghem P. (1873) Recherches physiologiques sur la germination. Ann. Sci. Nat., 5. Ser. Bot. 17: 205–224.

van Tieghem P., Douliot H. (1888) Recherches comparatives sur l'origine des membres endogènes dans les plantes vasculaires. Ann. Sci. Nat., 7. Ser. Bot. 8: 1–660.

Vöchting H. (1885) Ueber die Regeneration der Marchantieen. Jahrb. Wiss. Bot. 16: 367–414.

Wehnelt B. (1927) Untersuchungen über das Wundhormon der Pflanzen. Jahrb. Wiss. Bot. 66: 773–813.

Weismann A. (1885) Die Continuität des Keimplasma's als Grundlage einer Theorie der Vererbung. G. Fischer, Jena.

White P. R. (1931) Plant tissue cultures. The history and present status of the problem. Arch. Exp. Zellforsch. 10: 501–518.

White P. R. (1934) Potentially unlimited growth of excised tomato root tips in a liquid medium. Plant Physiol. 9: 585–600.

White P. R. (1936) Plant tissue cultures. Bot. Rev. 2: 419–437.

White P. R. (1937a) Amino acids in the nutrition of excised tomato roots. Plant Physiol. 12: 793–802.

White P. R. (1937b) Vitamin B_1 in the nutrition of excised tomato roots. Plant Physiol. 12: 803–811.

White P. R. (1939) Potentially unlimited growth of excised plant callus in an artificial medium. Am. J. Bot. 26: 59–64.

White P. R. (1946) Plant tissue cultures. II. Bot. Rev. 12: 521–529.

White P. R. (1954, ^{2}1963) The Cultivation of Animal and Plant Cells. Ronald Press, New York, p. 10.

White P. R., Braun A. C. (1942) A cancerous neoplasm of plants. Autonomous bacterio-free crown gall-tissue. Cancer Res. 2: 597–617.

Wiesner J. (1892) Die Elementarstructur und das Wachsthum der lebenden Substanz. A. Hölder, Wien.

Winkler H. (1901) Über Merogonie und Befruchtung. Jahrb. Wiss. Bot. 36: 753–775.

Winkler H. (1902) Haberlandt, G., Culturversuche mit isolierten Pflanzenzellen (Besprechung). Bot. Z. 60, Abt. 2: 262–264.

Winkler H. (1903) Über regenerative Sprossbildung auf den Blättern von *Torenia asiatica L.* Ber. Dtsch. Bot. Ges. 21: 187–193.

Wylie J. A. H. (1967) The history and the development of cell, tissue and organ culture. In: Ambrose E. J., Easty D. M., Wylie J. A. H. (eds.) The Cancer Cell in vitro. Butterworths, London, pp. 1–12.

Zabel N. (1882) Entwicklung der von der Achse abgetrennten Keimblätter. Protokolle u. Ber. Russ. Ges. Freunde des Gartenbaus für 1881 (russ.). Moskau, pp. 20–25; Referat von Batalin. In: Bot. Jahresber. 10, Abt. 1: 32.

Address of the author: PD Dr. Ekkehard Höxtermann (e-mail: ed.hoextermann@planet-interkom.de), Am Gutshof 54, D-13059 Berlin, Germany.

The developmental potentials of isolated mesophyll cells and protoplasts

H. W. Kohlenbach

Introduction

The experiments of Haberlandt with isolated leaf cells of *Lamium purpureum* L., started in 1898 and published in 1902, laid the foundations of *in vitro* culture in higher plants. Based on the cell theory of Schwann and Schleiden, he considered every cell as an elementary organism and was convinced of the totipotency of even differentiated cells. Haberlandt and his successors achieved a limited survival and an extension growth of isolated cells but no real culture, meaning no division growth, due to the lack of favourable media at that time.

Haberlandt's hypothesis, that the cultivation of isolated single cells was possible, was confirmed only 60 years later. Differentiated mesophyll cells of a hybrid between *Macleaya cordata* and *Macleaya microcarpa*, directly isolated from the organism, developed into cell clusters and calli with organs and somatic embryos (Kohlenbach 1959, 1965b, 1966). These early experiments were performed with complex media. Later, they were repeated and extended with defined media (Lang and Kohlenbach 1975, 1978).

I. Early experiments with isolated mesophyll cells of *Macleaya* in complex media

The experimental material were isolated mesophyll cells of mature leaves of a hybrid between *Macleaya cordata* (Willd.) R. Br. and *Macleaya microcarpa* (Maxim.) Fedde (Fig. 1).

The cells were obtained by manual shaking of thin leaf sections and suspended in liquid media. The use of *Macleaya* as the object resulted from the brief communication by Schmucker (1929). He had observed that mesophyll cells of *Bocconia* (syn. to *Macleaya*) could be manually isolated. Furthermore he claimed to have successfully cultured these cells. However, these findings were not documented by drawings or photographs and no detailed conditions were presented. Besides this the claimed results could not be repeated respectively confirmed by other authors under the conditions described by Schmucker. Schmucker himself was not able to repeat his experiments as he wrote later (Schmucker 1932). In 1943, White noticed that "details were

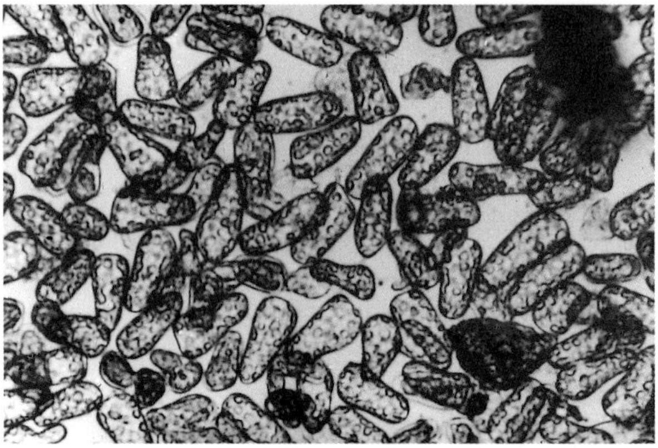

Fig. 1. Isolated mesophyll (palisade) cells of *Macleaya*. In this experiment nearly all isolated cells survived (Kohlenbach 1966)

apparently never published, the work has not been verified by any later work and the result is so at variance with all other recorded experiments that its correctness is to be doubted". It must be assumed that Schmucker took by mistake the occurrence of certain cell structures as an evidence for cell division. Misinterpretations of this kind are not unusual in such cases where morphological phenomena have never been seen before.

Under the culture conditions involving a medium with a high concentration of "Reibsaft" described by Schmucker (1929) a successful culture, that means dividing cells, was not obtained either in the authors own experiments.

It was only 30 years later that the induction of mitotic activity in isolated differentiated cells was for the first time – well documented and reproducible – achieved in cultures of *Macleaya* leaf cells (Figs. 2 and 3) using the following procedure (Kohlenbach 1959, 1966):

The basal medium A (Table 1) was based on the macroelements of Uspenski and Uspenskaja (1925) and contained additionally "Reibsaft" and

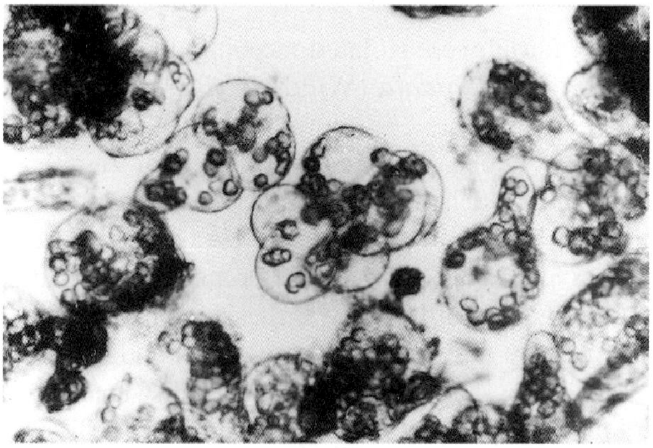

Fig. 2. Mesophyll cells of *Macleaya* dividing after having started extension growth (Kohlenbach 1966)

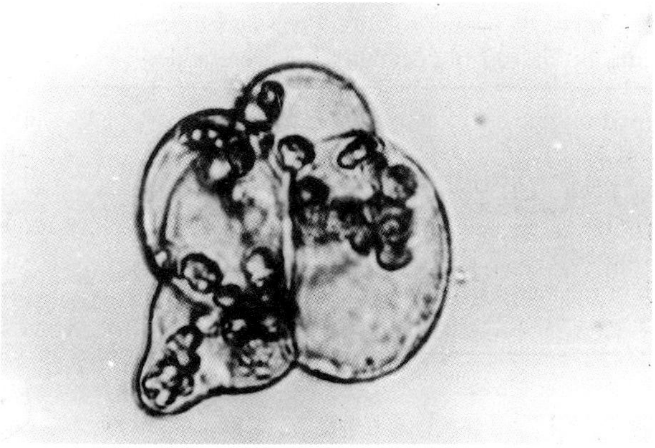

Fig. 3. The first ever published picture of a dividing palisade cell. This result was achieved using mesophyll cells of *Macleaya* (Kohlenbach 1959)

Table 1. Culture media used for the culture of isolated mesophyll cells and protoplasts

Medium A	
Macroelements after Uspenski and Uspenskaja (1925):	
$Ca(NO_3)_2 \cdot 4H_2O$	14.40 mg/l
$MgSO_4 \cdot 7H_2O$	5.00 mg/l
K_2CO_3	3.50 mg/l
KH_2PO_4	2.50 mg/l
$Fe(SO_4)_3$	0.13 mg/l
Glucose	20.00 g/l
"Reibsaft"*	20.00 ml/l
Medium B	
$Ca(NO_3)_2 \cdot 4H_2O$	14.40 mg/l
K_2CO_3	5.00 mg/l
$MgSO_4 \cdot 7H_2O$	5.00 mg/l
KH_2PO_4	2.50 mg/l
NH_4NO_3	2.20 mg/l
H_3BO_3	0.10 mg/l
KJ	0.10 mg/l
$MnSO_4 \cdot 4H_2O$	0.10 mg/l
$ZnSO_4 \cdot 7H_2O$	0.10 mg/l
$CoSO_4$	0.05 mg/l
$CuSO_4 \cdot 5H_2O$	0.05 mg/l
Kinetin	2.50 mg/l
Glucose	20.00 g/l
"Reibsaft"	20.00 ml/l
Fe solution	1.00 ml/l
(1 ml contains 5 mg Fe bound to EDTA)	

*Extracts obtained through grinding leaf sections and shoot tips in a mortar (for details see Kohlenbach 1966)

Table 2. 1 ml of "Coconut solution" was added per 15 ml of medium A or medium B. To 100 ml coconut water were added:

Casein hydrolysate	800 mg
Glykokoll	48 mg
Nicotinic acid	8 mg
Thiamine HCl	1.60 mg
Pyridoxine HCl	1.60 mg
2,4-dichlorophenoxyacetic acid	0.96 mg
Glucose	2.00 g

glucose. In this medium a more or less high portion, sometimes up to nearly 100 per cent, of the isolated cells survived and showed extension growth. When a solution with coconut water containing further elements as listed in Table 2 was added, mitotic activity could be induced.

Thus, it was proven that explanted and isolated differentiated cells can be dedifferentiated and transformed into the meristematic stage.

It is of special interest that the behaviour of the chloroplasts depends on the composition of the basal medium. In medium A (Table 1) the chloroplasts are only distributed among the new cells so that the number of chloroplasts per cell decreases. When the newly formed cells ultimately contain only one or a few chloroplasts the division growth is terminated. On the contrary, using medium B (Table 1), the chloroplasts fragmentate and the fragments are distributed among the new cells. As fragmentation continues, the fragments become increasingly smaller until they are no longer visible under the light microscope. In this case the division growth does not stop, but proliferating cell clusters arise, each of them having derived from a single cell (Fig. 4). In such cell clusters even the development of tracheary elements could be observed (Fig. 5) (Kohlenbach 1965a).

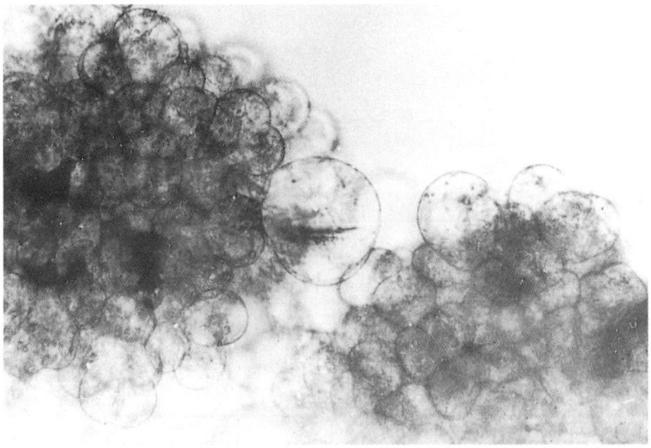

Fig. 4. Cell clusters derived from isolated mesophyll cells of *Macleaya* (Kohlenbach 1966)

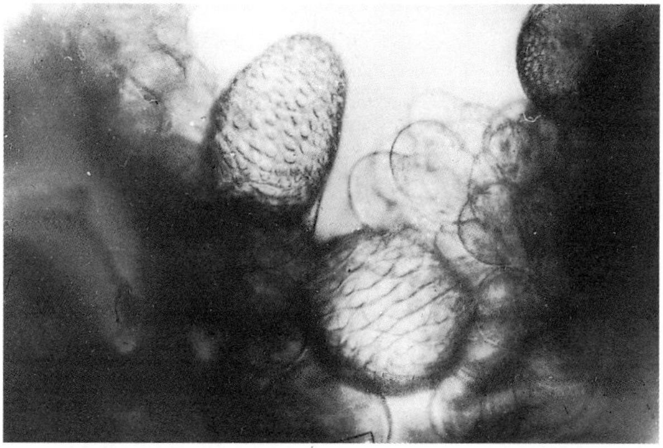

Fig. 5. Tracheary elements at a cell cluster of *Macleaya* (Kohlenbach 1965a)

II. Later experiments with mesophyll cells and with protoplasts in defined media

Later these results with *Macleaya* were repeated and extended with defined media. An embryogenic callus arose with a mass production of somatic embryos and plantlets (Fig. 6, see p. 243) and a vegetative reproductive cycle was established (Fig. 7) (Lang and Kohlenbach 1975, 1978).

Authors who contributed further reports to this field of research are Ball and Joshi (1965), Rossini (1969), Jullien and Rossini (1977), Miksch and Beiderbeck (1976) and Albinger and Beiderbeck (1983).

Several authors have examined the suitability of different plant species to yield isolated mesophyll cells when treated with a manual or electrical glass homogenizer. The two lists which have been published (Miksch and Beiderbeck 1976, Jullien and Rossini 1977) partly coincide. The list presented by Jullien and Rossini contains 208 plant species, 48 of which were found to yield cell suspensions with at least 5% intact cells. Among those which allow a much higher yield (up to 70% intact cells in two species) are *Asparagus officinalis* L., *Aster novae-anglicae* L., *Dianthus barbatus* L., *Fragaria vesca* L., *Ipomoea batatas* Lam., *Scabiosa columbaria* L. and *Tilia sylvestris* Desf. In experiments using a culture medium modified after Rossini (1969) and containing 2,4-D (1 mg/l) kinetin (1 mg/l) and 10 000 mg/l sucrose isolated mesophyll of *Macleaya*, *Convolvulus cantabrica* L., *Ipomoea purpurea* (L.) Roth, *Quamoclit coccinea* (L.) Moench. and *Zinnia elegans* L. were induced to divide and form calli (Kohlenbach and Schmidt 1975, Lang and Kohlenbach 1978). The highest percentage of dividing cells, namely 50% of inoculated intact cells was found in suspensions of *Quamoclit coccinea.* In *Asparagus officinalis* (Jullien 1974) and in *Macleaya* (Lang and Kohlenbach 1975, 1978) whole plants were regenerated from mechanically isolated single cells (Fig. 7).

According to the author's experience (Kohlenbach 1984) it appears that the success of an isolation procedure not only depends on the species but also on

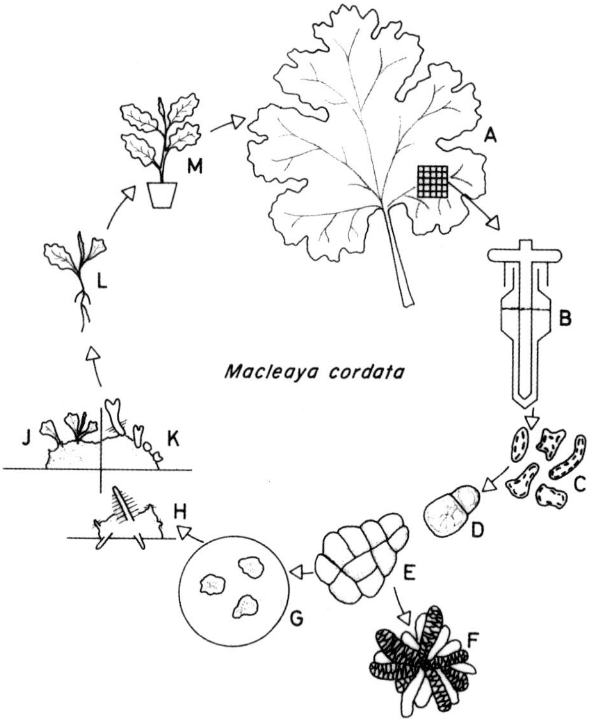

Fig. 7. Vegetative reproductive cycle of *Macleaya*: A: Leaf of *Macleaya*; B: glass homogenizer; C: isolated mesophyll cells; D and E: cell clusters; F: tracheary elements at a cell cluster; G: calli on solid medium; H: callus with roots; J: callus with adventitious shoots; K: callus with somatic embryos; L: plantlet; M: young plant (Lang and Kohlenbach 1978)

the physiological status of the leaves and the physical consistency. Both depend on the developmental stage and on environmental factors. The mechanical isolations reported were effected with material from outdoors, greenhouses and growth chambers, however not with axenic shoot cultures, their leaves being too tender. This demands the use of non-sterile material which must be surface-sterilised.

A remarkable cytodifferentiation was observed in cultures of isolated mesophyll cells: in 1975 Kohlenbach and Schmidt found that mesophyll cells of *Zinnia elegans* L. could be directly transformed into tracheary elements without a preceding cell division. These results disprove the long held theory that at least one cell cycle is an absolute prerequisite for cytodifferentiation. The *Zinnia* system has become an efficient tool for studying the biochemical and molecular mechanisms in xylem formation and serves as a model system for cytodifferentation (Mc Cann 1997).

Albinger and Beiderbeck (1983) examined the influence of BAP and phosphate concentrations on the formation of storage parenchyma and tracheary elements in suspensions of *Asparagus plumosus* Baker derived from mechanically isolated cells.

Besides mesophyll cells also cells of the calyptra of *Zea mays* L. (Caporali 1983) and from the pericarp of *Ligustrum vulgare* L. (Beiderbeck and Hohl 1985) were induced to mitotic activity.

III. Cytodifferentiation of isolated leaf protoplasts

In 1960 Cocking presented a method for obtaining with great reliability and at a high yield isolated protoplasts from higher plants by the use of enzymes from fungi. Very soon mostly protoplasts are chosen instead of isolated mesophyll cells. They opened new fields for micropropagation and genetic engineering, since they made possible the incorporation of foreign genetic material via transfer and by fusion experiments. As early as 1971 Potrykus described intra- and interspecific fusions of protoplasts in angiosperms. Takebe et al. (1971) succeeded in the regeneration of *Nicotiana* plants from isolated mesophyll protoplasts reconverted into cells, experiments which had been encouraged by the successful culture of mesophyll cells.

Various patterns of differentiation can be observed in cell clusters and microcolonies derived from protoplasts:

The formation of hair cells (Krumbiegel and Schieder 1979) and tracheary elements (Fig. 8) (Kohlenbach and Schöpke 1981), the development of alkaloid cells (Lang and Kohlenbach 1982), the formation of organ primordia (Wernicke and Thomas 1980) and non-zygotic embryos (Li and Kohlenbach

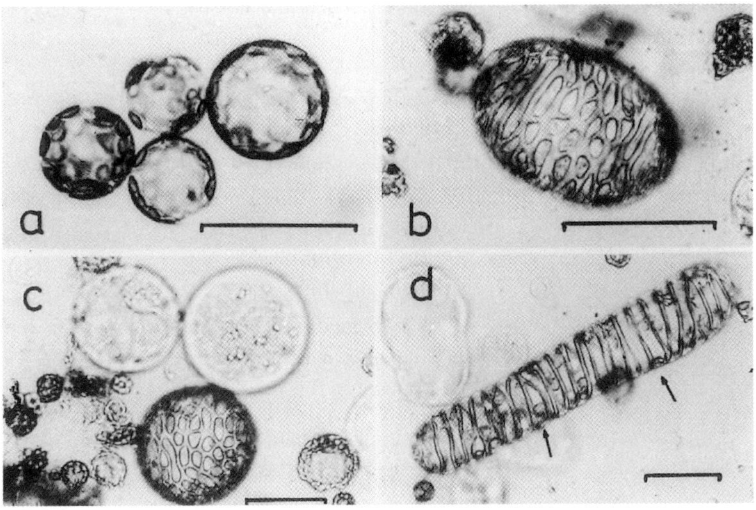

Fig. 8. Tracheary elements generated by the transformation of mesophyll protoplasts of *Zinnia elegans*. **a** freshly isolated protoplasts of primary leaves; **b–d** tracheary elements in a 7-day-old culture of primary leaf protoplasts; **b** and **c** with pitted wall patternings, **d** with residual chloroplasts (see arrows) and spiral wall texture. Scale 50 µm (Kohlenbach and Schöpke 1981)

1982). Callus, grown from stem embryo protoplasts of rapeseed has a high rhizogenic capacity. Under various homone conditions calli of only a few millimeters in diameter produce numerous radially arranged root primordia covered by a fur of root hairs. Very early in culture, small cell clusters can become single root primordia (Kohlenbach et al. 1982).

Despite the great number of achieved regenerations in cultures of mesophyll protoplasts, one example should be mentioned especially. In the case of *Brassica napus* L. a four step procedure (Table 3) allows a more or less direct development of embryos without any intervening callus phase (Li and Kohlenbach 1982), a phenomenon observed in few species only. Individual embryos were observed when single microcolonies were cultured in hanging droplets (Fig. 9, see p. 243). The development of proembryos to embryos was accompanied by some proliferation of the peripheral cells of the microcolonies surrounding the proembryos. The proliferation of this pale unorganised tissue is however limited. After 3 to 4 weeks cells degenerate and die and the embryos are laid bare (Fig. 10, see p. 243; Li and Kohlenbach 1982). A major proportion of the microcolonies is integrated into the embryo and each embryo can be traced back to a single protoplast. A similar behaviour has been

Table 3. Conditions for the formation of somatic embryos from isolated mesophyll protoplasts of *Brassica napus* cv. "Tower" (from the data and results of Li and Kohlenbach 1982)

Development achieved	Culture medium	Culture duration
Induction of cell division of isolated protoplasts	MI (mod. Nitsch and Nitsch medium) supplemented with 0.5 mg/l 2,4-D 0.5 mg/l NAA 0.5 mg/l BAP	3 weeks
Formation of proembryos in microcolonies	M II (MS medium) 0.2 mg/l 2,4-D 3.0 mg/l kinetin 500 mg/l inositol 500 mg/l glutamine	2–3 weeks
Development of embryos	M III (MS medium) supplemented with reduced hormones, e.g.: 0.01 mg/l 2,4-D 1.0 mg/l BAP 500 mg/l inositol 500 mg/l glutamine	4–6 weeks
Development of rooted plantlets	M IV (MS medium) without hormones	at least 4 weeks

Abbreviations: *2,4-D* 2,4-dichlorophenoxyacetic acid, *NAA* 1-naphthaleneacetic acid, *BAP* Benzylaminopurine reported e.g. for mesophyll protoplasts of *Medicago sativa* (Kao and Michayluk 1980). To the authors knowledge there is no convincing report of a completely direct development of somatic embryos from noninduced protoplasts. Here 'completely direct' refers to all cells derived from one protoplast being totally integrated into an embryo. Still, mesophyll protoplasts offer an opportunity to analyse somatic embryogenesis *ab initio*.

Summary remarks

The totipotency of differentiated cells, predicted by Haberlandt in 1902 has been demonstrated in cultures of isolates mesophyll cells and protoplasts. Actually protoplasts are mainly the material of choice in plant micro-propagation and for crop improvement. In comparison to cells, protoplasts offer without doubt a broader spectrum of application since they can be widely obtained, whereas mechanically isolated cells are restricted to a limited number of plant species. Nevertheless, isolated cells like protoplasts give the opportunity to study fundamental processes, namely for example the de-differentiation of cells, the transition from formerly quiescent cells (G_0) to dividing ones (Kohlenbach 1966, Jullien 1974) and wound reactions (Wernicke and Kohlenbach 1976). Unlike mesophyll protoplasts, mechanically isolated cells will suffer less stress in the isolation procedure which naturally does not include treatment with enzymes and the use of osmotic stabilisers to replace the cell wall pressure by osmotic pressure. In addition, in protoplasts from cells which are differentiated to specific functions as permanent cells, that means G_0 cells, the biochemical processes leading to dividing protoplasts will overlap with those processes associated with the regeneration of the cell wall. One advantage of protoplasts however is, that they in principle permit "to influence the process of differentiation by introduction of foreign genetic material via incorporation or fusion experiments" (Kohlenbach and Schöpke 1981).

References

Albinger G., Beiderbeck R. (1983) Differenzierung von Tracheiden und Speicherparechymzellen in Suspensionskulturen von *Asparagus plumosus* Baker. Z. Pflanzenphysiol. 112: 443–448.

Ball E., Joshi P. C. (1965) Divisions in isolated cells of palisade parenchyma of *Arachis hypogaea*. Nature 207: 213–214.

Beiderbeck R., Hohl R. (1985) Induktion von Zellteilungen in isolierten Pericarpzellen von *Ligustrum vulgare* 1. Biochem. Physiol. Pflanzen 180: 547–550.

Caporali L. (1983) Cytological study of cultured cells from maize root cap. Plant Sci. Lett. 31: 231–236.

Cocking E. C. (1960) A method for the isolation of plant protoplasts and vacuoles. Nature 187: 927–929.

Haberlandt G. (1902) Culturversuche mit isolierten Pflanzenzellen. Sitzungsber. Akad. Wiss. Wien. Math. Nat. Cl., 111, Abt. I: 69–92.

Jullien M. (1974) La culture *in vitro* de cellules du tissu foliaire d'*Asparagus officinalis* L.: Obtention de souches à embryogenèse permanente et régénération de plantes entières. C. R. Hebd: Séances Acad. Sci., Ser. D. 279: 747–750.

Jullien M., Rossini L. (1977) L'obtention de cellules séparées à partir du tissue foliaire chez les plantes supèrieures: Intérêt et potentialités d'une méthode méchanique. Ann. Amelior. Plant. 27: 87–103.

Kao K. N., Michayluk M. R. (1980) Plant regeneration from mesophyll protoplasts of alfalfa. Z. Pflanzenphysiol. 96: 135–141.

Kohlenbach H. W. (1959) Streckungs- und Teilungswachstum isolierter Mesophyllzellen von *Macleaya cordata*. Naturwiss. 46: 116–117.

Kohlenbach H. W. (1965a) Die Entwicklungspotenzen explantierter und isolierter Dauerzellen. II. Das zelluläre Differenzierungswachstum bei Blattzellkulturen von *Macleaya cordata*. Beitr. Biol. Pflanzen 41: 469–480.

Kohlenbach H. W. (1965b) Über organisierte Bildungen aus *Macleaya cordata* Kallus. Planta 64: 37–40.

Kohlenbach H. W. (1966) Die Entwicklungspotenzen explantierter und isolierter Dauerzellen. I. Das Streckungs- und Teilungswachstum isolierter Mesophyllzellen von *Macleaya cordata*. Z. Pflanzenphysiol. 55: 142–157.

Kohlenbach H. W. (1984) Culture of isolated mesophyll cells. In: Vasil I. K. (ed.) Cell culture and somatic cell genetics of plants. Vol I. Academic Press, Orlando, USA, pp. 204–212.

Kohlenbach H. W. (1985) Fundamental and applied aspects of *in vitro* plant regeneration by somatic embryogenesis. In: Schäfer-Menuhr A (ed.) *In vitro* techniques propagation and long term storage. Martinus Nijhoff/Dr. W. Junk Publisher, Dordrecht, pp. 101–109.

Kohlenbach H. W., Schmidt B. (1975) Cytodifferenzierung in Form einer direkten Umwandlung isolierter Mesophyllzellen zu Tracheiden. Z. Pflanzenphysiol. 75: 369–374.

Kohlenbach H. W., Schöpke C. (1981) Cytodifferentiation of tracheary elements from isolated mesophyll protoplasts of *Zinnia elegans*. Naturwiss. 68: 576.

Kohlenbach H. W., Wenzel G., Hoffmann F. (1982) Regeneration of *Brassica napus* plantlets in cultures from isolated protoplasts of haploid stem embryos as compared with leaf protoplasts. Z. Pflanzenphysiol. 105: 131–142.

Krumbiegel G., Schieder O. (1979) Selection of somatic hybrids after fusion of protoplasts from *Datura innoxia* and *Atropa belladonna*. Planta 145: 371–375

Lang H., Kohlenbach H. W. (1975) Morphogenese in Kulturen isolierter Mesophyllzellen von *Macleaya cordata*. In: Mohan Ram H. Y., Shah J. J., Shah C. K (eds.) Form, structure and function in plants. Meerut, India, pp. 125–133.

Lang H., Kohlenbach H. W. (1978) Development of isolated leaf parenchyma cells. In: Alfermann A. W., Reinhard E. (eds.) Production of natural compounds by cell culture methods. Strahlen- und Umwelt Forschung, München, pp. 274–283.

Lang H., Kohlenbach H. W. (1982) Differentiation of alkaloid cells in cultures of *Macleaya* mesophyll protoplasts. Planta Medica 46: 78–81.

Li I. C., Kohlenbach H. W. (1982) Somatic embryogenesis in quite a direct way in cultures of mesophyll protoplasts of *Brassica napus*. Plant Cell Rep. 1: 209–211.
Mc Cann M. C. (1997) Tracheary element formation: building up to dead end. Trends in Plant Science 2: 333–338.
Miksch U., Beiderbeck R. (1976) Mechanische Isolierung von Einzelzellen aus Blättern höherer Pflanzen. Biochem. Physiol. Pflanz. 169: 191–196.
Nitsch J. P., Nitsch C. (1969) Haploid plants from pollen grain. Science 163: 85–87.
Potrykus I. (1971) Intra- and interspecific fusion of protoplasts from petals of *Torenia baillonii* and *Torenia fournieri*. Nature (London). New. Biol. 231: 57–58.
Rossini L. (1969) Une nouvelle méthode de culture *in vitro* de cellules parenchymateuses séparées des feuilles de *Calystegia sepium* L. C. R. Hebd.: Séances Acad. Sci. 268: 683–685.
Schmucker Th. (1929) Isolierte Gewebe und Zellen von Blütenpflanzen. Planta 9: 339–340.
Schmucker Th. (1932) Zur Blütenbiologie tropischer *Nymphaea*-Arten. II. Bor als entscheidender Faktor. Planta 18: 641–650.
Takebe I., Labib C., Melchers G. (1971) Regeneration of whole plants from isolated mesophyll protoplasts of tobacco. Naturwiss. 58: 318–320.
Uspenski E. E., Uspenskaja W. J. (1925) Reinkultur und ungeschlechtliche Fortpflanzung des *Volvox minor* und *Volvox globator* in einer synthetischen Nährlösung. Zeitschrift für Botanik 17: 273–308.
Wernicke W., Kohlenbach H. W. (1976) Akkumulation von Chlorogensäure in isolierten Mesophyllzellen von *Ipomoea batatas*. Poir. Z. Pflanzenphysiol. 77: 464–470.
Wernicke W., Thomas E. (1980) Studies on morphogenesis from protoplasts: Shoot regeneration from protoplasts of *Hyoscyamus* and *Nicotiana*. Plant Sci. Lett. 17: 401–407.
White Ph. R. (1943) A handbook of plant tissue culture. Lancaster.

Address of the author: em. Univ.-Prof. Dr. Hans Willy Kohlenbach, Feldbergstrasse 46, D-60323 Frankfurt am Main, Germany.

Plant tissue culture: the history

R. J. Gautheret

Fig. 1. Roger J. Gautheret, 1992 (private collection)

The principles of tissue culture were contained in the cellular theory, expressed in 1838–1839 by Schleiden [1] and Schwann [2]. This theory postulated implicitly that the cell is able of autonomy and even of totipotency. This was obvious in the cases of egg or of spore. But Schleiden and Schwann had no experimental power to demonstrate that this ability belongs also to somatic cells. This demonstration was discovered after a very long and tortuous tramping. A first step was obtained by botanists who described in the 1850's the wound callus which ensure the wound healing. This cicatrization was described with details as early as 1833 by Trécul [3]. In 1878 Vöchting [4] observed many cases of callus development. Tissue culture was therefore possible; but at this time bacteriological technique was in its infancy. Microbiologists were interested only in the boundless world of bacteria and neglected plant cells. And above all the concept of tissue culture had not yet been expressed. In 1893, Rechinger [5] reached a new step when he tried to investigate experimentally the "minimum limits" of divisibility of plant parts, using isolated buds or sections of roots and other materials. The explants were placed at the surface of

Reprinted from the Proceedings of the 5th Intl. Cong. Plant Tissue & Cell Culture (1982) with kind permission of Mme Gautheret-Dejean.

sand moistened with tap water. He concluded that pieces thicker than 1.5 mm would develop. But he used no nutrients. Five years later, Haberlandt began experiments in order to verify the cell theory and his results were published in 1902 [6]. He understood clearly the general importance of cell culture. He worked with single cells and especially with palisade cells, pith cells, glandular hairs, stamen hairs of *Tradescantia*: Knop's solution, sucrose, asparagine and peptone served as nutrients. The cells were still alive after 20 to 27 days. They exhibited in best cases an eleven fold increase in the original volume but no division. This failure was explained in different manners; all these explanations were wrong. We know now that if Haberlandt had used 3-indole-acetic acid, his experiments would have been successful. 3-indole-acetic acid was isolated in 1885 by the chemist Salkowski [7] during his investigations on protein decomposition, that is to say 13 years before Haberlandt's attempts; but its cell-dividing properties were known only 31 years later. After this failure, Haberlandt turned to an indirect approach of tissue culture, that of the study of wound healing. He performed experiments suggesting that cell division was controlled by two hormones. One, designated as "leptohormone", would be associated with the vascular system, especially the phloem. The other would be a wound hormone secreted by injured cells [8]. This conclusion was strengthened by modern researchers [51, 52]; in 1908, Simon [9] had foreseen once again the way to success when he observed the development of poplar stem segments. These segments produced callus, roots and buds. He neglected to transfer his cultures and finally his attempts were forsaken.

While vain experiments were realized with plant tissue, one sensational success was announced with animal cells. Harrison [10] in 1907 succeeded in settling an old controversy by the method suggested by Haberlandt, when he cultivated the neuroblast of the frog in clotted lymph. Two years later, Burrows studied with Harrison, subsequently joined Carrel and together these two established the present-day method of cultivating excised animal tissues in a nutrient made up of blood plasma and embryo juice or their equivalents [11]. The method outlined in 1912 by Carrel [12] has changed only in minor details, since this date. The first attempts made to duplicate Carrel's results, with plant tissue, by use of some "natural nutrient" failed. All preparations of tissue juices, xylem sap, phloem exudate, etc... have given evidence of toxicity (Prat [13], Robbins [14], Robbins and V. B. White [15]). However in 1929, Schmucker [16] reported that he had successfully grown individual mesophyll cell of *Bocconia* in a fluid prepared from an extract of leaves. The details were apparently not published; the work has never been verified and the results are so variant with all other recorded experiments that their correctness is to be doubted. Between 1907 and 1928, eleven botanists, five of them students of Haberlandt, reported attempts to grow cells of mature type. All these attempts failed equally. These works led to the untrue conclusion that parenchymatous cells were not a good material for tissue culture and, from that, tissue experiments were performed with meristematic cells.

In 1922, Kotte [18], a student fo Haberlandt, made the first contribution to the subject. He succeeded in cultivating excised root tips of pea and maize, for limited periods. His media contained Liebig's meat extract. Robbins [19], independently carried out similar work. He used yeast extract in place of Liebig's meat extract. Robbins and his colleague Maneval [20], using subcultures, succeeded in maintaining cultures of corn root for 20 weeks. And in 1934, White [21], working on tomato roots realized the indefinite culture of roots. But root tips cultures led to organs showing complicated and definite structures and it was clear that such material would not lead to a true tissue culture. Curiously, nobody thought to exploit the old results on callus which were nevertheless not completely forgotten.

In 1924, two physicians, Blumenthal and Meyer [22] half-opened the door to success when they observed callus formation by carrot slices, but their conclusions were wrong, because they were oriented towards pathological concepts. Finally, in 1927, Rehwald [23] showed clearly that slices of carrot, *Cochlearia* etc... could produce callus without pathogenetic intervention. He neglected to deepen the subject and thus ended the prehistory of plant tissue culture. The history began in 1934. Then I obtained cultures of cambial tissues of *Acer pseudoplatanus* [24] and later *Salix capraea*, *Sambucus nigra*, etc... The cells of these explants multiplied without organization: true tissue cultures had been obtained, but in spite of transfers their activity ceased after 15 to 18 months. The medium was lacking of some substance involved in cell division. At this time, F. W. Went [25] had discovered the auxin (1926), which promotes cell growth. It was recognized that this growth hormone was the 3-indole acetic acid discovered many years ago by Salkowski [7]. Thimann and his collaborators had begun extensive investigations on the physiological properties of this substance [26, 27] and Snow [28] had just reported that indole acetic acid stimulated cambial activity. As soon as this substance would be available, I used it for my tissue cultures [29, 30] and Nobécourt, a plant pathologist, who had the opportunity to read Rehwald's paper, applied 3-indole acetic acid to carrot tissue [31].

Finally Nobécourt [32], White [33] and myself [34] announced, almost simultaneously, the indefinite growth of unorganized plant tissues. Nobécourt and myself had worked with normal tissue which required auxin while White used tumor tissue coming from the hybrid *Nicotiana glauca* × *Nicotiana langsdorffii* which requires no growth substance. This part of plant tissue culture history has been correctly summarized by White [35] and Street [36].

Observing carefully the behaviour of callus cultures, I noticed in some cases a stressing of their growth and concurrently the disappearance of their sensitivity in respect to auxins and of their ability to form organs, differentiated cells and even secondary products [37, 38]. For these common artefacts, I proposed the term of "anergy" which was translated into "habituation".

The first success of the pioneers had not solved the whole problem of tissue culture: media containing auxin induced the proliferation of cambium and the development of tissues able to dedifferentiate into cambium. This was the case of many dicotyledonous tissues, but monocotyledonous tissues were growing poorly with auxin. A new progress was obtained by using coconut milk and I can report an interesting story about it. Towards 1940, Blakeslee tried to obtain hybrids between species of *Datura*. The cross-fertilization was successful but the hybrid embryos died after a slight development. He supposed that the surrounding ovule was toxic and thought that embryos must be cultivated out of their natural environment. His collaborators Conklin and Van Overbeek suggested that a liquid endosperm such as coconut milk would be a good medium for embryo culture. Experiments showed the value of their hypothesis and they obtained the full development of *Datura* hybrids [39]. In 1948, Caplin and Steward [40], using coconut milk for carrot tissues observed strong proliferation; two years later, Morel [41] achieved tissue culture of monocotyledons thanks to coconut milk. It was clear that the growth promoting factor of coconut milk was not an auxin and the determination of its nature became an obsessing question.

The key of the problem was discovered indirectly by Skoog and his collaborators. In 1948 he observed [42] that adenine enhances cell proliferation and budding. When the leading part of nucleic acid was recognized, Skoog conceived that some derivatives of adenine coming from this would promote both cell division and organogenesis. With the collaboration of Miller, Okumura, Von Saltza and Strong [43], he undertook to fractionate yeast extract which contains nucleic acids. Thus in 1955 kinetin was isolated and discovered the first member of the cytokinin family. Later it was recognized that another cytokinin, the zeatin, was present in coconut milk. Finally, and association of auxins, cytokinins and new mineral solutions proposed by Murashige and Skoog [44] allowed the growth of most tissues.

An original chapter of tissue culture was opened in 1947–1949 by La Rue, when he initiated endosperm culture [45, 46]. The behaviour of isolated endosperms has been studied extensively by Johri and numerous collaborators. Other techniques remained to be explored. In 1954, Muir, working in Riker's laboratory, succeeded in realization of suspension cultures and in the same time he cultivated isolated cells [48]. In 1954, when the pioneers of plant tissue culture met for the first time in Briançon, the main chapters of this field were already opened and this meeting marked a boundary between artisanal investigations and intensive work.

After the final establishment of the technique, many people said: "what can we do now?" The technique was applied quickly to analysis of morphogenesis. The comparison of normal structure of the plant with those obtained by *in vitro* cultures suggested theories about the mechanisms of histogenesis and organogenesis [49], which operate in the whole plant. About 20 years ago, Skoog conceived that organogenesis is controlled by a balance between auxins and cytokinins [50]. By means of grafting experiments, Camus [51] demonstrated that buds can induce histogenesis. This kind of investigations which was extended by Wetmore and Sorokin [52] demonstrated Haberlandt's concept of leptohormones. Investigations on organogenesis were the basis of what is called now micropropagation. The principle of this technique of vegetative multiplication which is universally used was discovered 36 years ago by Ball [53]; he indicated exactly what part of a shoot meristem is able to give a whole plant. In 1964, Morel [54] applied this technique to the clonal propagation of orchids.

Another acquisition of meristem culture was represented by virus eradication. The history of this eradication began 45 years ago, when the famous biochemist W. Stanley discovered the nature of tobacco mosaic virus. The multiplication of this virus was secured by experimental infection of tobacco and this required a great number of plants. Stanley gave advice to White who worked in the same institute to cultivate the virus on isolated roots; White obtained good results with tomato roots but the virus was eliminated during the transfers, when the explants were very small. Titrations demonstrated that it was not present in the meristematic cells [55]. In 1949 Limasset and Cornuet [56] verified this characteristic in the case of buds and suggested to their colleagues Morel and Martin to cultivate shoot meristems of infected plants. Using Ball's technique, they obtained in 1952 [57] healthy shoots from *Dahlia* containing virus and extended this result to potato [58]. But in both cases the shoots produced no root and their propagation required grafting on healthy seedlings. The rooting of these shoots was obtained by Quak [59] and others. The meristem culture technique has been applied to healthy plants and this vegetative multiplication was very successful. It can be obtained directly with callus culture in media able to induce both buds and roots. Numerous papers were published about this subject since 1940. In 1964, J. P. and C. Nitsch observed the formation of flowers in tissue culture of chicory [60]. An important success of tissue culture technique was obtained in plant pathology by Braun. He demonstrated with White (1943) that the crown gall bacteria, *Agrobacterium tumefaciens*, induced a cancerous transformation of plant cell [61]. Later, Braun revealed the intervention of a tumour inducing principle [62] and demonstrated the possible reversal of tumoral formation [60]. The subsequent development of research and theories on Crown Gall was entirely founded on Braun's work.

On the other hand, I shall mention the somatic embryogenesis which is frequently produced in cell colonies. To my mind, this phenomenon was observed for the first time in 1947 by Levine in carrot callus cultures [64]. This pioneer work brought up to date the problem of cell totipotency postulated by the cellular theory. The solution of this problem required to obtain a whole plant from a single cell. And then began a hot pursuit. In 1953 [48] Muir, Hildebrandt and Riker had announced that a single cell could divide. But two years later, De Ropp [65] claimed that their technique was not rigorous. The demonstration that an isolated cell is able to divide was completed in 1957 by Torrey [66] and, finally, in 1958 Muir, Hildebrandt and Riker [67] proved indubitably the harshness of their own results. These scientists had neglected the main problem of totipotency. This problem was solved by Lutz [68] in 1966. He observed that an isolated cell can divide and form colony able to produce whole plants. And in 1970 Backs-Hüseman and Reinert [69] published photographs showing the transformation of a single cell into an embryo.

Later on, many experiments on this subject were partially oriented towards genetics. Such investigations required the setting of a great number of isolated cells and consequently a modification of Muir of Lutz's technique which allows only a few single cells in each culture. For this purpose, Bergmann [70] conceived the technique of plating out cell suspensions. A thin-layer of culture medium contained a number of cells sufficient for securing conditioning. Isolated cells can be marked and the colonies coming from their multiplication can be transferred separately. I have related in detail the early period of tissue culture which is sometimes unknown. Concerning the recent works, my report will be schematic because everybody remembers them.

I must firstly recall that the use of tissue culture in order to produce secondary products of economic value has been considered carefully. Experiments demonstrated many years ago that substances such as alkaloids and glycosides which are synthetized by plants usually disappeared in tissue cultures. Essential oils, which are produced in differentiated apparatus, are generally not synthesized in tissue culture, except when the colonies contain these specific structures. In spite of this handicap, the Chas-Pfizer Company established in 1950 equipment in order to produce industrially natural medicines. This attempt was a failure and following Nickell, who acted as pioneer, investigators rushed nevertheless in the same way. Some results deserved their enthusiasm on the basic point of view but others led to a considerable loss of money. This situation is still true and we can fear that the financial world would be disheartened. However it is not forbidden to believe that among uninteresting artefacts, cell culture let out some wonderful substances. Their production would be made easier with suspension cultures realized in industrial units such as turbidostat or chemostat, conceived by Street and his collaborators [36]. I will recall finally the establishment bonds between tissue culture and genetics.

Since the discovery of anergy in 1942 [37], everybody had to face up to the variability of cells in culture. This variability of cells in culture was analyzed by Lutz [71] since 1967, using a cloning technique. After the pioneer work of Torrey, published in 1961 [72], many papers reported the variability of chromosomes numbers and chromosomes structure in tissue cultures. Laws of this variability are still unknown. It causes some trouble with the practitioner of micropropagation as well as the specialists of secondary products. Talking of variability exhibited by cultured cells and even by clones, it is better to say variant than mutant. Uptake of DNA by plant cells was reported for the first time by Ledoux in 1965 [73] and later by others. The success of such experiments which suppose uptake, expression, integration and replication of the foreign DNA was obtained only in a few cases, except for plasmids and experiments were often criticized as well as those on chloroplasts uptake. Genetic engineering of plant cell is still in childhood. Another progress was provided by pollen culture. In his first experiments (1953), Tulecke [74] obtained cell colonies starting from pollen grains. Inspection of his photographs reveals that some clumps of cells look like embryos. But he has not deepened his pioneer work.

Eleven years later, Guha and Maheswari [75] discovered a very important fact: pollen cells can develop into haploid embryos. Three years later Bourgin and Nitsch [76] ended this work by securing the development of these haploid embryos into entire plants. And by this method, now classic, an hybrid produces a lot of different and stabilized forms.

The second fruitful application of tissue culture in genetics is the somatic hybridization by protoplasts fusion: isolation of protoplasts was obtained (mechanically) in 1892 by Klercker [77]; the first fusions were realized by Küster in 1909 [78]. In 1960, Cocking [79] obtained large populations of protoplasts with cellulase preparations. Division of cells regenerated from protoplasts was observed for the first time in 1970 by Kao and collaborators [80]. In 1971, Takebe, Labide and Melchers obtained plants from protoplasts [81]. In 1972, Carlson and collaborators [82] obtained plants regenerated from fusion between protoplasts of *Nicotiana glauca* and *Nicotiana langsdorffii*. This somatic hybridization did not escape the usual limits of sexual compatibility. This escape was finally obtained by Melchers and his collaborators [83] in 1973. By fusion of protoplasts from tomato and potato, they obtained a hybrid cell able to give a plant which cannot be obtained by usual cross-binding. This result was a jump over limits of sexual compatibility.

Now, I have briefly summarized the past like I lived it, not always by reading but often by personal talks.

References

[1] Schleiden M. J. (1838) Müllers Arch. f. Anat. und Phys. p. 137.
[2] Schwann Th. (1839) Mikroskopische Untersuchung über die Übereinstimmung in der Struktur und dem Wachstum der Tiere und Pflnazen, Berlin, 1 vol. in 80.
[3] Trécul A. (1853) Ann. Sc. Nat. 19: 157–192.
[4] Vöchting H. (1878) Über Organbildung im Pflanzenreich. Bonn.
[5] Rechinger L. (1893) Abhandl. Zool. Bot. Ges. 43: 310–334.
[6] Haberlandt G. (1902) Sitzungsb. Ak. Wiss. Math. Nat. Kl. (Wien) 111: 69–92.
[7] Salkowski E. (1885) Z. Physiol. Chem. 9: 8, 23.
[8] Haberlandt G. (1913) Sitzungsb. Dts. Ak. Wiss. Berlin. Manth. Phys. 1: 318–349.
[9] Simon S. (1908) Jahrb. f. Wiss. Bot. 45: 351–478.
[10] Harrison R. G. (1907) Proc. Soc. Exp. Biol. & Med. 4: 140–143.
[11] Carrel A., Burrows M. T. (1910) C. R. Soc. Bio. 69: 293–294.

[12] Carrel A. (1912) J. Exp. Med. 16: 165–168.
[13] Prat S. (1927) Am. J. Bot. 14: 120–125.
[14] Robbins W. J. (1922) Bot. Gaz. 74: 59–79.
[15] Robbins W. J., White V. B. (1937) Bot. Gaz. 98: 520–534.
[16] Schmucker T. (1929) Planta 9: 339–340.
[17] Lamprecht W. (1918) Beitr. Allg. Bot. 1: 353–398.
[18] Kotte W. (1922) Ber. d. Bot. Ges. 40: 269–272.
[19] Robbins W. J. (1922) Bot. Gaz. 73: 376–390.
[20] Robbins W. J., Maneval W. I. (1923) Bot. Gaz. 76: 274–287.
[21] White Ph. R. (1934) Plant Physiology 9: 585–600.
[22] Blumenthal R., Meyer P. (1924) Zeitschr. f. Krebsf. 21: 290–292.
[23] Rehwald L. (1927) Zeitschr. f. Pflanzenkrank. Pflanzenschr. 37: 65–86.
[24] Gautheret R. J. (1934) C.R. Acad. Sc. 198: 2195–2196.
[25] Went F. W. (1927) Proc. Kon. Akad. Wetensh. Amsterdam 30: 10–19.
[26] Thimann K. V., Went F. W. (1934) Proc. Kon. Akad. Wetensh. Amsterdam 37: 3–6.
[27] Went F. W., Thimann K. W. (1937) Phytohormones. Macmillan, New York.
[28] Snow R. (1935) New Phytologist 34: 347–360.
[29] Gautheret R. J. (1937) C.R. Acad. Sc. 205: 572–574.
[30] Gautheret R. J. S. (1938) C.R. Acad. Sc. 206: 125–127.
[31] Nobécourt P. (1937) C.R. Acad. Sc. 205: 521–523.
[32] Nobécourt P. (1939) C.R. Soc. Biol. 130: 1270–1271.
[33] White Ph. R. (1939) Am. J. Bot. 26: 59–64.
[34] Gautheret R. J. (1939) C.R. Acad. Sc. 208: 118–119.
[35] White Ph. R. (1941) Biol. Rev. 16: 34–48.
[36] Street H. E. (1973) In Plant Tissue and Cell Culture, Blackwell, Oxford.
[37] Gautheret R. J. (1942) Bull. Soc. Ch. Biol. 14: 23–41.
[38] Gautheret R. J. (1955) Rev. Gen. Bot. 62: 5–112.
[39] Van Overbeek J., Conklin M. E., Blakeslee A. (1942) Am. J. Bot. 29: 472–477.
[40] Caplin S. M., Steward F. C. (1948) Science 108: 655–657.
[41] Morel G. (1950) C.R. Acad. Sc. 230: 1099–1101.
[42] Skoog F., Tsui C. (1948) Am. J. Bot. 35: 782–787.
[43] Miller C., Skoog F., Okumura F. S., Von Saltza M. H., Strong F. M. (1955) J. Am. Chem. Soc. 78: 1375–1380.
[44] Murashige T., Skoog F. (1962) Physiol. Pl. 15: 473–497.
[45] La Rue G. D. (1947) Am. J. Bot. 34: 585–586.
[46] La Rue G. D. (1949) Am. J. Bot. 36: 798.
[47] Johri B. M. (1980) In: Perspectives in Plant Cell and Tissue Culture, Acad. Press, 2: 157–182.
[48] Muir W. M., Hildebrandt A. C., Riker A. J. (1954) Science 119: 877–878.
[49] Gautheret R. J. (1959) La Culture des Tissus Vegetaux, Masson Ed., Paris.
[50] Skoog F., Miller C. O. (1957) In: Symp. Soc. Exp. Biol. 11: 118–131.
[51] Camus G. (1949) Rev. Cyt. Biol. Veg. 11: 1–195.
[52] Wemore R. H., Sorkin S. (1955) Journ. Arnold Arboretum 36: 305–317.
[53] Ball E. (1946) Am. J. Bot. 33: 301–318.
[54] Morel G. (1963) C.R. Acad. Sc. 256: 4955–4957.
[55] White Ph. R. (1934) Phytopath. 24: 1003–1011.

[56] Limasset P., Cornuet P. (1949) C.R. Acad. Sc. 228: 1971–1972.
[57] Morel G., Martin C. (1952) C.R. Acad. Sc. 235: 1324–1325.
[58] Morel G., Moutier C. (1955) C.R. Ac. Agr. 41: 472–475.
[59] Quak F. (1961) Adv. Hort. Sc. 1: 144–148.
[60] Nitsch J. P., Nitsch C. (1964) Bull. Soc. Bot. Fr. 111: 299–304.
[61] Braun A. C., White Ph. R. (1943) Phytopathology 33: 85–100.
[62] Braun A. C. (1950) Phytopathology 40: 3.
[63] Braun A. C. (1959) Proc. Nat. Ac. Sc. 45: 932–938.
[64] Levine M. (1947) Bull. Torrey Bot. Club 74: 321–328.
[65] De Ropp R. S. (1955) Proc. Roy. Soc. B. 144: 86–93.
[66] Torrey J. C. (1957) Proc. Nat. Acad. Sc. 43: 887–891.
[67] Muir W. H., Hildebrandt A. C., Riker A. J. (1958) Am. J. Bot. 45: 589–597.
[68] Lutz A. (1966) C.R. Acad. Sc. 262: 1896–1898.
[69] Backs-Hüsemann D., Reinert J. (1970) Protoplasma 70: 40–60.
[70] Bergmann L. (1960) J. Gen. Physiol. 43: 841–851.
[71] Lutz A. (1969) Rev. Gen. Bot. 76: 309–359.
[72] Torrey J. G. (1961) Exp. Cell Res. 23: 281–299.
[73] Ledoux L. (1965) In: Progr. Nucl. Acid. Res., Acad. Press. 4: 231–267.
[74] Tuleck W. R. (1953) Science 117: 599–600.
[75] Guha S., Maheshwari S. C. (1964) Nature 204: 497.
[76] Bourgein J. P., Nitsch J. P. (1967) Ann. Phys. Vég. 9: 377–382.
[77] Klercker J. A. F. (1892) Oef. Vet. Ak. Foerh. Stockholm, 9: 463–471.
[78] Küster E. (1909) Ber. Dts. Bot. Ges. 27: 579–598.
[79] Cocking E. C. (1960) Nature 187: 927–929.
[80] Kao K. N., Keller W. A., Miller R. A. (1970) Exp. Cell Res. 62: 338–340.
[81] Takebe I., Labide G., Melchers G. (1971) Naturwiss. 58: 318–320.
[82] Carlson P. S., Smith H. H., Dearing R. D. (1972) Proc. Nat. Ac. Sc. 69: 2292–2294.
[83] Melchers G., Sacristan M. D., Holder A. A. (1978) Carlsberg Res. Commun. 45: 203–218.

Micropropagation of ornamental plants

W. Preil

Introduction

When Gottlieb Haberlandt started culturing isolated plant cells in artificial nutrient media he was mainly interested in cell to cell relationships within complex multicellular organisms. Discussing the results of his experiments he pointed out that inspite of remarkable cell growth, cell division was never observed (Haberlandt 1902). He speculated that "growth enzymes" obviously were necessary for stimulating cell division, and he recommended the addition of extracts from meristem tissue ("Vegetationsspitzen") to the nutrient solutions. He stressed as well the use of embryo sac fluid. Haberlandt expected that the method of cultivating isolated plant cells would permit investigations of important problems from a new experimental approach. At that time he did not consider that cell culture could be useful for commercial propagation of plants.

More than fifty years after Haberlandt's pioneering publication, plant cells forming callus could be stimulated to regenerate either shoots or roots by manipulating the auxin – cytokinin balance in the medium (Skoog and Miller 1957). Since the 1960s these findings initiated the development of *in vitro* propagation technologies which are, in principle, applicable to all higher plants.

Consequently, the commercial application of plant cell, tissue and organ culture was focussed from the beginning on those species and cultivars that were in high demand and in low supply, because of difficulties in traditional vegetative propagation. Morel (1960, 1964) was the first who described the mass propagation of orchids. He estimated that four million plants per year could be achieved from one single explant of *Cymbidium*. This discovery led to the foundation of commercial tissue culture laboratories by orchid growers, who soon created new terms like "meristem culture" for culturing shoot tips, "meristemming" for establishing *in vitro* cultures and "mericloning" for propagation *in vitro*. Plants derived from *in vitro* culture are offered on the market as "mericlones".

Since the early 1970s the orchid *in vitro* propagation techniques were modified and applied first to other ornamentals and later to fruit and nut crops, agronomic crops, medical plants and forest genera. Today, a hundred years after the publication of Haberlandt's experiments *in vitro* mass propagation has been tested for all species of economic importance.

Current status of micropropagation

The first review of plant propagation through tissue cultures was published by Murashige in 1974. He listed 128 genera with potential for *in vitro* multiplication, including 22 orchid genera and 43 genera of other ornamental plants. Four years later, Murashige (1978) stressed that all economically important orchids, except *Paphiopedilum*, could be multiplied *in vitro*. Additionally, 194 genera from various plant groups including 118 ornamental genera were judged to be clonable through tissue culture. The list was expected to be incomplete, as many commercial laboratories were reluctant to disclose the identity of their successfully multiplied plants. In 1987 the number of species that were suitable for *in vitro* propagation was estimated as nearly one thousand, although not all were tested for commercial feasibility at that time (Murashige and Huang 1987). In 1990 Sagawa and Kunisaki listed 63 genera from 11 families of ornamental monocots, excluding orchids, and 93 genera from 43 families of ornamental dicots. This compilation was not intended to be comprehensive.

Detailed information on the number of micropropagated plants in Western Europe was given by Pierik (1991a, b). According to that data 212.5 million plants were produced in 1988, including 157 million ornamental plants or 78% of the total production.

A survey of European plant tissue culture laboratories in 1996 and 1997 lists nearly two thousand plant genera, species or cultivars grown in 312 official and 193 commercial laboratories (O'Riordain 1999). Despite of these impressive figures, the number of species propagated commercially in numbers greater than 100,000 is relatively low. In the Netherlands, the dominating country for export of ornamental plants, only the following micropropagated ornamental genera and plant groups exceeded 100,000 plants in 1995: *Alstromeria, Anthurium*, aquarium plants, *Aster*, bromeliads, carnivorous plants, *Cymbidium, Delphinium, Ficus, Gerbera, Hosta, Hydrangea, Lilium, Nephrolepis, Phalaenopsis, Philodendron, Saintpaulia, Sinningia, Spathiphyllum, Syngonium, Syringa* and *Zantedeschia*. These totalled 44.1 million. When other plant groups like woody plants, vegetables, agricultural crops and small fruits are added, the total Dutch *in vitro* production amounts to 53.8 million in 1995. In the same year 77.3 million micropropagated plants were imported from countries with low labour costs (Pierik 1997).

An analysis of the German micropropagation industry showed a similar trend. Only 18 genera had more than 100,000 plants produced in 2000 (Table 1). The most significant increase in production was for *Phalaenopsis* during the period 1998–2000, whereas a dramatic decrease was noted for *Spathiphyllum*, caused by a loss of market demand.

Table 1. Micropropagated plants produced in Germany in 1998–2000, in thousands

Genus/Species*)	1998	1999	2000
Phalaenopsis	3,453	6,682	9,150
Fragaria	4,562	3,140	3,600
Rhododendron	2,102	2,153	2,100
Anthurium	1,985	1,910	965
Rosa	520	516	524
Syringa	375	399	445
Rubus	514	389	412
Streptocarpus	300	350	350
Sinningia	443	420	341
Solanum tuberosum	280	380	330
Miltonia	559	478	308
Bambus	310	310	300
Prunus	216	233	298
Spathiphyllum	2,001	860	251
Petunia	–	–	194
Kalmia	–	–	150
Gentiana	210	238	139
Lobelia	139	126	123

*) Plant genera or species propagated in numbers greater than 100,000.

From the total number of 24.7 million micropropagated plants produced in Germany in 2000, the orchids reached 49.0%, followed by small fruits (16.2%), woody plants (15.8%), ornamentals (12.2%), perennial garden plants (5.3%) and agricultural crops (1.6%) (Fig. 1). Eight out of 27 commercial laboratories produced 22.3 million plants or 90.8% of the total production, whereas 19 small laboratories propagated only 2.3 million plants. This

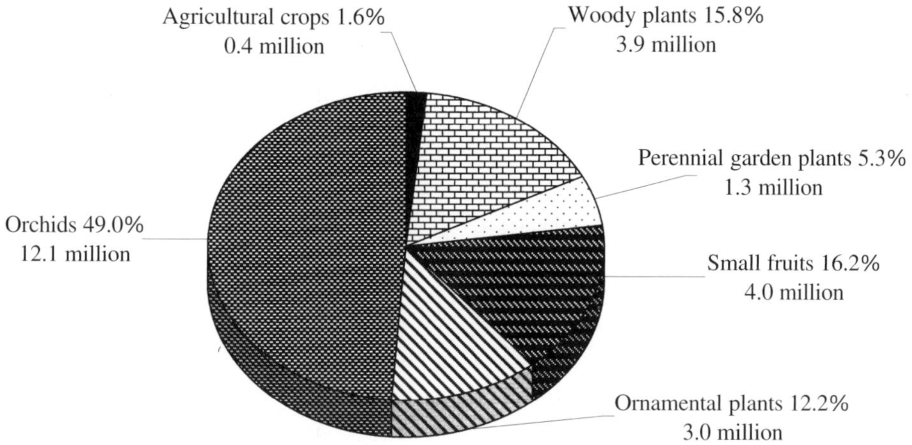

Fig. 1. Commercial micropropagation in Germany in 2000

demonstrates the specialisation, either on mass propagation or on cloning of pathogen – free stock plants for traditional vegetative propagation or breeding purposes.

Many plants reported in a Dutch survey (Pierik 1987) were produced in numbers below 3,000 per year indicating either that the techniques have not yet been perfected, or the price of these plants was too high. This was true for plants required for restricted purposes, such as breeding (Pierik 1988).

Table 2. Number of commercial European laboratories propagating flowering pot plants, cut flowers, garden perennials and aquatic plants

Genus*)	1988	1990	1993	1996–97
Alstroemeria	5	4	6	6
Anthurium	6	13	16	13
Aster	–	4	2	5
Begonia	11	16	11	8
Camellia	–	3	4	3
Campanula	3	5	2	2
Chrysanthemum and Dendranthemum	6	8	12	12
Cryptocoryne	2	2	3	6
Dianthus	6	9	8	8
Dicentra	–	1	2	3
Echinodorus	–	2	2	5
Euphorbia	2	2	1	5
Gardenia	4	9	10	4
Gentiana	3	3	4	3
Geranium	–	1	1	11
Gerbera	20	28	21	21
Gypsophila	3	7	7	6
Hemerocallis	1	–	3	3
Hosta	3	6	2	12
Hydrangea and Hortensia	7	9	15	10
Impatiens	1	2	2	6
Kalanchoe	3	4	3	2
Lilium	7	9	9	5
Limonium and Statice	3	1	5	5
Lobelia	–	–	6	9
Pelargonium	7	10	14	8
Petunia	–	–	1	7
Primula	4	6	8	3
Saintpaulia	14	23	10	9
Scaevola	–	–	7	7
Sinningia and Gloxinia	6	3	8	6
Spathiphyllum	18	37	43	30
Streptocarpus	3	3	6	2

*) Selected genera or families from O'Riordain 1988, 1991, 1994, 1999.

Therefore, the total number of plants produced per species does not always indicate the degree of commercial importance of the *in vitro* propagation techniques.

The extension of industrial use of tissue culture is reflected in the number of commercial laboratories specialised on specific species. Four surveys were carried out in the period 1988–1997 by members of COST Actions 87 and 822 in order to explore the status of the application of plant tissue culture (O'Riordain 1988, 1991, 1994, 1999). From a total of 290 ornamental genera cultured in Europe, 81 selected genera are listed in Tables 2–7, as examples of change in the demand for micropropagated plants. Only laboratories are included, which indicated that the micropropagation techniques have been perfected for the plant species in question.

Table 3. Number of commercial European laboratories propagating orchids

Family/Genus*)	1988	1990	1993	1996–97
Orchidaceae (not specified)	5	9	5	8
Cattleya	–	3	4	4
Cymbidium	1	7	5	9
Miltonia	–	2	3	4
Oncidium	–	1	3	4
Paphiopedilum and Cypripedium	–	3	4	9
Phalaenopsis	–	7	14	16

*) Selected genera or families from O'Riordain 1988, 1991, 1994, 1999.

Table 4. Number of commercial European laboratories propagating ornamental foliage plants and ferns

Genus*)	1988	1990	1993	1996–97
Alocasia	2	2	4	5
Calathea	3	6	10	6
Codiaeum and Croton	1	6	4	2
Cordyline	18	21	14	9
Dieffenbachia	3	7	7	6
Dracaena	2	4	4	–
Ficus	23	40	30	25
Maranta	4	4	5	3
Nephrolepis	15	35	21	14
Peperomia	3	5	2	2
Philodendron	17	29	22	9
Platycerium	2	1	1	3
Schefflera	1	3	4	3
Syngonium	20	32	29	18

*) Selected genera or families from O'Riordain 1988, 1991, 1994, 1999.

Table 5. Number of commercial European laboratories propagating bromeliads

Family/Genus*)	1988	1990	1993	1996–97
Bromeliaceae (not specified)	–	2	3	2
Aechmea	2	4	3	3
Ananas	2	7	8	6
Cryptanthus	1	2	1	–
Guzmania	1	3	–	3
Vriesia	1	2	2	2

*) Selected genera or families from O'Riordain 1988, 1991, 1994, 1999.

Table 6. Number of commercial European laboratories propagating carnivorous plants

Genus*)	1988	1990	1993	1996–97
Dionaea	–	3	10	10
Drosera	2	6	14	9
Nepenthes	1	1	6	6
Pinguicula	1	1	4	2
Sarracenia	1	2	3	3

*) Selected genera or families from O'Riordain 1988, 1991, 1994, 1999.

Table 7. Number of commercial European laboratories propagating outdoor woody ornamentals

Genus*)	1988	1990	1993	1996–97
Azalea	5	3	5	5
Clematis	1	2	6	4
Cotinus	–	3	3	4
Cydonia	–	2	3	2
Kalmia	3	1	3	4
Magnolia	3	5	7	5
Pieris	2	1	5	5
Rhododendron	11	15	14	16
Rosa	23	35	25	22
Spiraea	1	1	3	2
Syringa	8	16	16	11
Viburnum	–	2	6	5

*) Selected genera or families from O'Riordain 1988, 1991, 1994, 1999.

Plants of most interest in 1996–1997 were *Spathiphyllum* (propagated by 30 laboratories), *Ficus* (25), *Rosa* (22), *Gerbera* (21), *Syngonium* (18), *Phalaenopsis* (16), *Rhododendron* (16), *Nephrolepis* (14), *Anthurium* (13), *Chrysanthemum* and *Dendranthemum* (12), *Hosta* (12), *Geranium* (11), *Syringa* (11), *Dionaea* (10), *Hydrangea* and *Hortensia* (10).

Micropropagation systems

Propagation via axillary branching

According to a generally accepted definition, micropropagation is the true-to-type propagation of a selected genotype using *in vitro* culture technique (Debergh and Read 1991). It is agreed that there are five stages critical to successful micropropagation. In "Stage 0" stock plants are grown under appropriate and hygienic conditions. The purpose of "Stage 1" is to establish axenic cultures, followed by multiplication of propagules in "Stage 2". In "Stage 3" rooting takes place, whereas in "Stage 4" the plantlets are transferred to the greenhouse and adapted to the non-sterile environment. Each stage has specific problems arising from changing requirements of the plant material, altering in physiological and morphological status.

Cytokinin-induced axillary branching is the most frequently used propagation method. Since the apex of axillary meristems is not disturbed by *in vitro* manipulations, no rearrangements of the meristematic cell layers occurs. This ensures a true-to-type regeneration of chimeral plants. In any case, callus formation and adventitious bud development have to be avoided by maintaining an optimum auxin-cytokinin balance for sprouting of axillary buds. Developing side shoots can be separated from the original explant, either for repeating the axillary branching on cytokinin containing medium or for rooting on medium without cytokinin. This method has become the most important *in vitro* propagation technique, because it is more easily applicable to many plant species than adventitious shoot regeneration or somatic embryogenesis.

Multiplication rates of between five and ten per month can be achieved and result in a rapid increase in plant number per year. The auxin-cytokinin balance allows the regulation of the multiplication process, i.e. high cytokinin levels usually induce high multiplication rates. The size of the shoots, however, can be drastically reduced by excessive cytokinin concentrations and the shoot anatomy is often negatively affected, such as by the expression of vitrification (Ziv 1991). The most obvious disorder of vitrified plants is leaves that appear glassy and water-soaked. They possess thin cell walls, are high in intercellular spaces, and the cells have large vacuoles. This kind of anomalous anatomy impedes acclimatisation of micropropagated plants in the greenhouse.

The success of any propagation process, including adventitious multiplication and somatic embryogenesis, depends on both internal and external factors, i.e. the physiological status of the donor plants and the culture environment. To start axillary shoot propagation in most cases apical or axillary buds or shoot tips are used which carry non-dormant meristems. Explants from actively growing shoots at the beginning of spring generally give the best response to *in vitro* culture. Unfavourable seasonal changes in light and temperature influencing the growth of the donor plants can be overcome by maintaining the plants under artificial light and the optimum temperature required for vegetative growth. Short day plants have to be kept under specific photoperiods to ensure continuous growth and the inhibition of generative organs. Cold treatment of buds of woody plants, perennial garden plants, bulbs, corms and tubers may be useful for breaking dormancy before excising the explants.

Attempts should be made to rejuvenate adult woody plants before taking the explants, since juvenile tissues have a greater regeneration capacity than tissues from adult plants. Rejuvenation can sometimes be achieved by the 'cutting of a cutting method' used *in vivo* to rejuvenate stock plants. Shoot tips of adult plants are sometimes rejuvenated after several subcultures *in vitro*. Other methods are: grafting of a shoot tip on a seedling root stock; isolating buds from basal zones which are still juvenile; pruning severely adult stock plants to stimulate the outgrowth of lateral juvenile shoots (Pierik 1987, 1990).

Severe problems in tissue culture can be caused by endophytic contaminants. Many of them are latent or subliminal, that is, their presence can not be detected by observation during long periods of culturing (Cassells 1991). These microorganisms, however, may be rapidly expressed on transfer to new media, e.g. when the concentration of salt and sucrose is reduced. Endophytic contaminants often cause economic losses by killing the explants or rendering it unfit for further subculturing.

Mechanical injury of tissues stimulates the metabolism of phenolic compounds, e.g. when explants are isolated from stock plants *in vivo* or cut from shoot clusters during subcultivation *in vitro*. The oxidation of phenolic compounds, released by broken cells, can lead to the accumulation of phytotoxic products, blackening the tissue and the medium. Many of the ornamental species belonging to *Ericaceae* and *Orchidaceae* release substantial amounts of phenolics into the medium. In order to reduce phenolics, freshly isolated explants are often kept for some days in the dark, inhibiting the phenoloxidase activity. Furthermore, the excreted phenolics can be removed by incubating the explants for hours or days in liquid media, or the explants are kept on solid medium, supplemented with activated charcoal adsorbing the phenolics. Since other organic substances like hormones are also adsorbed by charcoal, this method is often disadvantageous. Frequent transfer of the explants to fresh medium seems to be a more favourable method. *In vitro* culture of *Arctostaphylos* (*Ericaceae*) could be established, when the explants were transferred to fresh medium only one hour after preparation (Linnenbrink et al. 1983).

Problems associated with post culture behaviour of micropropagated plants have been reviewed by Swartz (1991). In addition to permanent genetic changes arising in propagation systems via axillary branching, unknowingly involving adventitious shoot formation, temporary alterations in plant performance have been reported. Growth of plants derived from *in vitro* cultures is described in many cases as "rejuvenated", i.e. flowering is often delayed and altered phenotypes are similar to those in seedlings with increased vigour and rootability. Increased branching has been observed in many ornamentals e.g. *Gerbera, Rhododendron* and roses. Most likely this morphological change is caused by high doses of cytokinins and too many subcultures on multiplication medium (Capellades Queralt et al. 1991).

Propagation via adventitious shoots

We know today Haberlandt (1902) had chosen for his experiments highly differentiated mesophyll and palisade parenchyma cells of low or missing regenerative competence. This fact and the absence of auxins in the medium were the main reasons for his unsuccessful attempts at cell culture.

The regenerative potential of isolated cells, tissue or organs and the deriving callus cultures is highly variable. In many cases the competence for organognesis is restricted to defined cells or tissues. An example of differences in organogenic competence of petiole tissue of *Saintpaulia* is given in Figs. 2, 3 and 4 (see p. 244). Petiole cross sections cultivated on auxin and cytokinin containing medium give rise to adventitious shoots from epidermal cells and subepidermal cortex cells (Fig. 2), never from pith cells of the central regions of the petiole. Callus, obtained from the outer cell layers (epidermis and subepidermal cells), retains its organogenic competence for several months and even longer. Callus cultures from pith parenchyma almost never regenerate adventitious shoots. Similar observations were made when culturing cross sections from hypocotyls of poinsettia. Callus gave rise to somatic embryos from epidermal and subepidermal cells only. Cultures from pith tissue never regenerated any embryos (Osternack et al. 1999). Callus composed of cells from epidermal or subepidermal layers and parenchymatic pith cells can loose organogenic capacity when the fast growing pith cells displace the regenerative cells during subculturing.

Varying the auxin-cytokinin balance, the number and size of regenerating adventitious shoots can be regulated. Petiole cross sections of *Saintpaulia* cultured on medium containing 0.1 mg/l naphthaleneacetic acid (NAA) and 0.1 mg/l benzylaminopurine (BAP) regenerate fewer but larger shoots (Fig. 3) compared to sections growing on medium supplemented with 0.1 mg/l NAA and 2.0 mg/l BAP (Fig. 4). With the petioles, shown in Fig. 3, adventitious shoots and roots appeared simultaneously because both antagonistic phytohormones are in equilibrium, whereas in Fig. 4 the dominance of BAP suppressed root formation and gave rise to many small shoots. Therefore, in commercial plant propagation the hormone concentrations have to be adapted to the requirements of the genotypes and adjusted according to the desired size, quality and number of the shoots.

Adventitious shoot regeneration in commercial micropropagation is restricted to members of a relatively small number of families, e.g. *Araceae, Begoniaceae, Gesneriaceae* or *Liliaceae*. The shoots arise either directly on the primary explant or from callus, that was separated and subcultured often for a long time. All shoots have to be rooted as microcuttings.

Most of the propagation procedures require solid media for culturing the explants. In only a few cases liquid media are used, e.g. in some orchids or lilies. For *Phalaenopsis* it was recently reported, that 18,000 protocorm-like bodies (PLBs) were harvested after 8 weeks from a 2 litre of bioreactor culture inoculated with 20 g PLB-sections (Young et al. 2000). Large-scale multiplication in bioreactors has been demonstrated by Takayama et al. (1991), outlining a complete system for automated propagation of *Lilium* species and hybrids. Some members of *Araceae*, e.g. *Anthurium* and *Spathiphyllum*, which develop multi-meristematic calli in liquid media are suitable for bioreactor culture. An 8-fold increase in plant fresh weight was achieved with *Anthurium scherzerianum* after four weeks of culture (Figs. 5 and 6, see p. 244). The mass propagated shoot clusters from bioreactors were plated on solid media for rooting before transfer to the greenhouse.

Somatic mutations are cryptically accumulated in tissues of most vegetatively propagated ornamentals (Preil 1986). Donor plants in many cases represent genetic mosaics as result of extra-apical mutations or they are chimeras as result of intra-apical mutations. This pre-existing genetic variation was often misinterpreted and classified as "*in vitro* induced". Additionally, genetic instability of cells, callus and organs cultured *in vitro* (somaclonal variation) is well documented (Swartz 1991, Buiatti and Gimelli 1993). Both, pre-existing and somaclonal variation, can result in off-types in the regenerated progenies. Many observations indicate that the frequency of off-types in tissue culture derived clones increases with the duration of *in vitro* culture. This suggests that processes responsible for mutations are promoted or *de novo* induced under *in vitro* conditions, especially in cell and callus cultures. There are some indications that synthetic growth regulators like 2,4-D, NAA or BAP are responsible for mutations usually when callus is exposed to high concentrations, during many subcultures.

Adventitious buds and somatic embryos originate in most cases from single cells. Therefore, off-types are frequently regenerated from tissues representing genetic mosaics. This is true also for known chimeras or undetected "cryptic-chimeras", indicating that chimeras cannot be propagated true-to-type by the adventitious shoot technique, due to loss of the chimeral apical constitution and the respective phenotype. On the other hand, chimeras can be easily identified through adventitious shoot regeneration or somatic embryogenesis. Since the economic value of many ornamentals depends on their characteristic chimeral composition of the apical cell layers, unique traits can be lost or altered when adventitious shoots develop which are not chimeral.

One of the most important arguments against adventitious shoot propagation on a commercial scale is the genetic instability of *in vivo* donor plants or *in vitro* stock cultures. For commercial micropropagation all variation from the original type is unacceptable. With adventitious shoot propagation only genetically stable genotypes can be used and must be checked by testing a limited number of the resulting plants before mass propagation starts. Suppression of excessive callus formation and the limitation of the number of subcultures can prevent the accumulation of undesired somatic mutations.

Somatic embryogenesis

Summarising his efforts in cultivating plant cells, Haberlandt (1902) predicted: "...finally, I think that I am not making a too bold prophecy if I point to the possibility that, in this way, one could probably succeed in regenerating ("züchten") artificial embryos from vegetative cells."

Fifty six years later, Reinert (1958) and Steward et al. (1958) obtained the first embryos from somatic cells of *Daucus carota*. While in 1979, Tisserat et al. listed 32 families of angiosperms, 81 genera, and 132 species that have been described as producing somatic embryos, Bajaj (1995) estimated that somatic embryos have been induced in more than 300 plant species belonging to a wide range of families. Examples for somatic embryogenesis achieved in 180 species of herbaceous dicots were given by Brown et al. (1995), whereas KrishnaRaj and Vasil (1995) listed 120 species of herbaceous monocots. Additionally, somatic embryogenesis has been reported for approximately 150 woody species and related hybrids (Dunstan et al. 1995). Among these species there is only a small number of ornamentals or ornamental-type plants of minor economical interest. To our knowledge, there is still no commercial application of somatic embryogenesis in mass propagation of ornamentals, although embryogenesis offers several advantages over other developmental pathways due to possibilities of automation of various process stages (Cervelli and Senaratna 1995, Ibaraki and Kurata 2001). Despite of the advantages, the adaptation of sophisticated protocols for embryogenic cultures is recognised as being economically risky, since most of ornamental species and cultivars are subjected to fashion trends, in contrast to agricultural crops or forest trees. In many cases series of ornamental cultivars are requested by the market for a few seasons only. This, however, causes problems in planning investments for optimising culture protocols and delivery systems.

Although substantial progress in understanding the biology of somatic embryogenesis has been achieved in the past (Merkle et al. 1995, Yeung 1995, Nomura and Komamine 1995, Dudits et al. 1995), bottlenecks still exist from the practical point of view, e.g. large differences in embryogenic response to cultural conditions, even in closely related genotypes, and the variation in hormonal requirement at different stages of embryo development.

The genetic background of embryogenic capacity remains obscure. Fifteen genera from *Umbelliferae* (*Apiaceae*), exhibiting somatic embryogenesis, 14 genera from *Leguminosae*, and 7 genera from *Solanaceae*, in total 97 species or 54% of 37 taxonomic families belong to *Umbelliferae, Leguminosae* and

Solanaceae (Brown et al. 1995). Variation in occurrence and frequency of somatic embryogenesis has been observed not only among families, genera and species, but also among cultivars within a number of species. Some studies have shown that capacity for embryogenesis is heritable and probably controlled by at least two loci. Offspring suggested either that "embryogenic allels" were recessive or that there was more than one complementary factor (for relevant literature see Brown et al. 1995). With *Cyclamen* it seems that the ability to regenerate somatic embryos is inherited dominantly (Püschel et al. 2001).

Detailed morphological observations in *Daucus carota* revealed four phases in the early process of embryogenesis (Komamine et al. 1990). In "Phase 0", competent cells form embryogenic cell clusters in the presence of auxin. When auxin is removed from the medium in "Phase 1", cell cluster gain the ability to develop into embryos. During "Phase 1", cell clusters proliferate apparently undifferentiated. In "Phase 2", rapid cell divisions occur, leading to the formation of globular embryos. In the following "Phase 3" heart shaped and torpedo shaped embryos develop from globular embryos.

Auxin, the most important factor for regulation of embryogenic processes, causes different effects in different phases of embryogenesis, and is essential for the induction of embryogenesis and the formation of embryogenic cell clusters. In the following phases, however, auxin inhibits normal embryo development causing "recallussing" of globular, heart and torpedo shaped embryos. Furthermore, auxin disturbs expression of polarity, leading to either abnormal growth of the shoot or root pole. Thus, the development of the shoot can be inhibited completely and, simultaneously, the growth of the radicle is stimulated. In the opposite case, the root pole develops callus instead of the radicle, whereas the shoot growth is not affected. Many different auxin-induced malformations of embryos have been observed.

Difficulties in application of somatic embryogenesis to plant propagation of various genotypes arise from the unknown requirement of auxin concentration and duration of auxin exposure in "Phase 0". Since the embryogenic competence of cells in the tissue of explants, callus or suspension culture can differ widely, auxin affects variation in embryogenic response and causes heterogeneity in morphology and quality of regenerated embryos. Uniformity, however, is one of the prerequisites of any industrial production.

In poinsettia (*Euphorbia pulcherrima*) normal and malformed embryos appear after plating an embryogenic suspension from bioreactor culture (Preil and Beck 1991). Embryogenic and non-embryogenic cell suspension cultures of the same genotype can be distinguished by their products excreted into the culture medium, e.g. polyphenoloxidases (Grotkass et al. 1995), glucosidases, glycoproteins or peroxidases (Brandau et al. 1997). Thus the medium reflects various physiological cell activities. Only a relatively small part of cells from heterogenous embryogenic cultures are able to develop into normal embryos, whereas the major part of the cell population differentiate either into callused aberrant embryos or non-embryogenic vacuolated cell clusters. Such heterogeneity of embryogenic culture results in a large variation of embryo numbers achieved from suspensions cultured according to a standard protocol. No progress in establishment of more homogeneous embryogenic cultures has been achieved in the last decade. Therefore, bioreactor culture of poinsettia remains far from any practical applications, although embryos and deriving plants can be produced routinely (Figs. 7–10, see p. 245).

Investigating the embryogenic competence in *Clematis*, eleven hybrid cultivars and a wild type of *C. tangutica* were tested for suitability of suspension cultures in plant multiplication. Because of its extraordinary embryogenic capacity, *C. tangutica* was chosen for experiments with bioreactors (Weber et al. 1994). After inoculating the bioreactor, the number of proembryogenic clusters increased rapidly up to 4,500 per ml. Later, some 200 globular embryos and 300 heart and torpedo shaped embryos per ml were determined after four weeks of culturing in auxin-free medium. Most of the embryos developed to cotyledonary stage, i.e. theoretically 500,000 plantlets could be achieved from 1 litre suspension culture, when plating the embryos on solid medium for further growth (Figs. 11 and 12, see p. 246). Embryos of different size (Fig. 13, see p. 246) develop to clusters of plantlets differing in length (Fig. 14, see p. 246). The plantlets have to be separated and sorted before planting out in the greenhouse.

The remarkable results obtained from *C. tangutica* could not be reproduced with any of the other *Clematis* genotypes investigated. Since the small-flowering *C. tangutica* is of negligible importance economically, this "model" remains of theoretical interest as it failed to transfer to the propagation of large flowering *Clematis* hybrid cultivars or other woody ornamental species needed by the market.

Lack of reproducibility of propagation protocols is reported for many plants. For *Cyclamen*, one of the most important ornamental pot plant, a pan-European working group of COST Action 822 started investigations on embryogenesis in suspension culture in order to overcome some of the difficulties in micropropagation (Schwenkel 2001). Although *in vitro* cloning of *Cyclamen* through organogenic cultures has been described previously (Geier et al. 1976, Hoffmann and Preil 1987, Schwenkel 1991, Dillen et al. 1996), efforts in establishing embryogenic systems indicated that multiplication via somatic embryogenesis was more effective. For cv. "Purple Flamed" a yield of about 90,000 plantlets was achieved from 1 litre suspension culture (Winkelmann et al. 1998). Another study described how a yield of 27,000 acclimatised young plants in the greenhouse could be obtained within 38 weeks from one litre of suspension culture (Hohe et al. 2001).

Variation in embryo number is often caused by loss of embryogenic competence by cells during subcultivation. In *Cyclamen* embryogenic capacity of callus seems to be stable for more than five years, however, suspension cultures can deteriorate after a number of transfers (Bouman et al. 2001).

Additionally, as described for poinsettia, malformed embryos regenerate in high numbers, e.g. embryos lacking cotyledons or plumula, multiheaded embryos or those with excessive root growth.

Synchronisation of embryo development remains a problem with *Cyclamen*. Whether embryogenesis becomes economically feasible for commercial mass propagation of a wide range of cultivars, will depend on essential improvements to the embryo regeneration pathway. Nevertheless, the existing method can be applied to the propagation of parental lines in F_1-hybrid breeding, because these plants are needed in lower numbers, and a higher price per plant is accepted by the breeders.

Bioreactors, while being sophisticated tools for culturing ornamentals, were rarely used in the past due to their high cost. However, the advantages of precise control of gaseous compounds such as oxygen and carbon dioxide and monitoring of changes in pH will lead to more reproducible protocols for embryo production. Effects of different oxygen concentrations and CO_2 accumulation in bioreactor cultures of *Cyclamen* were recently investigated by Hohe et al. (1999a, b). A significantly higher number of germinating embryos was obtained from cultures grown at 40% pO_2 than from those grown in Erlenmeyer flasks or in bioreactors supplied with 5%, 10% and 20% pO_2. In the head space of bioreactors CO_2 exceeded 10%, whereas in the Erlenmeyer flasks CO_2 was below 2%. CO_2 accumulation in the bioreactor severely inhibited cell growth. However, the regeneration ability of cell suspensions after being cultured in bioreactors with CO_2 accumulation was better than those after culture in bioreactors without CO_2 accumulation or in Erlenmeyer flasks. Some of these results have been confirmed by other authors. Preil et al. (2001) found a close correlation between increasing CO_2 supply and the reduction of mitotic activity of *Cyclamen* suspension cultures, whereas the viability of cells was not affected. However, higher CO_2 levels were correlated with increased production of proembryogenic cell masses (Hvoslef-Eide and Munster 2001). These observation indicate, that precise control of environmental factors could help to overcome existing bottlenecks in somatic embryo production and the conversion of embryos into plants suitable for commerce.

Concluding remarks

A hundred years after Haberlandt's publication on his experiments with isolated plant cells, *in vitro* culture has become a widely used method. In 23 European countries more than 500 institutes and commercial laboratories use *in vitro* culture for rapid multiplication of plants, for preserving genotypes, elimination of pathogens, breeding purposes, genetic manipulations and for secondary metabolite production (O'Riordain 1999). Sophisticated automatic techniques for handling of propagules have been developed (Aitken-Christie et al. 1995). Economic considerations and strategies for marketing of micropropagated plants are being discussed (Jones 1990, Chu and Kurtz 1990, Jones and Sluis 1991, Standaert-De Metsenaere 1991). Millions of ornamentals are routinely produced *in vitro* every year. Micropropagation has completely displaced conventional cloning in many ornamental species. The end of the evolution of cell and tissue culture as a part of modern biotechnology in horticulture, agriculture and forestry does not yet come into sight.

References

Aitken-Christie J., Kozai T., Takayama S. (1995) Automation in plant tissue culture – general introduction and overview. In: Aitken-Christie J., Kozai T., Smith M. A. L. (eds.) Automation and environmental control in plant tissue cultures. Kluwer Academic Publishers, Dordrecht, pp. 1–18.

Bajaj Y. P. S. (1995) Preface. In: Bajaj Y. P. S. (ed.) Biotechnology in Agriculture and Forestry 30 – Somatic embryogenesis and synthetic seed I. Springer, Berlin.

Bouman H., Kuijpers A. M., Hol T., Schoo W. (2001) Differences in growth and regeneration of suspension cultures derived from various callus lines of *Cyclamen persicum* cv. 'Purple Flamed'. In: Schwenkel H. G. (ed.) Reproduction of *Cyclamen persicum* Mill. through somatic embryogenesis using suspension culture systems. COST Action 822, European Commission, Brussels, EUR 19697, pp. 46–54.

Brandau K., Preil W., Lieberei R. (1997) Differences in compounds released by embryogenic and non-embryogenic suspension cultures of *Euphorbia pulcherrima*. Biologia Plantarum 39: 113–124.

Brown D. C. W., Finstad K. I., Watson E. M. (1995) Somatic embryogenesis in herbaceous dicots. In: Thorpe T. A. (ed.) *In vitro* embryogenesis in plants. Kluwer Academic Publishers, Dordrecht, pp. 345–416.

Buiatti M., Gimelli F. (1993) Somaclonal variation in ornamentals. In: Schiva T., Mercuri A. (eds.) Creating genetic variation in ornamentals. Proc. XVIIth EUCARPIA Symposium, San Remo, pp. 5–24.

Capellades Queralt M., Beruto M., Vanderschaeghe A., Debergh P. C. (1991) Ornamentals. In: Debergh P. C., Zimmerman R. (eds.) Micropropagation. Kluwer Academic Publishers, Dordrecht, pp. 215–229.

Cassells A. C. (1991) Problems in tissue culture: culture contamination. In: Debergh P. C., Zimmerman R. H. (eds.) Micropropagation. Kluwer Academic Publishers, Dordrecht, pp. 31–44.

Cervelli R., Senaratna T. (1995) Economic aspects of somatic embryogenesis. In: Aitken-Christie J., Kozai T., Smith M. A. L. (eds.) Automation and environmental control in plant tissue cultures. Kluwer Academic Publishers, Dordrecht, pp. 29–64.

Chu I. Y. E., Kurtz S. L. (1990) Commercialisation of plant micropropagation. In: Ammirato P. V., Evans D. R., Sharp W. R., Bajaj Y. P. S. (eds.) Handbook of plant cell culture, Vol. 5, Ornamental species. McGraw-Hill Publishing Company, New York, pp. 126–164.

Debergh P. C., Read P. E. (1991) Micropropagation. In: Debergh P. C., Zimmerman R. H. (eds.) Micropropagation. Kluwer Academic Publishers, Dordrecht, pp. 1–13.

Dillen W., Dijkstra I., Oud J. (1996) Shoot regeneration in long-term callus cultures derived from mature flowering plants of *Cyclamen persicum* Mill. Plant Cell Rep. 15: 545–548.

Dudits D., Györgyey J., Bögre L., Bako L. (1995) Molecular biology of somatic embryogenesis. In: Thorpe T. A. (ed.) *In vitro* embryogenesis in plants. Kluwer Academic Publishers, Dordrecht, pp. 267–308.

Dunstan D. I., Tautorus T. E., Thorpe T. A. (1995) Somatic embryogenesis in woody plants. In: Thorpe T. A. (ed.) *In vitro* embryogenesis in plants. Kluwer Academic Publisher, Dordrecht, pp. 471–538.

Geier T., Kohlenbach H. W., Reuther G. (1979) Klonale Vermehrung von *Cyclamen persicum* Mill. durch Gewebekultur. Gartenbauwissenschaft 44: 226–237.

Grotkass D., Lieberei R., Preil W. (1995) Polyphenoloxidase – activity in embryogenic and non-embryogenic suspension cultures of *Euphorbia pulcherrima*. Plant Cell Rep. 14: 428–431.

Haberlandt G. (1902) Kulturversuche mit isolierten Pflanzenzellen. Sitz. ber. Akad. Wiss. Wien, math.-naturwiss. Kl. 3: 69–92.

Hoffmann M., Preil W. (1987) *In vitro* Kultur von Blattexplantaten verschiedener *Cyclamen* Idiotypen. Gartenbauwissenschaft 52: 145–148.

Hohe A., Winkelmann T., Schwenkel H. G. (1999a) The effect of oxygen partial pressure in bioreactors on cell proliferation and subsequent differentiation of somatic embryos of *Cyclamen persicum*. Plant Cell Tissue and Organ Culture 59: 39–45.

Hohe A., Winkelmann T., Schwenkel H. G. (1999b) CO_2 accumulation in bioreactor suspension cultures of *Cyclamen persicum* Mill. and its effect on cell growth and regeneration of somatic embryos. Plant Cell Rep. 18: 863–867.

Hohe A., Winkelmann T., Schwenkel H. G. (2001) Development of somatic embryos of *Cyclamen persicum* Mill. in liquid culture. Gartenbauwissenschaft 66: 219–224.

Hvoslef-Eide A. K., Munster C. (2001) Light quality effects on somatic embryogenesis of *Cyclamen persicum* Mill. in bioreactors. In: Schwenkel H. G. (ed.) Reproduction of *Cyclamen persicum* Mill. through somatic embryogenesis using suspension culture systems. COST Action 822, European Commission, Brussels. EUR 19697, pp. 79–84.

Ibaraki Y., Kurata K. (2001) Automation of somatic embryo production. Plant Cell, Tissue and Organ Culture 59: 179–199.

Jones J. B. (1990) Economic considerations in tissue culture propagation of ornamentals. In: Ammirato P. V., Evans D. R., Sharp W. R., Bajaj Y. P. S. (eds.) Handbook of plant cell culture, Vol. 5, Ornamental species. McGraw-Hill Publishing Company, New York, pp. 165–178.

Jones J. B., Sluis C. J. (1991) Marketing of micropropagated plants. In: Debergh P. C., Zimmerman R. H. (eds.) Micropropagation. Kluwer Academic Publishers, Dordrecht, pp. 141–154.

Komamine A., Matsumoto M., Tsukahara M., Fujiwara A., Kawahara R., Ito M., Smith J., Nomura K., Fujimura T. (1990) Mechanisms of somatic embryogenesis in cell cultures – physiology, biochemistry and molecular biology. In: Nijkamp H. J. J., Van der Plas L. H. W., Van Aartrijk J. (eds.) Progress in plant cellular and molecular biology. Kluwer Academic Publishers, Dordrecht, pp. 307–313.

KrishnaRaj S., Vasil I. K. (1995) Somatic embryogenesis in herbaceous monocots. In: Thorpe T. A. (ed.) *In vitro* embryogenesis in plants. Kluwer Academic Publishers, Dordrecht, pp. 417–470.

Linnenbrink N., Preil W., Kraus L. (1983) Entwicklung einer *in vitro*-Kulturmethode für *Arctostaphylos uva-ursi* and *A. nevadensis*. Arch. Pharm 316: 97–100.

Merkle S. A., Parrott W. A., Flinn B. S. (1995) Morphogenic aspects of somatic embryogenesis. In: Thorpe T. A. (ed.) *In vitro* embryogenesis in plants. Kluwer Academic Publishers, Dordrecht, pp. 155–204.

Morel G. M. (1960) Producing virus-free cymbidiums. Amer. Orchid. Soc. Bull 29: 495–497.

Morel G. (1964) Tissue culture – A new means of clonal propagation in orchids. Amer. Orchid. Soc. Bull. 33: 473–478.

Murashige T. (1974) Plant propagation through tissue cultures. Ann. Rev. Plant Physiol 25: 135–166.

Murashige T. (1978) The impact of plant tissue culture on agriculture. In: Thorpe T. A. (ed.) Frontiers of plant tissue culture. Proc. 4th IAPTC, Congress, Calgary, pp. 15–26.

Murashige T., Huang L. C. (1987) Cloning plants by tissue culture: early years, current status and future prospects. Acta Horticulturae 212: 35–42.

Nomura K., Komamine A. (1995) Physiological and biochemical aspects of somatic embryogenesis. In: Thorpe T. H. (ed.) *In vitro* embryogenesis in plants. Kluwer Academic Publishers, Dordrecht, pp. 249–266.

Osternack N., Saare-Surminski K., Preil W., Lieberei R. (1999) Induction of somatic embryos, adventitious shoots and roots in hypocotyl tissue of *Euphorbia pulcherrima* Willd. ex Klotzsch: comparative studies on embryogenic and organogenic competence. J. Applied Botany 73: 197–201.

O'Riordain F. (1988) Directory of European Plant Tissue Culture Laboratories. COST Action 87. Commission of the European Communities, Brussels.

O'Riordain F. (1991) Directory of European Plant Tissue Culture Laboratories 1990. COST Action 87. Commission of the European Communities, Brussels.

O'Riordain F. (1994) Directory of European Plant Tissue Culture Laboratories 1993. COST Action 87. Commission of the European Communities, Brussels.

O'Riordain F. (1999) Directory of European Plant Tissue Culture Laboratories 1996–1997. COST Action 822. Commission of the European Communities, Brussels, EUR 18833.

Pierik R. L. M. (1987) *In Vitro* Culture of Higher Plants. Martinus Nijhoff Publishers, Dordrecht.

Pierik R. L. M. (1988) *In vitro* culture of higher plants as a tool in the propagation of horticultural crops. Acta Horticulturae 226: 25–40.

Pierik R. L. M. (1990) Rejuvenation and micropropagation. In: Nijkampf H. J. J., Van der Plas L. H. W., Van Aartrijk J. (eds.) Progress in Plant Cellular and Molecular Biology. Kluwer Academic Publishers, Dordrecht, pp. 91–101.

Pierik R. L. M. (1991a) Micropropagation of ornamental plants. Acta Horticulturae 289: 45–53.

Pierik R. L. M. (1991b) Commercial micropropagation in Western Europe and Israel. In: Debergh P. C., Zimmerman R. H. (eds.) Micropropagation. Kluwer Academic Publishers, Dordrecht, pp. 155–165.

Pierik R. L. M., Ruibing M. A. (1997) Developments in the micropropagation industry in The Netherlands. Plant Tissue Culture and Biotechnology 3: 152–153.

Preil W. (1986) In vitro propagation and breeding of ornamental plants: advantages and disadvantages of variability. In: Horn W., Jensen C. J., Odenbach W., Schieder O. (eds.) Genetic Manipulation in Plant Breeding. Walter de Gruyter & Co, Berlin, pp. 377–403.

Preil W., Beck A. (1991) Somatic embryogenesis in bioreactor culture. Acta Horticulturae 289: 179–192.

Preil W., Krause I., Schneidereit M. (2001) Effects of carbon dioxide on growth of embryogenic *Cyclamen persicum* bioreactor cultures. In: Schwenkel H. G. (ed.) Reproduction of *Cyclamen persicum* Mill. through somatic embryogenesis using suspension culture systems. COST Action 822, European Commission, Brussels, EUR 19697, pp. 75–78.

Püschel A. K., Winkelmann T., Schwenkel H. G. (2001) Studies on the inheritance of *in vitro* regeneration abilities in *Cyclamen persicum* Mill.: Analysis of breeding and F_1 progenies. In: Schwenkel H. G. (ed.) Reproduction of *Cyclamen persicum* Mill. through somatic embryogenesis using suspension culture systems. COST Action 822, European Commission, Brussels, EUR 19697, pp. 107–114.

Reinert J. (1958) Untersuchungen über die Morphogenese an Gewebekulturen. Ber. Dtsch. Bot. Ges. 71: 15.

Sagawa Y., Kunisaki J. T. (1990) Micropropagation of floricultural crops. In: Ammirato P. V., Evans D. R., Sharp W. R., Bajaj Y. P. S. (eds.) Handbook of Plant Cell Culture, Vol. 5, Ornamental Species. McGraw-Hill Publishing Company, New York, pp. 25–56.

Schwenkel H. G. (1991) Regeneration von *Cyclamen persicum* Mill. *in vitro* und deren Integration in die Cyclamenzüchtung. Thesis. University of Hannover.

Schwenkel H. G. (2001) Development of a reproducible regeneration protocol for *Cyclamen*. In: Schwenkel H. G. (ed.) Reproduction of *Cyclamen persicum* Mill. through somatic embryogenesis using suspension culture systems. COST Action 822, European Commission, Brussels, EUR 19697, pp. 8–11.

Skoog F., Miller C. O. (1957) Chemical regulation of growth and organ formation in plant tissues cultured *in vitro*. Symp. Soc. Exp. Biol. 11: 118–130.

Standaert de Metsenaere R. E. A. (1991) Economic considerations. In: Debergh P. C., Zimmerman R. H. (eds.) Micropropagation. Kluwer Academic Publishers, Dordrecht, pp. 123–140.

Steward F. C., Mapes M. O., Mears K. (1958) Growth and organised development of cultured cells. II. Organisation in cultures grown from freely suspended cells. Amer. J. Bot. 45: 705–708.

Swartz H. J. (1991) Post culture behavior: genetic and epigenetic effects and related problems. In: Debergh P. C., Zimmerman R. H. (eds.) Micropropagation. Kluwer Academic Publishers, Dordrecht, pp. 95–122.

Takayama S., Swedlund B., Miwa Y. (1991) Automated propagation of microbulbs of lilies. In: Vasil I. K. (ed.) Scale-up and automation in plant propagation. Academic Press. Inc., New York, pp. 112–132.

Tisserat B., Esan E. B., Murashige T. (1979) Somatic embryogenesis in angiosperms. Hortic. Rev. 1: 1–78.

Weber J., Preil W., Lieberei R. (1994) Somatic embryogenesis in bioreactor culture of *Clematis tangutica*. VIIIth International Congress for Plant Tissue and Cell Culture, Firenze/Italy, Book of Abstracts, p. 202.

Winkelmann T., Hohe A., Schwenkel H. G. (1998) Establishing embryogenic suspension cultures in *Cyclamen persicum* 'Purple Flamed'. Adv. Hort. Sci. 12: 25–30.

Yeung E. C. (1995) Structural and developmental patterns in somatic embryogenesis. In: Thorpe T. A. (ed.) *In vitro* embryogenesis in plants. Kluwer Academic Publishers, Dordrecht, pp. 205–248.

Young P. S., Murthy H. N., Yoeup P. K. (2000) Mass multiplication of protocorm-like bodies using bioreactor system and subsequent plant regeneration in *Phalaenopsis*. Plant Cell, Tissue and Organ Culture 63: 67–72.

Ziv M. (1991) Vitrification: morphological and physiological disorders of *in vitro* plants. In: Debergh P. C., Zimmerman R. H. (eds.) Micropropagation. Kluwer Academic Publishers, Dordrecht, pp. 45–69.

Address of the author: Prof. Dr. Walter Preil (e-mail: w.preil@bafz.de), Bundesanstalt für Züchtungsforschung an Kulturpflanzen, Institut für Zierpflanzenzüchtung, Bornkampsweg 31, D-22926 Ahrensburg, Germany.

The *in-vitro* conservation of valuable genetic resources

G. Mix-Wagner and H. M. Schumacher

Introduction

Today tissue culture techniques are indispensable tools for modern plant research. They provided fascinating new methods for fundamental research, particularly for investigations of cell metabolism like the elucidation of biochemical pathways or the investigation of subcellular transport mechanisms. They even led to the discovery of phenomena like somaclonal variation that became new topics of investigation. At the same time cell culture techniques contributed considerably to plant biotechnology. The fermentation of suspension cultures and the mass propagation of *in-vitro* plants have been made possible. Improvement of old and the development of new breeding techniques were achieved as well as techniques like virus eradication. Finally, even the most advanced techniques of molecular transformation of plants were based on tissue culture techniques.

When Haberlandt firstly attempted to grow cells of higher plants *in-vitro* he could not foresee that he would become the founder of a wide new research field of outstanding importance for botany. Nevertheless, he already felt that it could be a completely new approach to investigate cells on a physiological basis.

The development of the first microscopes in the 18th century allowed humans to see a completely new world. It was thus not surprising that during the 19th century the composition of living organisms made from single cells and tissues was discovered and the disciplines of histology and cytology were born. Although the German botanist Schleiden postulated already in 1839 that plants consisted of single cells, each representing a kind of elementary organism, morphological studies of single cells were only performed when Haberlandt started his work. Haberlandt isolated single cells for the first time to study their physiology but also to investigate physiological links to other cells of the intact whole organism. There were still too many requirements missing to make his work a real success – sterilization procedures, equipment to achieve a sterile environment, isolation procedures for cells, optimum salt and vitamin composition of media and finally the knowledge about hormones and hormone action. Nevertheless Haberlandt opened the way – not only by his experiments but also by his fruitful suggestions for further work that anticipated a lot of approaches which have been realized much later.

Still today even the most advanced techniques for plant investigation and plant improvement have to rely on plant biodiversity. Already Haberlandt used different model systems – leaf cells of *Lamium purpureum* and *Eichhornia crassipes*, hair cells of *Urtica dioica* and *Tradescantia virginica*, in other experiments hydathodes of *Conocephalus ovatus* – to investigate different problems. Even modern techniques for genetic transformation of plants need a suitable genotype/variety that can be transformed and regenerated. Modern techniques even created new kinds of valuable germplasm, like cell cultures, somaclonal variants or somatic hybrids. The need for the conservation of biodiversity today is therefore even increased. It is not surprising that plant cell and tissue culture made also essential contributions to the improvement of preservation techniques for genetic resources. Specific problems for the *ex-situ* conservation of plant germplasm are caused by plants – mainly from the tropics – forming non-durable recalcitrant seeds and vegetatively propagated plants which do not form viable seeds or which do not form a homogeneous plant population when propagated via seeds.

The widespread use of tissue culture in these cases requires the development of new preservation techniques for *in-vitro* cultured material. Although numerous plantlets have been produced by tissue culture, they all had to be maintained by periodic subculture. Disadvantages associated with this method of maintenance, include high cost, the risk of contamination and genetic or phenotypic modification during subculturing. The use of tissue culture allows vegetatively propagated plants of agricultural and horticultural value, for which methods of germplasm preservation other than maintenance in the field are not available, to be preserved *in-vitro* to ensure their continued availability at any time.

In-vitro genebanks have been developed for a large number of plant species. However, the maintenance of large *in-vitro* collections under conventional *in-vitro* storage systems requires much handling and is expensive because most cultures need subculturing at regular intervals to prevent loss of viability. The maintenance of cell lines is time-consuming and involves risks of contamination and of somaclonal variation as the duration of culture increases. Consequently, it is important to develop storage systems for the long-term maintenance of genetic stability (Withers 1980, Grout 1990, Mix-Wagner 1996).

Already in 1956 Sakai could demonstrate that plant tissues may survive liquid nitrogen temperature even by their own physiological mechanisms. He was able to induce cold hardiness in apple and achieved even the survival of apple twigs at −196°C already in 1960.

Unfortunately the need for preservation of germplasm by deep freezing is strongest especially for those plants which do not show cold hardiness, many of them coming from warm areas and forming recalcitrant seeds.

Attempts to develop freezing methods for cultured cells had a first success in 1968 when Quatrano recovered cells from a flax suspension culture cooled to −50°C. The use of deep-freezing for the long-term preservation of plant genetic resources became visible when Nag and Street could freeze an embryogenic carrot suspension culture in 1973. Finally it became possible to freeze isolated meristems and to regenerate plants from meristems recovered from liquid nitrogen temperature. First examples have been cassava (Bajaj 1977) pea (Kartha et al. 1979), strawberry (Kartha et al. 1980), potato and tomato (Grout and Henshaw 1978, Grout et al. 1978, Towill 1981).

The cryopreservation strategy could be successfully employed to minimize the risk of genetic variation, to provide an efficient method with minimal input of cost and labour and could be therefore an important tool for the long-term preservation of germplasm. The storage protocol must be applicable to a wide range of genotypes from many families.

Cryopreservation is based on the reduction and subsequent arrest of metabolic function of biological material by the reduction in temperature approaching that of liquid nitrogen while yet retaining viability. Considerable progress has been made during the last 10 years to make the technology a powerful tool and has been applied to a large range of plant species. Several new cryopreservation techniques have been developed. These include vitrification, encapsulation-dehydration, encapsulation-vitrification, controlled rate freezing (slow prefreezing) and ultra rapid freezing.

Vitrification

The vitrification method requires only the application of suitable cryoprotectants infiltrating the samples followed by rapid cooling rates.

The report of Maruyama et al. (1997) demonstrated by using *in-vitro* cultured multiple *Guazuma crinita* Mart. bud clusters by the one-step vitrification procedure a reliable method for long-term storage. They cut from adventitious bud clusters small segments and exposed them to a cryoprotectant mix solution. After rapid warming, the segments were transferred to recovery-growth medium. High survival rates of about 80% were observed, from which 30% of the cryopreserved segments regenerated plants. However, Towill and co-workers (1992) observed considerable variation of sweet potato shoot tips surviving vitrification and those subsequently forming a shoot varied widely among replications. They demand for additional research to optimise the vitrification procedure in order to attain reproducible high levels of survival and recovery-growth.

Encapsulation-dehydration and encapsulation-vitrification

The encapsulation-dehydration technique includes encapsulation of explants in calcium alginate beads, followed by pregrowth treatment in medium containing high level of sucrose. The encapsulation-vitrification method is a combination of encapsulation-dehydration and virtification.

Excised apices of *Solanum phureja* genotypes were suspended in liquid calcium-free medium, supplemented with sodium alginate. The alginate beads formed after dropping the alginate solution in a calcium chloride solution were precultured in a sucrose solution. After preculture the beads were dehydrated for 4 hrs and then rapidly frozen by directly immersing vials in liquid nitrogen. The thawing was done by slowly rewarming the beads.

Survival occurred only after one day of preculturing the apices with 0.5 M and 0.75 M of sucrose (respectively 27.2% and 41.2%). After prolonged pre-incubation in 0.75 M sucrose shoot formation took place up to a rate of 26.5% (Fabre et al. 1990).

However Paul and co-workers (2000), using the encapsulation-dehydration method, demonstrated that axillary shoot tips of apple isolated from *in-vitro* cultured shoots led to the highest shoot recovery of frozen, coated shoot tips (83.7%).

Axillary shoot tips of various apple cultivars were cryopreserved using the encapsulation-vitrification technique. The thawed shoot tips treated with a cryoprotective mixture of sucrose and ethylene glycol showed the highest shoot recovery rates, which varied from 64% to 77%, depending on the cultivar. The comparison of the two techniques clearly indicated that they can both be applied to apple genotypes when cryopreservation is demanded.

Controlled rate freezing

For controlled freezing, the samples are slowly cooled down to a temperature of −30 to −40°C under controlled conditions and then plunged in liquid nitrogen.

Ogawa and co-workers (1997) cryopreserved successfully in liquid nitrogen tissue-cultured shoot primordia of melon. The highest survival and recovery frequencies were obtained with 3 weeks old shoot primordia clumps precultured in a standard medium. Samples were ice-inoculated at −8°C and cooled down with a programmable freezer to −30°C for prefreezing. Different cryoprotectant solutions were tested. The samples were immersed in liquid nitrogen and rapidly thawed. Under optimal conditions, more than 80% were viable and 50 to 80% regenerated shoots after 4 weeks of culture. Similar results were achieved when Zhao et al. (1999) froze apices of an apple cultivar. The recovery rates of cryopreserved apices ranged between 70 and 92%.

Ultra rapid freezing

Using ultra rapid freezing, samples are dropped directly in liquid nitrogen following a pretreatment with a cryoprotectant. Although this approach was so far not successful for dedifferentiated cell material like callus or suspension cultures it turned out to be applicable for the conservation of plant meristems. Ultra rapid freezing offers the greatest potential to develop rapid and easy methods for routine application. We therefore focused our work on potato, Asparagus and Chrysanthemum on the development of a method based on ultra rapid freezing.

State of the art

Potato

Potato is one of the major world crops and the second most important crop after wheat in Europe. Breeding efforts concerning mainly on higher yields have shifted more towards resistance breeding. The genes for resistance are transferred from wild and primitive *Solanum* species to newly bred varieties. To prevent the loss of genetic information, potato germplasm is maintained in many collections. This is necessary because potato is vegetatively propagated and raises particular problems in germplasm conservation. In collections, wild and primitive types of the genus *Solanum* are maintained in the form of true seeds, but potato varieties are either grown continuously or replanted frequently. The major disadvantage of a field genebank is the risk of loss of part of the collection through pests, diseases or other events.

The three major *in-vitro* storage strategies for potato germplasm are microtubers, *in-vitro* plantlets under slow-growth conditions and cryopreservation. Slow-growth and microtuber regimes are used as medium-term storage option. These techniques enable subculture intervals to be extended to between 12 and 36 months. For extending the storage period, it is possible to use reduced temperature, reduced light conditions, and a modification of media, particularly the addition of growth retardants (Fletcher et al. 1998, Mix-Wagner 1999).

Much effort has been devoted to the development of methods for the preservation of potato germplasm by deep-freezing of apices or axillary meristems. The first method successfully applied was rapid freezing (Grout et al. 1978). Later the completely different approach of slow freezing has been used by different authors (Towill 1983, Benson et al. 1989). Recently vitrification (Schnabel-Preikstas et al. 1992) and the encapsulation-dehydration or encapsulation-vitrification methods (Bouafia et al. 1996, Hirai et al. 1999) have been applied also for the cryopreservation of potato meristems. All methods were in some way successful, but most of the work has been done only with a few selected genotypes of *Solanum tuberosum*. There was the aim to develop a simple cryopreserving method for routine application for potatoes at genebanks. For practical use in a genebank the applicability of a method to a broad range of different cultivars is essential because limitations by staff and time makes an adjustment of the methodology to each specific genotype impossible.

We designed a method by the combination of ultra rapid freezing with the droplet method for cryopreserving 519 potato varieties of the Potato Collection (BAZ) located in Braunschweig (Schäfer-Menuhr et al. 1997).

Plants from the *in-vitro* collection were propagated via nodal segments. When the plantlets were 10 cm tall, the shoot tips were cut off. The trimmed apices with two leave primordia should be between 1–3 mm in length and 0.5–1 mm in thickness, depending on the varieties. They were placed on filter paper wetted with MSTo medium (Mix-Wagner 1999). The sealed petri dishes were incubated over night at room temperature. On the following day the apices were transferred into the cryoprotective solution (10% dimethylsulfoxide diluted in MSTo medium). After 2 hrs of incubation at room temperature, droplets of cryoprotectant were pipetted onto heat-sterilized pieces of aluminium foils. With the aid of hypodermic needles, one apex was transferred into each drop (Fig. 1). For storage two foils were dropped directly into a precooled precisely marked cryovial.

For control of survival and recovery (plant regeneration), one cryovial of each freezing experiment was thawed. Each apex was placed into a petri dish and covered with a drop of low melting agarose. After a time the agarose drops were surrounded by liquid MSTo medium. The petri dishes were incubated at 23°C and 12 hrs lights in a translucent plastic box.

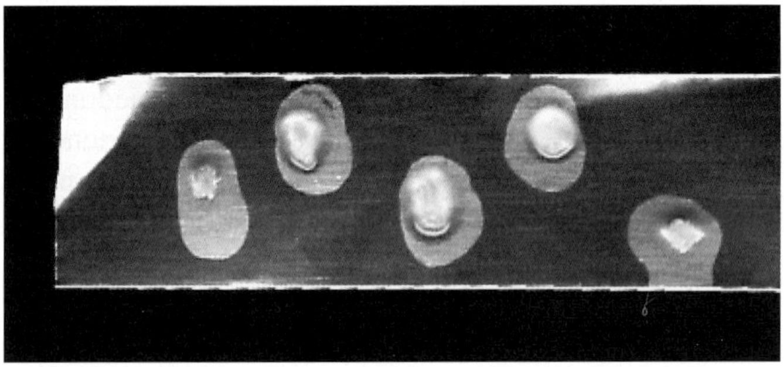

Fig. 1. Meristems were placed into 2,5 μl droplets placed on aluminium foils for direct immersion in liquid nitrogen

Methods used for a collection of plant genetic resources must be simple and allow a high throughput of sample. The developed method involves direct freezing of apices in liquid nitrogen following pretreatment with 10% DMSO. For storing the 519 varieties, up to about two hundred and fifty apices of each variety were cryopreserved in cryo vials. The varieties have not been selected by any criterion and the freezing protocol has been carried out without any adaptations for a specific variety. Of every experiment, 12 apices were thawed to check the ability for survival and plant regeneration. After thawing the regenerating shoots did not get any special attention.

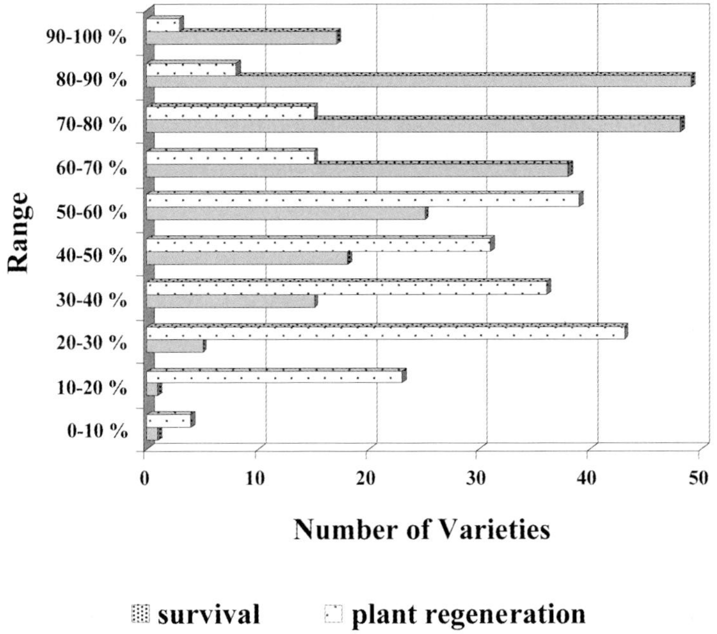

Fig. 2. Distribution of cultivars according to the range of survival and plant regeneration (from a total of 216 cultivars tested)

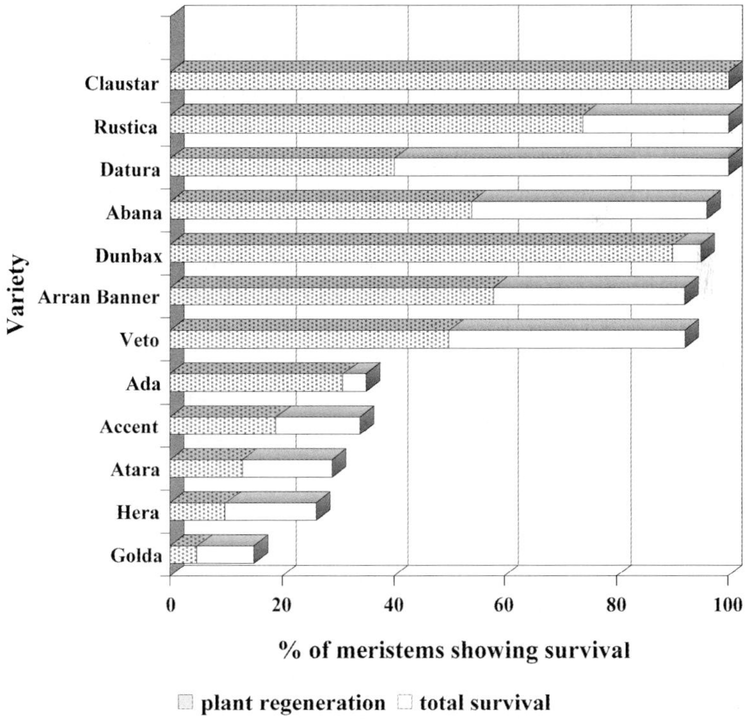

Fig. 3. Percentage of total survival and plant regeneration of 12 potato cultivars showing very high and very low survival rates after freezing

As expected, varieties reacted differently. Success has been measured either as % survival, which means the percentage of frozen apices that developed green cells or shoots or both after thawing or as % plant regeneration which means the percentage of apices that developed plants during recovery growth. The survival rate of most of the varieties was high, approximately 70% on average. More important for a collection, however, is the plant regeneration rate. They are on the average 40% but that depends on the genotype (Fig. 2). Figure 3 shows the survival and plant regeneration rates of 12 best and worst performing varieties. Nevertheless there was not a single variety, which did not yield plants after thawing even though with a low percentage.

Hirai and co-workers (1999) reported of successfully vitrified, encapsulated and rewarmed meristems of potato, that vigorously developed shoots directly within 10 days after plating. The tested variety „Danshakuimo“ showed an average shoot formation of nearly 70%. The cryogenic protocol was successfully applied to another 14 varieties, but the percentage of shoot formation was much lower. Similar results were reported by Bouafia and co-workers (1996). They applied the encapsulation-dehydration method to deep freeze five clones/varieties. Only after a special pretreatment with low sucrose concentration the varieties allowed survival rates higher than 60%.

In our case evaluation of the phenotypes has been performed by planting out recovered plantlets of 100 varieties and comparing the phenotype with those of the respective control plants. Tubers of 35 varieties have been planted out a second time. In nearly all cases the regrown plants could not be distinguished from the control. Even though the phenotype of plants and tubers did not show changes „hidden“ genetic variations were checked by flow cytometry and DNA fingerprinting. It could be demonstrated that none of the 20 varieties tested was polyploid. The fingerprinting analysis was sensitive enough to distinguish between all 20 varieties tested. Minor differences were observed only for three plants out of 161 plants tested.

Another major concern is how long meristems stored at −196°C retain their viability. Few data have been published on the long-term viability of frozen plant cells (Bajaj 1981). One possible reason is that the method itself is relatively new. Another reason is that a lot of research has previously been done in short-term projects and the frozen apices have not been stored long enough to investigate longevity under liquid nitrogen. Finally it is possible that a lot of data about routinely stored samples have not been published.

Recently we investigated the effects of storage behaviour across a broad range of potato varieties that have been frozen in our project. The obtained data are the result of a routine check of viability during practical genebank work. To conserve as few apices as possible, only 10–12 of every 100 apices were recovered in a single experiment (Mix-Wagner et al. in preparation). Although this number is very low, the number of experiments performed and the high number of varieties investigated in part compensates it.

Table 1. Cell after survival and plant regeneration rates after cryopreservation, with no storage (Initial) and storage in liquid nitrogen (expressed as mean percent with number of experiments in brackets) for those five varieties with the longest storage period

Variety Long storage	Storage time (years)	Cell survival (%)		Plant regeneration (%)	
		Initial	After storage	Initial	After storage
Grandiflora	7.10	70.6 (5)	73.0 (2)	13.0 (5)	44.0 (2)
Bjelorusski R	6.90	60.4 (5)	25.0 (2)	8.0 (5)	8.5 (2)
Bla Dalsland	6.80	44.6 (5)	92.0 (1)	1.6 (5)	50.0 (1)
Aguti	6.50	67.5 (4)	46.0 (2)	22.0 (4)	15.0 (2)
Janka	6.40	83.5 (4)	50.0 (4)	16.8 (4)	25.0 (2)
Mean	**6.74**	**64.4**	**52.7**	**11.7**	**26.1**

One or more samples from 51 varieties have been recovered representing storage periods ranging from 3 to 7 years. Indeed, only one variety (Proton, 5.3 years of storage) failed to survive despite an initial indication that it would otherwise cryopreserve. Only 3 of the 51 surviving varieties demonstrated an apparently significant decline in regeneration over time. It is notable that especially the cultivars with the longest storage periods did not show a reduced plant regeneration rate after storage (see Table 1).

Asparagus

Asparagus (*Asparagus officinalis* L.) is a dioecious crop traditionally propagated by seed, and as such is often characterised by a highly heterogeneous population of plants. Most varieties released over the past 25 years have been hybrids between highly heterozygous male and female clones propagated using tissue culture. Recent improvements in asparagus tissue culture have raised the possibility of using micropropagation to establish commercial crops of superior asparagus clones that have significantly higher marketable yield.

Although traditional seed storage allows convenient conservation of asparagus genetic resources for breeding purpose, the conservation of unique combinations of genes in highly heterozygous clones is only possible by vegetative propagation. Conservation of such elite selections may be achieved in the field, as potted glasshouse plants or as *in-vitro* plants. However, such conservation options are associated with significant maintenance costs and/or varying degree of risk of loss through pest or disease attack.

Recent reports showed application of cryopreservation methods to asparagus. These approaches are time consuming and require elaborate procedures and highly developed technical skills, which may explain the slow adoption of these protocols by genebank curators (Urigami et al. 1990, Kohmura et al. 1992). The development of a simple and reliable method for cryopreservation may encourage its use as a routine tool.

We applied a simple cryopreservation method for asparagus, using *in-vitro* cultured shoot tips, by the „droplet“ method originally developed for potato (Schäfer-Menuhr et al. 1996, Mix-Wagner 1999).

In-vitro culture of four varieties/clones was established from lateral buds. The excised shoot tips were precultured on filter paper soaked with shoot inducing medium and left in a laminar flow hood over night (Abernethy et al. 1992). The following day, shoot tips were transferred to filter paper soaked with a cryoprotectant solution (10% DMSO diluted in shoot inducing medium) for 2 hrs at room temperature. The aluminium foils with adhering droplets containing shoot tips were then plunged vertically into precooled cryogenic vials.

For recovery, immersing the foil into shoot inducing medium at room temperature immediately thawed the shoot tips fixed to aluminium foil. The thawed shoot tips were then individually pushed onto the surface of drops of low melting agarose in petri dishes. The agarose drops were surrounded by liquid shoot inducing medium. The cultures were incubated at 25°C under 16 hrs light and 8 hrs dark.

The cryogenic protocol was successfully applied to four micropropagated clones of asparagus. Immediately after thawing, all cryopreserved shoot tips appeared white. Recovery of viable shoots was evident after 3 days of culture in an agarose drop with the development of green pigmentation, similar to the results reported by Kohmura et al. (1992). The appearance of green tissue was followed by the initiation of shoot development without intermediate callus formation. Most of the recovered shoots rapidly elongated to 5–8 mm within seven days after thawing (Fig. 4).

Fig. 4. Shoots from Asparagus regrown from shoot tips frozen to liquid nitrogen temperature

Table 2. Survival and recovery frequencies of cryopreserved *Asparagus* shoot tips 7 (and for recovery also 20) days after thawing

Variety/Clone	No. of shoot tips cryopreserved	% Survival after 7 days	% Recovery	
			after 7 days	after 20 days
Rutgers Bacon	30	90	71	96
MW clone B	23	42	38	58
PG luc	28	58	52	72
ASC69	69	74	52	94

Table 2 shows the survival and recovery rates of four varieties seven days after thawing. The greatest success was achieved for „Rutgers Beacon“ with survival and recovery frequencies being 90 and 71% respectively. The lowest survival and recovery frequencies were observed with MW clone B (42% and 38%).

With continued incubation, the frequencies of recovery further improved. After 20 days the mean frequency of recovery across all five clones was almost 80%. Shoot development was highest for „Rutgers Beacon“ (96%) and ASC69 (94%) followed by PG luc (72%). MW clone B exhibited the lowest recovery frequency (58%) (Table 2). These recovery frequencies followed the simple droplet protocol compare favourably with those reported using more sophisticated methods.

Kohmura et al. (1992) preserved bud clusters from one asparagus variety using different cryogenic protocols, and demonstrated a high frequency of shoot formation (95%) only when using a vitrification approach. Uragami et al. (1990), using the same method but a different variety, reported only 63% shoot formation.

The influence of initial shoot tip size on cryopreservation of ASC69 was also assessed. Frozen and thawed shoot tips 1.5–2.5 mm in length survived freezing and recovery quicker at high frequencies (79%) than shoot tips 0.5–1.5 mm in length (63%). Survival rate decreased (57%) when shoot tips longer than 3 mm were cryopreserved. After 10 days of growth on fresh shoot inducing medium all of the recovered shoots of ASC69 had developed into typical mini-crowns (Mix-Wagner et al. 2000).

Chrysanthemum

The genus *Chrysanthemum* contains more than 100 species of annual and perennial herbs and shrubs. Some are important cut flowers and pot plants worldwide, while others have been grown as a source of pyrethrum.

Breeding programmes have focussed on many characteristics of ornamental value including flower colour, size and form, high productivity and maintenance of clonal purity.

However, management of large-scale *in-vitro* collections poses practical problems: the risk of material loss, cytological changes up to loss of morphogenic potential. These losses and other problems associated with tissue culturing would be minimized by freezing tissue of the desired clones in a living condition at very low temperature.

Recently, some cryogenic protocols have been adapted to *Chrysanthemum* tissue (Fukai et al. 1994, Hitmi et al. 1999). Only few genotypes/varieties were tested. Our aim was to establish a simple and efficient cryogenic method that can be applied to many clones/varieties without affecting genetic characteristics.

In-vitro grown plantlets of eight *Dendranthema x grandiflorum* varieties were used. The eight varieties: Astro, Branilo, Branglow, Heidi weiss, (outdoor flower), Elegance weiss, Snowdon (cut flower), Trumpf rot, White Cindy (pot flower) were supplied by Brandkamp (Isselburg, D). Apices consisting of the apical bud and two leave primordia were cryopreserved using the droplet method (Mix-Wagner et al. 1999).

The shoot cultures were maintained on MS medium (Murashige and Skoog 1962). The preparation of apices was carried out under a stereomicroscope in a laminar flow bench. The excised apices had a size of 3–6 mm in length and 0.5–0.8 mm in width. The excised apices were placed on sterile filter paper soaked with MS medium supplemented with 1 mg/l benzylaminopurine (BA) and 50 g/l sucrose (shoot inducing medium). The petri dishes were sealed with parafilm and precultured over night at room temperature. The next day the apices of the eight varieties were transferred onto filter paper soaked with a cryoprotectant solution (7.5% dimethylsulfoxide diluted in the shoot inducing

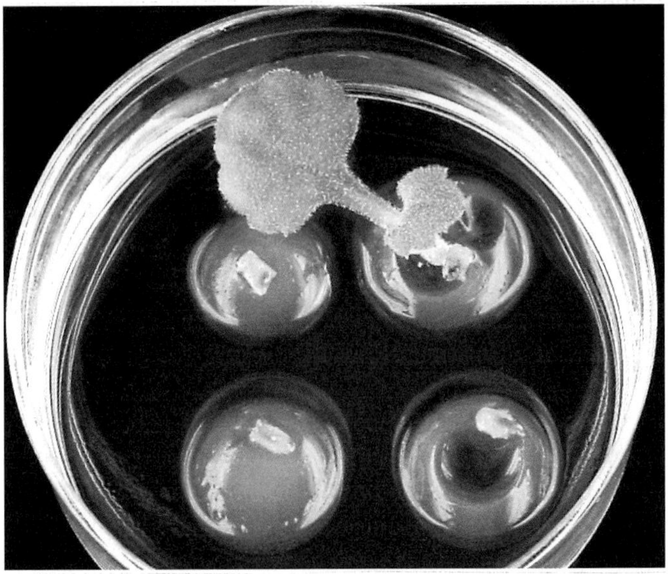

Fig. 5. *Chrysanthemum* plantlets recovered from frozen apices regrowing on little agarose droplets surrounded by liquid medium

medium). A range of incubation durations was tested (from 0–4 hours). After exposure to the cryoprotectant solution the apices were with the aid of hypodermic needles immediately plunged into a cryovial precooled in liquid nitrogen.

For the control of recovery 15 apices of the eight varieties were cultured after the treatment with the cryoprotectant on agarose drops. Rewarming was performed by maintaining the thawed apices in MS medium supplemented with 50 g/l sucrose for 30 min. The thawing temperature was 35°C. The rewarmed apices were placed on agarose drops (1% low melting agarose diluted in shoot inducing medium). After hardening of the agarose the drops were surrounded with shoot inducing medium. The cultures were incubated at 25°C and 12 hrs light in translucent plastic boxes. After four weeks the developed multiple shoots were transferred onto a solid MS medium supplemented with 20 g/l sucrose.

Table 3. Number of regenerated shoots of eight different *Chrysanthemum* varieties from a total number of shoot tips (in brackets) frozen by the "droplet method". Each independent experiment is listed in a separate row. Single experiments used to calculate the maximum percentage of recovered shoots are indicated by bold letters. Numbers represent the following varieties: Snowdon (1), Elegance weiss (2), White Cindy (3), Trumpf rot (4), Branilo (5), Branglow (6), Astro (7), Heidi weiss (8)

Time (h)	Varieties							
of pre-incubation in DMSO	1	2	3	4	5	6	7	8
1	0 (15)	0 (14)	0 (15)	0 (15)	2 (19) 3 (15) 0 (9)	0 (19) 0 (11)	0 (14)	0 (12)
2	1 (17)	2 (12)	1 (15)	1 (12) 1 (13)	0 (15) 0 (15)	0 (15) 0 (15)		0 (15) 0 (15)
2,5	**1 (13)** 0 (14)		0 (14) **7 (15)**		**6 (15)** 2 (15)	0 (15) 0 (15)	0 (15) 0 (15)	
3	1 (17)	0 (13)	1 (15)	**2 (12)**	4 (12)	0 (10) 0 (12) 0 (16)	**2 (15)**	**1 (14)** 0 (11)
4	1 (14) 1 (16)	0 (14) **3 (15)**	0 (15) 0 (15)	0 (15) 0 (15)	2 (15) 2 (15)			
Total number of recovered shoots	5	5	9	4	21	0	2	1
Mean percentage of recovered shoots	4.7	7.2	8.6	5.4	14.2	0	4.4	2.8
Max. percentage of recovered shoots	7.7	20	47.0	16.7	40	0	13.3	7.1

Recovery of whole plantlets from cryopreserved apices took place directly without transitory callus formation. Each developed apex ended up in a multiple shoot (Fig. 5). After 2 months of culture duration up to 20 shoots could be separated from one apex.

Table 3 shows the preliminary results indicating the viability of the apices of eight varieties. Only one variety did not show any regrowth at all. For seven varieties regrowth of meristems after freezing could be achieved. The best results for different varieties varied from 7–47% shoot regeneration. Different experiments with the same variety showed also still a great variation, shown by the difference between mean and maximum percentage of recovery. Nevertheless our preliminary experiments indicate already that most of the varieties tested show best results with a preincubation time in DMSO ranging from 2.5 to 3 hours. Although the method needs further improvement and standardization, results of up to 40% and 47% shoot regeneration could be obtained in single experiments.

Hitmi and co-workers (1999) described a simple and efficient method comparable to the droplet method for cryopreserving shoot tips of *Chrysanthemum cinerariaefolium* also known as *Dalmatia pyrethrum*. The apices of the variety "Vert' Tige" showed after thawing an average viability rate of 62% pretreating the apices with sucrose instead of dehydrating the apices in the air flow (26%). Fukai and co-workers (1994) reported as well of a recovery rate of up to 57% of deep frozen apices of the variety Apricot Marble. Their results also indicate that the chimeral structure of the *Chrysanthemum* apices is not preserved. Somaclonal variation amongst regenerated plantlets should be expected.

Summary and conclusion

In summary, the evidence presented here suggests cryopreservation becomes more and more an alternative to field or *in-vitro* genebanks. The practicability of routine methods can be demonstrated in several cases. The physiological and genetic integrity of the plant material was unaffected by freezing and storage in or above liquid nitrogen. Thus the current cryopreservation protocols appear to be suitable for the majority of tested species and should faciliate the establishment of genetically diverse germplasm collections.

But further studies are needed to identify factors affecting the high levels of within and between treatment variability for explant survival and shoot recovery, to determine the stability of glasses to nucleation and cracking at low temperatures, and to determine the applicability of these protocols to a wide range of genotypes and species including endangered wild species of all types.

The best results for routine application of cryogenic storage of an *in-vitro* collection so far have been obtained with potato. 519 old potato cultivars could be frozen by the application of a standard ultra rapid freezing protocol without any adaptation to a special cultivar. Although the plant regeneration rates varied from cultivar to cultivar (Fig. 3) reasonable regeneration rates could be achieved for all cultivars tested (Fig. 4). Phenotypic inspection of regrown plants and tubers of 100 frozen cultivars and tests with DNA fingerprinting and flow cytometry for 20 cultivars (Schäfer-Menuhr 1997) indicated that the method assures genetic stability. Finally recovery tests with 51 randomly selected cultivars showed that storage in liquid nitrogen over longer periods of time (3–7 years) is possible without loss of viability (Table 1).

The same ultra rapid freezing method was also successfully applied to *Asparagus*. First experiments showed very promising results for further application. 4 different clones tested achieved plant regeneration rates between 38% and 71% already 7 days after thawing and even between 58% and 96% observed after 20 days of recovery (Table 2).

Recent experiments demonstrated that also *Chrysanthemum* plants can be frozen by ultra rapid freezing. Although the method needs further refinement plant regeneration was achieved for 7 from 8 varieties tested. Regeneration rates still vary a lot from experiment to experiment, but maximum regeneration rates of 47 and 40 percent could be obtained in single experiments (Table 3).

Considering factors like high survival, high recovery, and simplicity of the protocol, the droplet method has been demonstrated to be a highly effective procedure for cryogenic storage of shoot tips from different species. Given the success of this approach for the cryopreservation of potato, the crop for which it was originally developed (a dicotyledonous species) in addition to *Asparagus* (a monocotyledonous species), this simple approach to cryopreservation should be investigated across a wide range of plant species.

That 519 potato varieties are cryopreserved in liquid nitrogen, can be considered as highly successful in that it represents the first example of large scale application of cryopreservation for the long-term preservation of *in-vitro* plant genetic resources. It is expected that this result will have a significant impact on the long-term preservation of potato genetic resources. This technique is extremely simple since no sophisticated and expensive freezing device is required. It is suitable for immediate application to cryopreservation of other potato genotypes and for experimentation with apices of other plant species as shown for *Asparagus* and *Chrysanthemum*. Due to the simplicity, the cryopreservation protocol can be employed in any laboratory where basic tissue cultures facilities exist and access to a reliable source of liquid nitrogen is available.

References

Abernethy D., Conner J. (1992) Laboratory guide for the micropropagation of asparagus. Crop & Food Research Rep 1: 34.

Bajaj Y. P. S. (1977) Initiation of shoots and callus from potato sprouts and axillary buds frozen at −196°C. Crop. Imp. 4: 48–53.

Bajaj Y. P. S. (1977) Clonal multiplication and cryopresevation of cassava through tissue culture. Crop. Imp. 4: 198–204.

Bajaj Y. P. S. (1981) Regeneration of plants from potato meristems freeze-preserved for 24 months. Euphytica 30: 141–145.

Bouafia S., Jelti N., Lairy G., Blanc A., Bonnel E., Dereuddre J. (1996) Cryopreservation of potato shoot tips by encapsulation-dehydration. Potato Res. 39: 69–78.

Fabre J., Dreuddre J. (1990) Encapsulation-dehydration: A new approach to cryopreservation of *Solanum* shoot tips. Cryo-Lett. 11: 413–426.

Fletcher P. J., Fletcher J. D., Cross R. J. (1998) Potato germplasm: *in-vitro* stoarge and virus reduction. New Zealand J Crop. and Hort. Sci. 26: 249–252.

Fukai S., Goi M., Tanaka M. (1994) The chimeric structure of the apical dome of *Chrysanthemum* ((*Dendranthema grandiflorum* (Ramat.) Kitam.) is affected by cryopreservation. Scientia Hort. 57: 347–351.

Grout B. W. W., Henshaw G. G. (1978) Freeze preservation of potato shoot tip cultures. Ann. Bot. (London) 42: 1227–1230.

Grout B. W. W., Westcott R., Henshaw G. G. (1978) Survival of shoot meristems of tomato seedlings frozen in liquid nitrogen. Cryobiology 15(4): 478–483.

Grout B. W. W. (1990) *In-vitro* conservation of germplasm. In: Bhojwani S. S. (ed.) Plant tissue culture: Application and limitation. Elsevier, Amsterdam Tokyo 19: 394–411.

Haberlandt G. (1902) Kulturversuche mit isolierten Pflanzenzellen. Sitzungsber. Akad. Wiss. Math. Naturwiss. Kl. (Wien) 11: 69–92.

Hirai D., Sakai A. (1999) Cryopreservation of *in-vitro*-grown meristems of potato (Solanum tuberosum L.) by encapsulation-vitrification. Potato Res. 42: 153–160.

Hitmi A., Barthomeuf C., Sallanon H. (1999) Cryopreservation of *Chrysanthemum cinerariaefolium* shoot tips. Effects of pretreatment conditions and retention of biosynthetic capacity. Cryo-Lett. 20: 113–120.

Kartha K. K., Leung N. L., Gamborg O. L. (1979) Freeze-preservation of pea meristems in liquid nitrogen and subsequent plant regeneration. Plant Sci. Lett. 15: 7–24.

Kartha K. K., Leung N. L., Pahl K. (1980) Cryopreservation of strawberry meristems and mass propagation of plantlets. J. Am. Soc. Hortic. Sci. 105: 481–484.

Kohmura H., Sakai A., Chokyu S., Yakuwa T. (1992) Cryopreservation of *in-vitro* cultured multiple bud cluster of asparagus (*Asparagus officinalis* L. cv. Hiroshimagreen, 2n = 30 = by the techniques of vitrification. Plant Cell Rep. 11: 433–437.

Maruyama E., Kinoshita I., Ishii K., Ohba K., Sakai A. (1997) Germplasm conservation of *Guazuma crinita* a useful tree in the Peru-Amazon, by the cryopreservation of *in-vitro*-cultured multiple bud clusters. Plant Cell Tissue Organ Cult. 48: 161–165.

Mix-Wagner G. (1996) Management of the *in-vitro* genebank for old potato cultivars at the Institute of Crop Science in Braunschweig. Landbauforsch Völkenrode 46: 5–9.

Mix-Wagner G., Conner A. J., Cross R. J. (2000) Survival and recovery of asparagus shoot tips after cryopreservation using the „droplet“ method. New Zealand J Crop. and Hort. Sci. 28: 283–287.

Mix-Wagner G. (1999) The conservation of potato cultivars. Potato Res. 42: 427–436.

Mix-Wagner G., Schumacher H. M., Cross R. J. (2002) Recovery of frozen potato apices after several years of storage in liquid nitrogen. (in preparation).

Murashige T., Skoog F. (1962) A revised medium for rapid growth and bioassays in tobacco tissue culture. Physiol. Plant 16: 473–493.

Nag K. K., Street H. E. (1973) Carrot embryogenesis from frozen cell cultures. Nature (London) 245: 270–272.

Ogawa R., Ishikawa M., Niwata E., Oosawa K. (1997) Cryopreservation of shoot primordia cultures of melon using a slow prefreezing procedure. Plant Cell Tissue Organ Cult. 49: 171–177.

Paul H., Daigny G., Sangwan-Norreel B. S. (2000) Cryopreservation of apple (*Malus domestica* Borkh.) shoot tips following encapsulation-dehydration or encapsulation-vitrification. Plant Cell Rep. 19: 768–774.

Quatrano R. S. (1968) Freeze-preservation of cultured flax utilizing DMSO. Plant Physiol. 43: 2057–2061.

Sakai A. (1956) Survival of plant tissue of super-low temperature. Contrib. Inst. Temp. Sci. Haikkaido Univ. Ser. B 14: 17.

Sakai A. (1960) Survival of the twigs of woody plants at −196°C. Nature (London) 185: 392.

Schäfer-Menuhr A., Müller E., Mix-Wagner G. (1996) Cryopreservation: an alternative for the long-term storage of old potato varieties. Potato Res. 39: 507–513.

Schäfer-Menuhr A., Schumacher H. M., Mix-Wagner G. (1997) Cryopreservation of potato cultivars – design of a method for routine application in genebanks. Acta Horticulturae 447: 477–482.

Schnabel-Preikstas B., Earle E. D., Steponkus P. (1992) Cryopreservation of potato shoot tips by vitrification. Abstract of the 29th Annual Meeting of the Society for Cryobiology, 48.

Towill L. E. (1981) Survival at low temperatures of shoot-tips of cultivars of *Solanum tuberosum* group *Tuberosum*. Cryo. Lett. 2: 373–382.

Towill L. E., Jarret R. L. (1992) Cryopreservation of sweet potato (Ipomea batatas L. Lam.) shoot tips by vitrification. Plant Cell Rep. 11: 175–178.

Withers L. (1980) Tissue culture storage for genetic conservation. IBPGR Technical Rep 8: 1–91.

Zhao Y., Wu Y., Engelmann F., Zhou M., Chen S. (1999) Cryopreservation of apple *in-vitro* shoot tips by the droplet freezing method. Cryo-Lett. 20: 109–112.

Address of the authors: Gunda Mix-Wagner, Institute of Crop and Grassland Science, Federal Agricultural Research Centre (FAL), Bundesallee 50, D-38116 Braunschweig, Germany; Heinz Martin Schumacher, DSMZ – Deutsche Sammlung von Mikroorganismen und Zellkulturen GmbH, Mascheroder Weg 1b, D-38124 Braunschweig, Germany.

Production of natural products by plant cell biotechnology: results, problems and perspectives

A. W. Alfermann, M. Petersen, and E. Fuss

Abstract

This short review presents some examples, which demonstrate the importance and the potential of plant cell and tissue cultures for a biotechnological production of natural products. On the other hand, it still can not be denied, that despite intensive work for some 30 years all over the world a real breakthrough of this technique has been achieved only very recently (Phyton 2002). The problems we are faced with and some new possibilities to overcome these problems will be discussed (for more detailed and/or special discussion see e.g. Walton et al. 1999, Bourgaud et al. 2001, Stafford 2002).

Introduction

Hundred years ago (1902), Gottlieb Haberlandt published his famous paper in which he described the cultivation of mesophyll cells of *Lamium purpureum* and *Eichhornia crassipes*, of epidermis cells of *Ornithogalum* and hair cells of *Pulmonaria*. Although he was not able to induce cell division, he predicted, that in principle this should be possible. He was completely convinced, that every cell is basically omnipotent. At this time plant hormones were not yet known, and therefore scientists did not have any means to promote cell proliferation. It took more than 30 years of research before Haberlandts predictions could be proven during the late thirties independently by Gautheret (1939, 1941), Nobécourt (1937) and White (1939). Already on May 20, 1952 Routien and Nickel, during that time associated with Pfizer & Co. Inc., New York, applied for a US Patent on "Cultivation of Plant Tissue", which claimed that it was possible to grow plant cells under submerged conditions and that such cells could be used to produce useful materials. Another 30 years later Fujita and coworkers (1982) published the successful production of shikonin by cell cultures of *Lithospermum erythrorhizon* which was the first commercial process using plant cell cultures for production of a natural product.

What are in this context "natural products"?

Natural products, also called "secondary plant products", are compounds of low molecular weight which are often restricted to special plant families or even genera. They are not important for the primary metabolism of plants, but in many cases of great importance for the survival of the plant in its environment (Hartmann 1985). Man has learnt to use these natural products as medicines, as cosmetics, as dye stuff or as food additives. Even today, most natural products used for such purposes are still extracted from plant material. Farnsworth (1985) has shown that about one quarter of all prescribed medicines used in the US is of plant origin. Additionally, natural products, due to their unique structural diversity, are important as new lead compounds (Henkel et al. 1999, Kingston and Newman 2002). Many of the plants used for the isolation of natural products have to be grown in tropical or subtropical regions. Often the plants still have to be collected from the wild. *Podophyllum hexandrum*, the commercial source of podophyllotoxin, may be mentioned as example (see below). This plant is reported to be an endangered species in the Himalaya due to overcollection (Gupta and Sethi 1983, Airi et al. 1997).

Is it possible to produce natural products by cells cultivated *in vitro*? The answer was "yes" already in those early days of plant cell and tissue culture, as could be demonstrated e.g. by the visible examples of anthocyanin accumulation in callus and cell cultures of a number of plant species (Gautheret 1941, DeCapite 1955, Reinert et al. 1964, Ball 1967, to give some early examples). By using plant cell cultures it could become possible to produce the desired natural products everywhere in the world, not only in the tropics. It would not be necessary to use herbicides or insecticides, bad weather would not make problems. Additionally, plant cells would grow in the bioreactor much quicker than in the field. Culture cycles would be a question of weeks and not of years as for example in the case of the shikonin-producing plant *Lithospermum erythrorhizon*, which usually is not harvested before the age of five years.

Only very few of these wonderful predictions have been fulfilled up to now. Nevertheless, in the following we will show, that besides production of natural compounds cell suspension cultures can be used additionally for biotransformation of added substrates, to search for new compounds not yet found in nature otherwise, and to use plant cells for the isolation of enzymes, which may be useful for chemical synthesis of natural products. Additionally, plant cell culture techniques are important for production of cells as well as plants producing recombinant proteins (Herbers et al. 1995, Fischer et al. 2000).

In 1977, Zenk et al. published the following strategy, which was then used by many researchers to improve the product yields in plant cell cultures:

- Screen plants for high accumulation of the desired natural compound(s)
- Initiate callus cultures from selected high producing parent plants
- Analyze these cultures for the desired product(s)
- Establish cell suspension cultures from producing callus strains

- Analyze the suspension cultures
- Select high producing cell lines via single cell cloning using random selection based on somaclonal variations or mutagenic treatment
- Ultimate objective: Selection of stable high producing cell lines
- Further improvement of product yields by optimization of the culture process (i.e. optimization of the medium composition, using a two-stage, a fed-batch, or a resting cell system as well as improving the physical parameters of the bioreactor process)

It should not be forgotten, that the different steps during the elaboration of a process may not always be straightforward. Cell lines may turn out to show instability with respect to product accumulation (Zenk et al. 1977). When optimizing the medium composition, it can happen that factors optimized individually do not show a synergistic effect in combination. Additionally, difficulties can arise during the scaling up of a process, especially when turning from cultivation in shake flasks to the bioreactor. Cultivation of plant cells in large volumes under sterile conditions for several months, however, have been achieved without problems and working volumes of up to 50 m^3 were possible (Westphal 1990, Venkat 1998).

It was using a strategy as described above, that Mitsui Petrochemical Industries optimized the process of shikonin production by cell cultures of *Lithospermum erythrorhizon* and introduced it into commercial application, even though during that time the biosynthetic pathway of shikonin formation was only roughly known by feeding of radioactively labeled precursors (Inoue et al. 1979). Work on the biosynthetic enzymes was started later (Heide and Tabata 1987a,b).

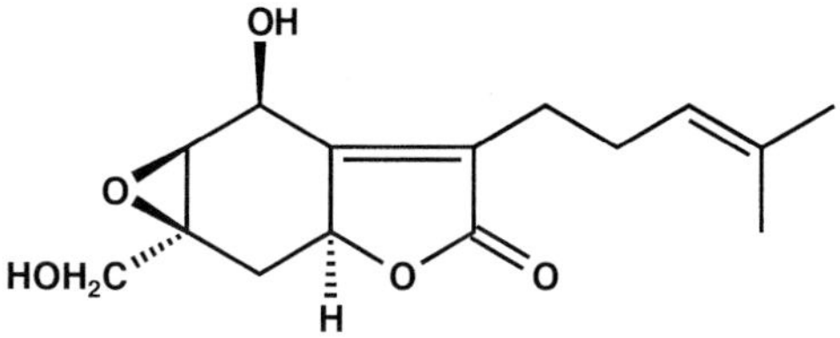

Paniculide B

Fig. 1. Paniculides were detected as new compounds in callus cultures of *Andrographis paniculata* (Allison et al. 1968)

It is well accepted since the detection of the paniculides (Fig. 1) in callus cultures of *Andrographis paniculata* by Overton and coworkers (Allison et al. 1968), that plant cell cultures may produce natural products, which otherwise can not be found in nature. In 1989, Ruyter and Stöckigt counted more than 70 such compounds, in the meantime some 320 are known (Gräther and Schneider 2001). Figure 2 shows isojusticidin B together with justicidin B. Both compounds were recently found by Mohagheghzadeh et al. (2002) in cell and

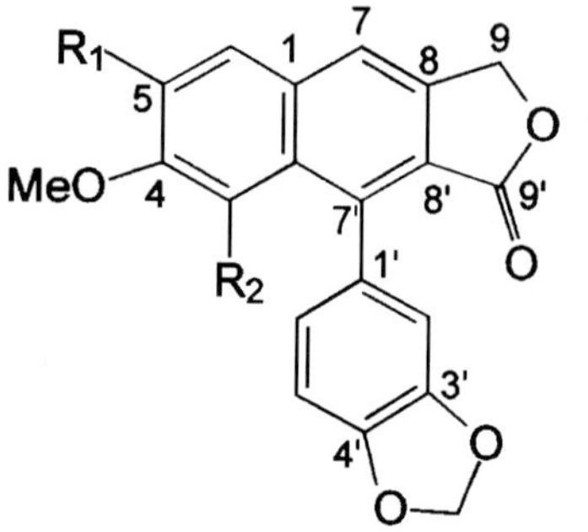

Fig. 2. New lignans isolated from cell and hairy root cultures of *Linum austriacum* (Mohagheghzadeh et al. 2002): isojusticidin B: $R_1 = H$, $R_2 = OCH_3$; justicidin B: $R_1 = OCH_3$, $R_2 = H$

hairy root cultures of *Linum austriacum*. Justicidin B is new for the genus *Linum*, isojusticidin B was not yet found in nature before.

The formation of such formerly unknown compounds in cell cultures may be induced by elicitation with biotic or abiotic elicitors. Only after elicitation cell cultures of *Papaver somniferum* accumulate the benzophenanthridine alkaloids sanguinarine and dihydrosanguinarine (Eilert et al. 1985, Kurz et al. 1990).

Several companies have used plant cell cultures to look for new products with interesting biological activities. In 1985, Kesselring (Nattermann Company, Cologne) reported on the screening of tissue cultures for natural products with antiinflammatory activity. 26 compounds with biological activity were isolated from different cell cultures, 7 were new compounds. Intensive work in this aspect is currently done e.g. by Phytera Ltd. (Stafford 2002).

Plant cells can be used as a “chemist”, but they can be much better chemists than man. They can perform biotransformation reactions on substrates supplied to the culture medium regio- and stereospecifically. *Digitalis lanata* cell cultures are able to perform specific biotransformation reactions on cardiac glycosides thus producing ß-methyldigoxin from ß-methyldigitoxin (Alfermann et al. 1983). The enzyme system involved, a cytochrome P450-dependent monooxygenase, has been identified, partially purified and immobilized (Petersen and Seitz 1985, 1988; Petersen et al. 1987, 1988). The biotransformation process by plant cells was tested by industry on a 1 m^3-scale, but unfortunately turned out to be not yet economic (Wahl 1985).

A typical reaction of plant cells is the glucosylation of substrates added to the medium. Several groups showed, that simple phenols like salicylic acid, salicyl alcohol or salicylaldehyde can be glucosylated very effectively (Mizukami et al. 1983, 1985, 1986, 1987; Pilgrim 1970; Petersen et al. 1992; Tabata et al. 1976, 1988; Tanaka et al. 1990). An interesting reaction in this context is the glucosylation of hydroquinone to arbutine. This reaction is performed by cell lines of various plant species. Very high yields were already achieved by Suzuki et al. (1987), but these could be even improved by Yokoyama and Yanagi (1991) from Shiseido Company getting yields of more than 9 g/l arbutin within 2–3 days. Arbutin is used by traditional medicine in Europe as an urine disinfectant. Additionally, it inhibits melanine biosynthesis (Akiu et al. 1988). Therefore, Shiseido Company uses arbutin as an additive in cosmetics. More recently, Lutterbach and Stöckigt (1992) and Stöckigt (1993) reported, that cell cultures of *Rauvolfia serpentina* are able to transform even higher amounts of hydroquinone to arbutin in short time. The cells produce up to 18 g/l arbutin within 7 days. This is the highest value reported so far for a natural product in plant cell biotechnology. A disadvantage of this system is that the cells accumulate not only arbutin but additionally up to 6 g/l p-hydroxyphenyl-O-ß-D-primveroside as a by-product, which is difficult to separate from arbutin. The enzyme involved in glucosylation of hydroquinone was isolated and characterized by Lutterbach et al. (1994). Recently the glucosyltransferase was cloned and transferred into bacteria (Arend et al. 2001) being a good example of using a microbial host to express high levels of a commercially useful plant enzyme.

This leads to the third part of this short overview: Plant cell cultures are an excellent source for the isolation of enzymes, in many cases much better ones than the differentiated plant itself, "a pot of gold" as it was described by Zenk in 1991. The use of cell cultures by Grisebach and Hahlbrock in the late sixties enabled a breakthrough for the enzymology of plant secondary metabolism. Several complex biosynthetic pathways have been completely or almost completely clarified on an enzymatic level, like the several types of indole, isoquinoline or berberine alkaloids, the flavonoids, isoflavonoids and other phenolic derivatives like rosmarinic acid (Petersen 1995). In some cases, the isolation of the enzymes has allowed the identification and isolation of the corresponding cDNAs or genes (e.g. Kutchan 1989, Kutchan et al. 1991). The genes then may be transferred to other species to change the spectrum of natural products in a given plant species. As an example, the gene for stilbene synthase from groundnut (*Arachis hypogaea*) or grapevine (*Vitis vinifera*) was transferred into tobacco plants normally not accumulating stilbenes. Since the substrates for stilbene formation, malonyl-CoA and 4-coumaroyl-CoA, are present in the cells, tobacco was shown to accumulate stilbenes after transformation which conferred an increased pathogen resistance to the plants (Hain et al. 1990, 1993). By these methods also the expression of the genes in the plant can be studied. On the other hand, the cDNAs/genes can be transferred to microorganisms and overexpressed (e.g. Arend et al. 2001). Large amounts of the enzymes of interest may be produced in the microorganism in order to use these enzymes for synthesis of complex plant products using i.e. immobilized plant and/or microbial enzymes combined with chemical synthetic steps (Kutchan et al. 1991, Scott 1994 and references cited therein).

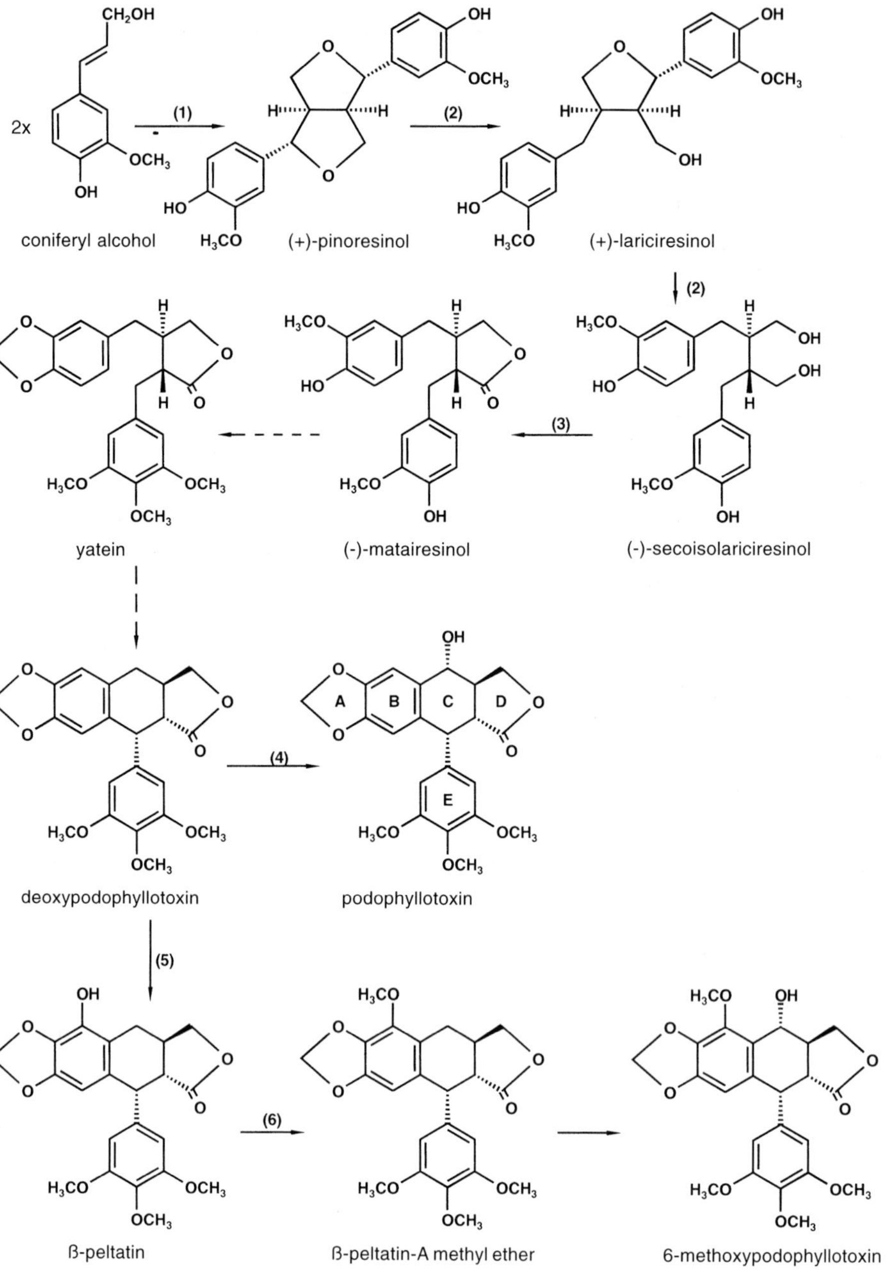

Fig. 3. Hypothetical biosynthetic pathway for the cytotoxic lignans podophyllotoxin and 6-methoxypodophyllotoxin. The activities of the following biosynthetic enzymes have been shown *in vitro*: (1) = (+)-pinoresinol synthase, (2) = pinoresinol/lariciresinol reductase, (3) = secoisolariciresinol dehydrogenase, (4) = deoxypodophyllotoxin 7-hydroxylase, (5) = deoxypodophyllotoxin 6-hydroxylase, (6) = SAM: ß-peltatin 6-O-methyltransferase

In our groups we are interested in lignan and especially podophyllotoxin formation by cell cultures of *Linum* and other species (Smollny et al. 1998; Empt et al. 2000; Petersen and Alfermann 2001; Molog et al. 2002; Konuklugil et al. 1999, 2001; Mohagheghzadeh et al. 2002; Seidel et al. 2002; Fuss et al. unpublished). Podophyllotoxin is used for the semisynthesis of e.g. etoposide, teniposide and etopophos® used in cancer chemotherapy. Currently podophyllotoxin is still extracted from wildly growing *Podophyllum hexandrum* plants, which became endangered due to severe overcollection. Our cell cultures of the Iranian *Linum album* accumulate remarkable amounts of podophyllotoxin (up to about 0.5% of the dry weight within 10 to 14 days of cultivation; the rhizomes of *Podophyllum* plants contain up to 5% of the dry weight after 5 years of growth). The yields, however, are still too low for commercial production of podophyllotoxin by *Linum* cell cultures. These cells, however, are very useful to study the biosynthetic pathway (Fig. 3) of lignan formation on a biochemical as well as a molecular level.

Already in 1979 Zenk proposed to undertake such investigations with the enzyme strictosidine synthase as the important branch point enzyme in indole alkaloid biosynthesis in order to establish a combined chemical/biochemical approach of natural product formation (Treimer and Zenk 1979, Pfitzner and Zenk 1982, Hampp and Zenk 1988, Zenk 1991).

Together with colleagues at KFA in Jülich we have elaborated the synthesis of rosmarinic acid using organic chemistry and enzymes from microorganisms and plant cell cultures (Pabsch et al. 1991). The incorporation of a gene for a special biosynthetic step may alter the pattern of natural product accumulation in the recipient organism. Hashimoto and Yamada (1992) showed this, when they incorporated the gene for hyoscyamine 6-hydroxylase into *Atropa belladonna* and changed *Atropa* from an hyoscyamine to a scopolamine containing species. In our opinion such a biotechnological use of plant enzymes – directly isolated from cell cultures or after transfer of the gene into and produced by microorganisms or even by transferring the gene to other plant species – might become another "pot of gold".

Problems and perspectives

Above we described various facets of plant cell cultures which show that these are an excellent source for the isolation of natural products with interesting biological activities, and enzymes interesting for biotechnological use. In particular, when Phyton Inc. (Ithaca N.Y., USA) informed on May 16, 1995, that the company plans together with Bristol-Myers Squibb (BMS) to commercialize paclitaxel production by plant cell cultures. A first breakthrough was published recently (Venkat 1998). Now, Phyton Gesellschaft für Biotechnik mbH, located in Ahrensburg (Germany), announces, that it uses its 100 m^3 bioreactor facilities to produce commercial quantities of paclitaxel

Table 1. Economical processes for the production of secondary compounds by plant cell cultures

Product	Species	Company	Reference
Shikonin	*Lithospermum erythrorhizon*	Mitsui Petro-chemical Ind. Ltd.	Fujita et al. 1982
Ginsenosides	*Panax ginseng*	Nitto Denko Corp.	Ushiyama 1991
Purpurin	*Rubia akane*	Mitsui Petro-chemical Ind. Ltd.	personal communication
Paclitaxel	*Taxus* spec.	Phyton Ges. für Biotechnik mbH	Phyton 2002

for BMS (Phyton 2002, Anonymus 2002). Despite this important breakthrough and much work in the last years, however, still only four plant cell culture systems are used for commercial production of natural products (Table 1).

What are the reasons for this insufficient practical application of plant cell cultures for the production of phytochemicals? In principle, the reasons can be described very easily. Most compounds of commercial interest are produced by undifferentiated cell cultures only in minute amounts, if at all. Caffeine, DOPA and ajmalicine/serpentine are the only compounds found on the list of those natural products compiled by Farnsworth (1985) to be used in pharmacy (Table 2), which are accumulated by plant cell cultures in high amounts. Why do plant cell cultures not form the valuable compounds? We know very well, that the undifferentiated cell cultures contain the appropriate genes. When plants are regenerated from a cell culture, then these plants are able to

Table 2. Plant-derived drugs widely used in western medicine (after Farnsworth 1985)

Acetyldigoxin	*Ephredine	*Pseudoephredine
Aescin	Hyoscyamine	Quinidine
Ajmalicine	Khellin	Quinine
*Allantoin	Lanatoside C	Rescinnamine
Atropine	Leurocristine	Reserpine
Bromelain	Lobeline	Scillarens
*Caffeine	Morphine	Scopolamine
Codeine	Narcotine	Sennosides
Colchicine	Ouabain	Sparteine
*Danthron	Papain	Strychnine
Deserpidine	*Papaverine	Tetrahydrocannabinol
Digitoxin	Physostigmine	*Theobromine
Digoxin	Picrotoxin	*Theophylline
*L-DOPA	Pilocarpine	Tubocurarine
Emetine	Protoveratrines	Vincaleukoblastine
		Xanthotoxin

*Produced industrially by synthesis.

accumulate the products of interest. Plants very often accumulate special compounds in special types of cells or organs, e.g. the typical essential oil of peppermint is accumulated in the oil glands of the peppermint leaves. Already in the fifties Romeike (1960) showed, that in *Datura ferox* hyoscyamine is synthesized in the roots and is then transported to the leaves, where practically no tropane alkaloids are synthesized. On its way to the storage sites hyoscyamine is epoxidized to scopolamine. Obviously, the chemical differentiation of tropane alkaloid biosynthesis and biotransformation is coupled to a certain morphological differentiation. The question to ask therefore will be, why are certain compounds like i.e. hyoscyamine produced only in the roots and not in the leaf, or, vice versa, the cardenolides only in the leaf and not in the root of the *Digitalis* plant? In principle, this is fixed in the genome of a plant. Therefore we have to learn, how the plant genes are expressed and which factors are involved. To do this, we first have to isolate the biosynthetic enzymes, or at least those which are involved in the regulation of the different pathways – here great progress was made. After identifying the enzymes it will be necessary to identify the genes, how the genes are expressed and which factors are involved. In recent years several transcription factors important for secondary product formation were identified, e.g. ORCA2 and ORCA3 involved in alkaloid biosynthesis in *Catharanthus roseus* (Memelink et al. 2001, Menke et al. 1999, Van der Fits and Memelink 2000) or the work of Grotewold et al. (1998) in the regulation of flavonoid accumulation (for reviews see also Verpoorte and Alfermann (2000) and Verpoorte and Memelink (2002)). Additionally, we have to study, whether there is a degradation of the products and how and where storage is performed. After knowing more about this, perhaps we will become able to influence the undifferentiated cell cultures in such a way that they will accumulate those medicinally interesting compounds in such yields, that commercial application becomes feasible.

References

Airi S., Rawal R. S., Dhar U., Purohit A. N. (1997) Population studies on *Podophyllum hexandrum* Royle – a dwindling medicinal plant of the Himalaya. Plant Genet. Resour. Newsl. 110: 20–34.

Akiu S., Suzuki Y., Fujinuma Y., Asahara T., Fukuda M. (1988) Inhibitory effect of arbutin on melanogenesis: Biochemical study in cultured B16 melanoma cells and effect on the UV-induced pigmentation in human skin. Proc. Japan. Soc. Invest. Dermatol. 12: 138–139.

Alfermann A. W., Bergmann W., Figur C., Helmbold U., Schwantag D., Schuller I., Reinhard E. (1983) Biotransformation of ß-methyldigitoxin to ß-methyldigoxin by cell cultures of *Digitalis lanata*. In: Mantell S. H., Smith H. (eds.) Plant biotechnology. Cambridge University Press, Cambridge, pp. 67–74.

Allison A. J., Butcher D. N., Connolly J. D., Overton K. H. (1968) Paniculides A, B, and C, bisabonolenoid lactones from tissue cultures of *Andrographis paniculata*. Chem. Comm. 1493.

Anonymus (2002) Bioprocess news. Genet. Eng. News 22: 66.

Arend J., Warzecha H., Hefner T., Stöckigt J. (2001) Utilizing genetically engineered bacteria to produce plant specific glucosides. Biotech. Bioeng. 76: 126–131.

Ball E. (1967) Production of a group of anthocyanins in a callus culture under the influence of an auxin. Plant Physiol. 42[Suppl]: S24.

Bourgaud F., Gravot A., Milesi S., Gontier E. (2001) Production of plant secondary metabolites: a historical perspective. Plant Sci. 161: 839–851.

DeCapite L. (1955) Azione degli zuccheri e delle basse temperature sulla formatione degli antociani in radici di *Daucus carota* coltivato in vitro. Ric. Sci. 35: 2091–2097.

Eilert U. F. K., Kurz W. G. W., Constabel F. (1985) Stimulation of sanguinarine accumulation in *Papaver somniferum* cell cultures by fungal elicitors. J. Plant Physiol. 119: 65–76.

Empt U., Alfermann A. W., Pras N., Petersen M. (2000) The use of plant cell cultures for the production of podophyllotoxin and related lignans. J. Appl. Bot. 74: 145–150.

Farnsworth N. R. (1985) The role of medicinal plants in drug development. In: Kroogsgard-Larsen P., Brogger Christensen S., Koford H. (eds.) Natural products and drug development. Munksgaard, Copenhagen, pp. 17–30.

Fischer R., Drossard J., Schillberg S., Artsaenko O., Emans N., Naehring J. M. (2000) Modulation of plant function and plant pathogens by antibody expression. In: Verpoorte R., Alfermann A. W. (eds.) Metabolic engineering of plant secondary metabolism. Kluwer Academic Publishers, Dordrecht, pp. 87–109.

Fujita Y., Tabata M., Nishi A., Yamada Y. (1982) New medium and production of secondary compounds with the two-staged culture method. In: Fujiwara A. (ed.) Plant tissue culture 1982. Maruzen, Tokyo, pp. 399–400.

Gautheret R. J. (1939) Sur la possibilité de réaliser la culture indéfinie des tissus de tubercules de carotte. C. R. Acad. Sci. Paris 208: 118–120.

Gautheret R. J. (1941) Action du saccharose sur la croissance des tissus de carotte. C. R. Soc. Biol. 135: 875–878.

Gräther G., Schneider B. (2001) The metabolic diversity of plant cell and tissue cultures. Progr. Bot. 62: 276–304.

Grotewold E., Chamberlin M., Snook M., Siame B., Butler L., Swenson J., Maddock S., St. Clair G., Bowen B. (1998) Engineering secondary metabolism in maize cells by ectopic expression of transcription factors. Plant Cell 10: 721–740.

Gupta R., Sethi K. L. (1983) Conservation of medicinal plant resources in Himalayan region. In: Jain S. K., Mehra K. L. (eds.) Conservation of tropical plant resources. Botanical Survey of India, Howrah, pp. 101–107.

Haberlandt G. (1902) Culturversuche mit isolierten Pflanzenzellen. Sitzungsberichte Math. Naturw. Kl. Kais. Akad. Wiss. Wien 111: 69 – 92.

Hain R., Bieseler B., Kindl H., Schröder G., Stöcker R. (1990) Expression of a stilbene synthase gene in *Nicotiana tabacum* results in synthesis of the phytoalexin resveratrol. Plant Mol. Biol. 15: 325–335.

Hain R., Reif H. J., Krause E., Langebartels R., Kindl H., Vornam B., Wiese W., Schmelzer E., Schreier P. H., Stöcker R. H., Stenzel K. (1993) Disease resistance results from foreign phytoalexin expression in a novel plant. Nature 361: 153–156.

Hampp N., Zenk M. H. (1988) Homogeneous strictosidine synthase from cell suspension cultures of *Rauwolfia serpentina*. Phytochemistry 27: 3811–3815.

Hartmann T. (1985) Principles of plant secondary metabolism. Plant Syst. Evol. 150: 13–34.

Hashimoto T., Yamada Y. (1992) Biosynthesis of scopolamine and its application for genetic engineering of medicinal plants. In: Oono R., Hirabayashi T., Kiruchi S., Handa H., Kahwara S. (eds.) Plant tissue culture and gene manipulation for breeding and formation of phytochemicals. National Institute of Agrobiological Resources, Tsukuba/Japan, pp. 255–259.

Heide L., Tabata M. (1987a) Enzyme activities in cell-free extracts of shikonin-producing *Lithospermum erythrorhizon* cell suspension cultures. Phytochemistry 26: 1645–1650.

Heide L., Tabata M. (1987b) Geranylpyrophosphate:*p*-hydroxybenzoate geranyltransferase activity in extracts of *Lithospermum erythrorhizon* cell cultures. Phytochemistry 26: 1651–1655.

Henkel T., Brunne R. M., Müller H., Reichel F. (1999) Statistical investigation into the structural complementarity of natural products and synthetic compounds. Angew. Chem. Int. Ed. 38: 643–647.

Herbers K., Wilke I., Sonnewald U. (1995) A thermostable xylanase from *Clostridium thermocellum* expressed at high levels in the apoplast of transgenic tobacco has no detrimental effects and is easily purified. Bio/Technology 13: 63–66.

Inoue H., Ueda S., Inoue K., Matsumura H. (1979) Biosynthesis of shikonin in callus cultures of *Lithospermum erythrorhizon*. Phytochemistry 18: 1301–1308.

Kesselring (1985) Pflanzenzellkulturen (PZK) zur Auffindung neuer, therapeutisch relevanter Naturstoffe und deren Gewinnung durch Fermentationsprozesse. In: Bundesminister für Forschung und Technologie (ed.) Pflanzliche Zellkulturen. Projektträger Biotechnologie, KFA Jülich, pp. 111–129.

Kingston D. G. I., Newman D. J. (2002) Mother nature's combinatorial libraries; their influence on the synthesis of drugs. Curr. Opinion Drug Discovery & Development 5: 304–316.

Konuklugil B., Schmidt T. J., Alfermann A. W. (1999) Accumulation of aryltetralin lactone lignans in cell suspension cultures of *Linum nodiflorum*. Planta Med. 65: 587–588.

Konuklugil B., Schmidt T. J., Alfermann A. W. (2001) Accumulation of lignans in suspension cultures of *Linum mucronatum* ssp. *armenum* (Bordz.) Davis. Z. Naturforsch. 56c: 1164–1165.

Kurz W. G. W., Tyler R. T., Roewer I. A. (1990) Elicitation – a method to induce metabolite production by plant cells. In: Durand G., Bobichon L., Florent J. (eds.) Proc. 8th Int. Biotechnol. Symp., vol. 1. Soc. Franc. Microbiol., Paris, pp. 193–204.

Kutchan T. M. (1989) Expression of enzymatically active cloned strictosidine synthase from the higher plant *Rauwolfia serpentina* in *Escherichia coli*. FEBS Lett. 257: 127–130.

Kutchan T., Dittrich H., Bracher D., Zenk M. H. (1991) Enzymology and molecular biology of alkaloid biosynthesis. Tetrahedron 47: 5945–5954.

Lutterbach R., Stöckigt J. (1992) High-yield formation of arbutin from hydroquinone by cell-suspension cultures of *Rauwolfia serpentina*. Helv. Chim. Acta 75: 2009–2011.

Lutterbach R., Ruyter C. M., Stöckigt J. (1994) Isolation and characterization of an UDPG-dependent glucosyltransferase activity from *Rauwolfia serpentina* Benth. cell suspension cultures. Can. J. Chem. 72: 51–55.

Memelink J., Verpoorte R., Kijne J. W. (2001) ORCAnisation of jasmonate-responsive gene expression in alkaloid metabolism. Trends Plant Sci. 6: 212–219.

Menke F. L. H., Champion A., Kijne J. W., Memelink J. (1999) A novel jasmonate-responsive element in the periwinkle secondary metabolite biosynthetic gene Str interacts with a jasmonate- and elicitor-inducible AP2-domain transcription factor, ORCA2. EMBO J. 18: 4455–4463.

Mizukami H., Terato T., Miura H., Ohashi H. (1983) Glucosylation of salicyl alcohol in cultured plant cells. Phytochemistry 22: 679–680.

Mizukami H., Terato T., Ohashi H. (1985) Partial purification and characterization of UDP-glucose:salicyl alcohol glucosyltransferase from *Gardenia jasminoides* cell cultures. Planta Med. 46: 104–107.

Mizukami H., Terato T., Amano A., Ohashi H. (1986) Glucosylation of salicyl alcohol by *Gardenia jasminoides* cell cultures. Plant Cell Physiol. 27: 645–650.

Mizukami H., Terato T., Ohashi H. (1987) Effect of substituent groups on the glucosyl formation of xenobiotic phenols by cultured cells of *Gardenia jasminoides*. Plant Sci. 48: 11–15.

Mohagheghzadeh A., Schmidt T. J., Alfermann A. W. (2002) Arylnaphthalene lignans from *in vitro* cultures of *Linum austriacum*. J. Nat. Prod. 65: 69–71.

Molog G. A., Empt U., Kuhlmann S., van Uden W., Pras N., Alfermann A. W., Petersen M. (2001) Deoxypodophyllotoxin 6-hydroxylase, a cytochrome P450 monooxygenase from cell cultures of *Linum flavum* involved in the biosynthesis of cytotoxic lignans. Planta 214: 288–294.

Nobécourt P. (1937) Culture en série de tissus végétaux sur milieu artificiel. C.R. Séances Soc. Biol. 205: 521–523.

Pabsch K., Petersen M., Rao N. N., Alfermann A. W., Wandrey C. (1991) Chemo-enzymatic synthesis of rosmarinic acid. Rec. Trav. Chim. Pays-Bas 110: 199–205.

Petersen M. (1995) Plant cell cultures as a source of enzymes involved in natural product biosynthesis. Proc. 7th Europ. Congr. Biotechnol., Nice, France.

Petersen M., Alfermann A. W. (2001) The production of cytotoxic lignans by plant cell cultures. Appl. Microbiol. Biotechnol. 55: 135–142.

Petersen M., Seitz H. U. (1985) Cytochrome P-450 dependent digitoxin 12ß-hydroxylase from cell cultures of *Digitalis lanata*. FEBS Lett. 188: 11–14.

Petersen M., Seitz H. U. (1988) Reconstitution of cytochrome P-450 dependent digitoxin 12ß-hydroxylase from cell cultures of *Digitalis lanata* Ehrh. Biochem. J. 252: 537–543.

Petersen M., Seitz H. U., Reinhard E. (1988) Characterization and localization of digitoxin 12ß-hydroxylase from cell cultures of *Digitalis lanata* Ehrh. Z. Naturforsch. 43c: 199–206.

Petersen M., Alfermann A. W., Reinhard E., Seitz H. U. (1987) Immobilization of digitoxin 12ß-hydroxylase, a cytochrome P-450-dependent enzyme from cell cultures of *Digitalis lanata* EHRH. Plant Cell Rep. 6: 200–203.

Petersen M., Dombrowski K., Gertlowski C., Häusler E., Karwatzki B., Meinhard J., Alfermann A. W. (1992) The use of plant cell cultures to study natural product biosynthesis. In: Oono R., Hirabayashi T., Kiruchi S., Handa H., Kahwara S. (eds.) Plant tissue culture and gene manipulation for breeding and formation of phytochemicals. National Institute of Agrobiological Resources, Tsukuba/Japan, pp. 297–310.

Pfitzner U., Zenk M. H. (1982) Immobilization of strictosidine synthase from *Catharanthus* cell cultures and preparative synthesis of strictosidine. Planta Med. 46: 10–14.

Phyton Inc. (2002) Phyton expands commercial partnership with Bristol-Myers Sqibb for paclitaxel supply. Press release July 10, 2002.

Pilgrim H. (1970) Untersuchungen zur Glycosidbildung in pflanzlichen Gewebekulturen. Pharmazie 25: 568.

Reinert J., Clauss H., von Ardenne R. (1964) Anthocyanbildung in Gewebekulturen von *Haplopappus gracilis* in Licht verschiedener Qualität. Naturwissenschaften 51: 87.

Romeike A. (1960) Die Rolle von Sproß und Wurzel bei der Umwandlung des Hyoscyamins in verschiedenen *Datura* Arten. Planta Med. 8: 491–496.

Routien J. B., Nickel L. G. (1952) Cultivation of Plant Tissue. US Patent 2,747,334.

Ruyter C. M., Stöckigt J. (1989) Novel natural products from plant cell and tissue cultures – an update. GIT Fachz. Lab. 4: 283–293.

Scott A. I. (1994) Genetically engineered synthesis of natural products. J. Nat. Prod. 57: 557–573.

Seidel V., Windhövel J., Eaton G., Alfermann W., Arroo R. R., Medarde M., Petersen M., Woolley J. G. (2002) Biosynthesis of podophyllotoxin in *Linum album* cell cultures. Planta: published online July 25.

Smollny T., Wichers H., Kalenberg S., Shahsavary A., Petersen M., Alfermann A. W. (1998) Accumulation of podophyllotoxin and related lignans in cell suspension cultures of *Linum album*. Phytochemistry 48: 975–979.

Stafford A. M. (2002) Plant cell cultures as a source of bioactive small molecules. Curr. Opinion Drug Discovery & Development 5: 296–303.

Stöckigt J. (1993) Biotransformations with plant cells. Agro-Food-Industry Hi-Tech, 25–28.

Suzuki T., Yoshioka T., Tabata M., Fujita Y. (1987) Potential of *Datura innoxia* cell suspension cultures for glycosylating hydroquinone. Plant Cell Rep. 6: 275–278.

Tabata M., Ikeda F., Hiraoka N., Konoshima M. (1976) Glucosylation of phenolic compounds by *Datura innoxia* suspension cultures. Phytochemistry 15: 1225–1229.

Tabata M., Umetani Y., Ooya M., Tanaka S. (1988) Glucosylation of phenolic compounds by plant cell cultures. Phytochemistry 27: 809–813.

Tanaka S., Hayakawa K., Umetani Y., Tabata M. (1990) Glucosylation of isomeric hydroxybenzoic acids by cell suspension cultures of *Mallotus japonicus*. Phytochemistry 29: 1555–1558.

Treimer J. F., Zenk M. H. (1979) Purification and properties of strictosidine synthase, the key enzyme in indole alkaloid formation. Eur. J. Biochem. 101: 225–233.

Ushiyama K. (1991) Large scale cultivation of ginseng. In: Komamine A., Misawa A., DiCosmo F. (eds.) Plant cell culture in Japan. CMC, Tokyo, pp. 92–98.

Van der Fits L., Memelink J. (2000) ORCA3, a jasmonate-responsive transcriptional regulator of plant primary and secondary metabolism. Science 289: 295–297.

Venkat K. (1998) Paclitaxel production through plant cell culture: An exciting approach to harnessing biodiversity. Pure Appl. Chem. 70: 2127.

Verpoorte R., Alfermann A. W. (2000) Metabolic engineering of plant secondary metabolism. Kluwer Academic Publishers, Dordrecht.

Verpoorte R., Memelink J. (2002) Engineering secondary metabolite production in plants. Curr. Opinion Biotechnol. 13: 181–187.

Wahl J. (1985) Adaption konventioneller Fermenter zur Züchtung von Pflanzenzellen zum Zwecke der Gewinnung von Naturstoffen. In: Bundesminister für Forschung und Technologie (ed.) Pflanzliche Zellkulturen. Projektträger Biotechnologie, KFA Jülich, pp. 35–43.

Walton N. J., Alfermann A. W., Rhodes M. J. C. (1999) Production of secondary metabolites in cell and differentiated organ cultures. In: Wink E. (ed.) Annual Plant Reviews 3: Functions of plant secondary metabolites and their exploitation in biotechnology. Sheffield Academic Press, Sheffield, pp. 311–345.

Westphal K. (1990) Large scale production of new biologically active compounds in plant cell cultures. In: Nijkamp H. J. J., van der Plas L. H. W., van Aartrijk J. (eds.) Progress in plant cellular and molecular biology. Kluwer, Dordrecht, pp. 601–608.

White P. R. (1939) Potentially unlimited growth of excised plant callus in an artificial medium. Am. J. Bot. 26: 59–64.

Yokoyama M., Yanagi M. (1991) High level production of arbutin by biotransformation. In: Komamine A., Misawa M. (eds.) Plant cell culture in Japan. CMC, Tokyo, pp. 79–91.

Zenk M. H., El-Shagi H., Arens H., Stöckigt J., Weiler E. W., Deus B. (1977) Formation of indole alkaloids serpentine and ajmalicine in cell suspension cultures of *Catharanthus roseus*. In: Barz W., Reinhard E., Zenk M. H. (eds.) Plant tissue culture and its bio-technological application. Springer, Berlin, pp. 27–43.

Zenk M. H. (1991) Chasing the enzymes of secondary metabolism: Plant cell cultures as a pot of gold. Phytochemistry 30: 3861–3863.

Addresses of the authors: A. W. Alfermann, Elisabeth Fuss, Institut für Entwicklungs- und Molekularbiologie der Pflanzen, Heinrich-Heine-Universität Düsseldorf, Universitätsstrasse 1, D-40225 Düsseldorf, Germany; Maike Petersen, Institut für Pharmazeutische Biologie, Philipps-Universität Marburg, Deutschhausstrasse 17A, D-35037 Marburg, Germany.

Genetic engineering technology against malnutrition

P. Lucca and I. Potrykus

Introduction

Plant biology is definitely a fascinating science and since the first experiments on the culture of isolated plant cells by Haberlandt in 1902 enormous progress has been made. Investigators elucidated biochemical mechanism and pathways, cloned several genes and studied their function. Most of the work was done with model plants, and this produced interesting results leading to an understanding of the organisation and metabolism of the plant kingdom.

Our major goal, however, was not the elucidation of sophisticated mechanisms in model plants. Since the early 70's we were motivated to test the hypothesis, whether genetic engineering technology could directly contribute to food security, a problem of continuing outstanding importance. We wanted to use the knowledge produced by fundamental research to improve the quality of crop plants, which are the major food source for a big part of the world population. This had immediate consequences: we were limited in the choice of our experimental systems. It would have made little sense to work with *Arabidopsis* or *Nicotiana*. It took us nearly 20 years just to develop the necessary technology.

Programs against micronutrient malnutrition

An adequate intake of micronutrients is of immense importance to the global development, and prevention of nutrient deficiency is potentially the most important achievable international health goal. The most widely recognised strategies for reducing micronutrient malnutrition are supplementation with pharmaceutical preparations, dietary diversification and disease reduction. Food fortification and enrichment have also been widely used throughout the world. Examples includes vitamin A added to sugar in Central America and monosodium glutamate in the Philippines, iron added to milk in Chile, and iodine added to salt in many countries. The decision on which food to use as the dietary vehicle for a specific nutrient should be based on a number of factors. The dietary vehicle should be consumed by essentially the entire population with little day-to-day variation in per capita consumption, thus providing an adequate intake with a low risk of overdosing.

For various reasons, the intervention strategies adopted so far have not been very successful in the developing countries and micronutrient deficiency is still a major problem concerning malnutrition. An alternative, more sustainable approach would be the enrichment of food staples either by plant breeding or by genetic engineering (Bouis 1996, Theil 1997).

Micronutrient deficiency

The prevalence of iron deficiency is estimated to be about 30% of the world population, making iron by far the most widespread nutrient deficiency world-wide. The major consequences are reduced psychomotor and mental development in infants, poor pregnancy outcome including an increased mortality of the mother and newborn, decreased immune function, tiredness and poor work performance (Table 1).

Table 1. Micronutrient deficiency in the world

	Magnitude	Health problems
Iron	1.8 billion 30% world population	Premature delivery, maternal mortality psychomotor development, reduced body growth, physical activity
Vit. A	800 million 13% world population	Xerophthalmia, blindness gastro-intestinal and respiratory diseases, measles.

In Southeast Asia, it is estimated that a quarter of a million children become blind each year because of vitamin A deficiency. This nutritional deficiency causes symptoms ranging from night blindness to those of xeropthalmia and keratomalcia, leading to total blindness. Furthermore, vitamin A deficiency exacerbates afflictions such as diarrhoea, respiratory diseases and childhood diseases such as measles. It is estimated that 124 million children world-wide are deficient in vitamin A and that improved nutrition could prevent 1 to 2 million deaths annually among children (Table 1).

Since rice represents up to 80% of the daily calory intake in Southeast Asia, the nutritional enhancement of the rice endosperm tissue would be highly desirable to optimise the food quality for people predominantly living on rice would be highly desirable.

Approaches to improve the nutritional quality of rice

In order to reduce vitamin A and iron deficiency, two approaches were adopted by our group to improve the nutritional quality of rice, the basic staple food in

Asia (Table 2). The β-carotene biosynthetic pathway was introduced into the rice endosperm and both the iron content and its bioavailability were increased.

Table 2. Strategies to increase the nutritional value of rice

Golden rice	Iron-rich rice		
Introduction of β-carotene biosynthetic pathway	Increase of iron content	Increase of iron bioavailability	
		Reduction of phytic acid, the main inhibiting factor of iron absorption	Increase of the absorption-enhancing cysteine
↓	↓	↓	↓
phytoene synthase **phytoene desaturase** **lycopene cyclase**	Iron-storage protein: **Ferritin**	Thermotolerant **Phytase**	Cysteine-rich protein: **Metallothionein-like protein**

Because no rice cultivar produces β-carotene in the endosperm, recombinant technologies instead of conventional breeding are required. Immature rice endosperm is capable of synthesising the early intermediate geranylgeranyldiphosphate. The biosynthesis of β-carotene requires four additional plant enzymes: phytoene synthase, two different desaturases and lycopene cyclase (Fig. 1). To reduce the transformation effort, a bacterial carotene desaturase from *Erwinia uredovora* (CrtI), capable of introducing all four double bounds required was used. To complete the β-carotene

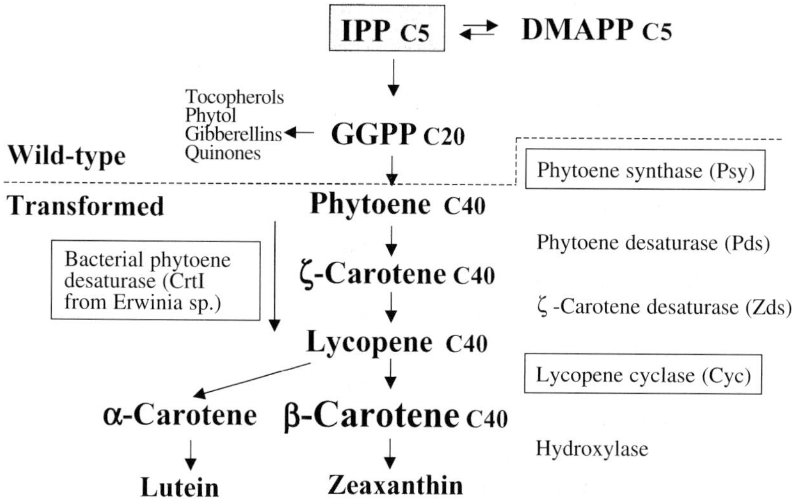

Fig. 1. Provitamin A biosynthesis pathway. Rice endosperm is capable of synthesising the early intermediate geranylgeranyldiphospahte (GGPP). The biosynthesis of β-carotene requires the complementation with additional enzymes

biosynthetic pathway the three genes required were introduced into rice by *Agrobacterium* mediated transformation.

Seeds from individual lines were analysed for their carotenoid content by photometric and high-performance liquid chromatography analyses. The transformed rice seeds were indeed able to synthesise β-carotene (Fig. 2, see p. 247). To some extent, lutein and zeaxanthin were also formed as a continuation of the pathway after hydroxylation of carotene (Ye et al. 2000). Both substances are implicated in the maintenance of a healthy macula within the retina and therefore this rice may be even more nutritious than expected.

The second goal of our transformation effort was to fight iron deficiency anaemia by increasing the iron content of the rice endosperm and its bioavailability. 1–2 mg iron are already present in a rice meal, but only 2% of this iron can be absorbed. Therefore, not only has the iron content to be increase, but more important its absorption has to be improved, otherwise no significant changes in iron nutrition can be expected.

Dietary iron in developing countries consists primarily of non-haem iron, whose poor absorption is considered a major factor in the aetiology of iron deficiency anaemia. Grain and legume staples are high in phytic acid, which is an extremely potent inhibitor of iron absorption. In addition, the intake of foods that enhance non-haem iron absorption, such as fruit, vegetables or muscle tissue is often limited.

Increasing seed ferritin, the natural iron storage form, had been suggested as a means to increase the iron content (Theil 1997). Ferritin is the iron storage protein found in animals, plants and bacteria, which can store up to 4500 iron atoms in a central cavity. The concept to use ferritin as nutritional source of iron is not new. Earlier studies concluded that animal ferritin iron was relatively ineffective as a nutritional iron source, except when ingested with ascorbate. However, a recent revaluation of the results obtained so far concludes that iron from animal and plant ferritin can be utilised by anaemic rats and man (Beard 1996, Skikne 1997).

Increasing iron intake, however, will not be successful in eliminating iron deficiency anaemia unless the diet is also low in iron absorption inhibitors or contains enhancers of iron absorption and utilization. The major inhibitor phytic acid can readily be degraded in cereal and legume foods by addition of exogenous phytases either during food processing or during digestion (Sandberg 1996), increasing iron absorption dramatically. Muscle tissue, through the action of the cysteine-containing peptides formed upon digestion improves iron absorption from cereal-based meals in the same way (Cook 1997).

Three possibilities have been explored for increasing the amount of iron absorbed from rice-based meals (Table 2). A ferritin gene from *Phaseolus vulgaris* was first introduced into rice grains increasing their iron content up to two fold. To increase iron bioavailability, a phytase from *Aspergillus fumigatus* was introduced into the rice endosperm, and the endogenous cysteine-rich metallothionein-like protein was overexpressed, since cysteine peptides are considered a major enhancer of iron absorption. As a result, the cysteine level of the rice protein increased and the level of phytase in the grains reached a 130 fold activity, sufficient to completely degrade phytic acid in a simulated digestion experiment (Lucca et al. 2001).

Unlike cereal and legume phytases, the enzyme from *Aspergillus fumigatus* is reported to be thermotolerant and to have a broad pH optimum (Pasamontes 1997). According to the literature, only 10% of the phytase activity was lost by heating the fungal protein 20 min at 100°C, (Pasamontes 1997). Preliminary results obtained with the purified fungal protein cooked with rice flour demonstrate that although the thermotolerance was somehow affected by the presence of rice components, 50% of the activity was still retained. Despite these encouraging results, the thermotolerance of our transgenic rice was surprisingly low. Since the residual phytase activity present after cooking the transgenic seeds would be insufficient to significantly degrade the phytic acid in the rice endosperm, a further approach to decrease the phytic acid content in a rice meal was considered.

The amount of inositol penta- and hexaphosphate has to be degraded to an extremely low level in order to eliminate any inhibitory effect on iron bioavailability. Such a reduction of the phytic acid present in the rice grains would alter the normal phosphorus storage form of the seeds, and thereby, their germination efficiency. However, if the phytic acid would be specifically degraded in the inner part of the endosperm, without affecting the outer aleuron layer, which is particularly rich in phytic acid, sufficient phosphorus would be available for the germination of the seedlings. The rice milling process performed before consuming rice would discard the residual phytic acid present in the outer part of the rice seeds. Therefore no negative affect on iron bioavailability in humans is expected.

This approach requires that the phytase introduced is active during the formation of the seeds and present in the protein storage vacuoles where the phytic acid is stored. Furthermore, the expression of the transgenic protein should be restricted to the inner part of the rice endosperm, which is the tissue eaten after rice milling. The globulin promoter is reported to be responsible for the specific expression of the transgenic protein in the inner part of the rice endosperm, as confirmed by β-glucuronidase staining of transgenic rice seeds transformed with the GUS gene driven by the globulin (−980 bp) promoter (Yin 1998). Therefore, the globulin promoter (−980 bp) with its signal peptide (+75 bp) was fused to the *A. fumigatus* phytase gene which has a high activity at pH 6-7, the pH of the protein storage vacuole during the maturation of the seeds. In contrast, cereal phytase has a pH optimum between 4 and 5, the pH of the protein storage vacuole during the germination of the seeds, the period when free phosphorus is required. Several transgenic rice plants were regenerated after *Agrobacterium*-mediated transformation. The transgenic protein was expressed in all plants analysed. Biochemical analyses are now in progress to determine whether the introduced phytase is indeed able to reduce the phytic acid in the rice grains.

Recent research and new lines

More recently we have been investigating an unexpected carotenoid pattern in the transgenic rice seeds. Currently it cannot be ruled out that the transformation using the bacterial crtI-gene promotes a hitherto unknown feedback mechanism enabling the transcriptional activation of carotenogenic genes. To test this, the cyclase inhibitor N,N-diethyl-N-[2-(4-chlorophenylthio)ethyl]amine (CPTA) was administered to daffodil flowers which turned reddish within 8 hours due to lycopene accumulation. Concomitantly, the carotenoid content was increased 2–3 times compared to the untreated controls. Northern blots revealed an increase of mRNA abundance for several carotenoid biosynthetic enzymes. This result cannot be explained by the well-known action of CPTA as a lycopene cyclase inhibitor, but indicates the presence of a novel regulatory mechanism.

One implication of this result is that a construct containing only psy and crtI might be sufficient to install the entire pathway. Reconstructed new single lines have been produced recently showing yellow colour as well. Carotenoid quantification showed a carotenoid content of 1.6 μg per gram dry rice endosperm in the best performing segregating F0 line. Work now in progress aims at increasing the provitamin A amount by first identifying the metabolic rate limiting steps in Golden Rice. New transformations are underway employing different endosperm-specific promoters, a codon-optimised crtI-gene and early pathway genes of the so-called non-mevalonate pathway of isoprenoid biosynthesis.

Bioavailability study

Further proof-of-concept work aiming at measuring and enhancing the bioavailability and bioefficacy of the provitamin A are underway. Golden Rice is not expected to provide 100% of vitamin A in the diet but should add to present intakes to reach vitamin A sufficiency. The current lines are only prototypes and efforts are underway to at least triple the amount of the provitamin in the endosperm. Certainly, a high research priority is an evaluation of the bioavailability and bioefficacy and the pro-vitamin A contained in Golden Rice. This research has been hampered in the past by the need to produce a sufficient quantity of grain (multiple kilograms) for feeding trials in accepted model systems (pig, pre-ruminant calves, ferrets) in safety greenhouses in Europe and restrictions prohibiting field trials outside of greenhouses. However, novel analytical methods have become available (utilizing HPLC-linked electrochemical detection or deuterium labelling in combination with HPLC and mass-spectrometry) to significantly lower the amounts of rice required. Efforts are currently underway to allow export of Golden Rice into the U.S. where bioavailability investigations using these techniques can be conducted.

To predict iron bioavailability in man bioavailability tests with animals are considered to be of little use and in vitro models such as dialysability or uptake by Caco-2 cells also have their limitations (Hurrell 1997). Human studies, in which the plant foods are labelled intrinsically are necessary and will be carried out as soon as sufficient material is available.

Conclusion

Plant biology is definitely a fascinating science, both in its basic, fundamental and applied field. This rice, with an increased iron content, rich in phytase, cysteine-peptide and β-carotene, confirms that genetic engineering technology has a great potential to contribute to food security in populations, where malnutrition is so widely spread.

References

Beard J. L., Burton J. W., Theil E. C. (1996) Purified ferritin and soybean meal can be sources of iron for treating iron deficiency in rats. J. Nutr. 126(1): 154–60.

Bouis H. (1996) Enrichment of food staples through plant breeding: a new strategy for fighting micronutrient malnutrition. Nutr. Rev. 54(5): 131–7.

Cook J. D., Reddy M. B., Burri J., Juillerat M. A., Hurrell R. F. (1997) The influence of different cereal grains on iron absorption from infant cereal foods. Am. J. Clin. Nutr. 65(4): 964–969.

Hurrell R. F. (1997) Bioavailability of iron. Eur. J. Clin. Nutr. 51 [Suppl 1]: S4–8.

Lucca P., Hurrell R., Potrykus I. (2001) Genetic engineering approches to improve the bioavailability and the level of iron in rice grains. Theoretical and Applied Genetics 102(2/3): 392–397.

Pasamontes L., Haiker M., Wyss M., Tessier M., Van Loon A. P. G. M. (1997) Gene cloning, purification, and characterization of a heat-stable phytase from the fungus Aspergillus fumigatus. Applied and Environmental Microbiology 63(5): 1696–1700.

Sandberg A. S., Hulthen L. R., Turk M. (1996) Dietary Aspergillus niger phytase increases iron absorption in humans. J. Nutr. 126(2): 476–80.

Skikne B., Fonzo D., Lynch S. R., Cook J. D. (1997) Bovine ferritin iron bioavailability in man. Eur. J. Clin. Invest. 27(3): 228–33.

Theil E. C., Burton J. W., Beard J. L. (1997) A sustainable solution for dietary iron deficiency through plant biotechnology and breeding to increase seed ferritin control. Eur. J. Clin. Nutr. 51 [Suppl 4]: S28–31.

Ye X., Al-Babili S., Klöti A., Zhang J., Lucca P., Beyer P., Potrykus I. (2000) Engineering the Provitamin A (ß-Carotene) Biosynthetic Pathway into (Carotenoid-Free) Rice Endosperm. Science 287: 303–305.

Yin W. C., Takahiro A. (1998) Promoters of rice seed storage protein genes direct endosperm-specific gene expression in transgenic rice. Plant Cell Physiol 39: 885–889.

Address of the author: Dr. Paola Lucca (e-mail: paola.lucca@irb.unisi.ch) and Prof. Ingo Potrykus, Institute for Research in Biomedicine, Via V. Vela 6, CH-6500 Bellinzona, Switzerland.

Somatic embryogenesis – the gate to biotechnology in conifers

K. Zoglauer, U. Behrendt, A. Rahmat, H. Ross, and Taryono

1. Introduction – A vision becomes reality

"I believe [...] one could successfully cultivate artificial embryos from vegetative cells." With this vision, Gottlieb Haberlandt closed his 1902 publication "Experiments on the culture of isolated cells". Based on his experiments with cell cultures, his foresight must have sounded bold at the time. Indeed, it took more than 50 years for his vision to be realised. The induction of embryos from vegetative cells, now called somatic embryogenesis, was first demonstrated in the 1950s with two species of the *Apiaceae* family, *Oenanthe aquatica* (Waris 1957) and *Daucus carota* (Reinert 1958, Steward et al. 1958). Yet despite intensive research efforts, it was only in 1985 that somatic embryogenesis was clearly demonstrated for the first time in gymnosperms (Chalupa 1985, Hakman and v. Arnold 1985, Nagmani and Bonga 1985). Somatic embryo-like structures in suspension cultures had been described earlier (Durzan 1982), however, the accuracy of such observations remains questionable. Equally dubious are claims of successfully producing somatic embryos in gymnosperm forest trees, which have even led to patent applications for the technique (Abo El-Nil 1980). Despite these claims, it was only in light of the work published in 1985 that rapid development in basic and applied research in the field of conifer somatic embryogenesis began. The immense potential for clonal propagation, genetic engineering and germplasm preservation soon followed, and within only a few years, all other regeneration and propagation routines in biotechnology were marginalized by somatic embryogenesis. A story of success was launched.

2. Fundamentals

2.1 Vegetative regeneration is a common feature in nature

Vascular plants do not only reproduce generatively under natural conditions, vegetative – synonymous to clonal – propagation is a collective feature for most, and occurs in about 70% of temperate vascular plant species (v. Groendael and de Kroon 1990).

Forms of clonal propagation vary and can be grouped into three categories. The first is the formation of bulbils (e.g. in *Kalanchoe* species, *Ranunculus ficaria*, *Lilium bulbiferum*). Secondly, fragmentation in which the plant splits into two or more parts that continue to grow independently. Typical forms of fragmentation are the partition of branched rhizomes (e.g. *Iris pseudacorus*, *Anemone nemorosa*, *Convallaria majalis*), the generation of shoot runners (*Fragaria* ssp.), or the formation of root runners (*Rumex acetosella*). The third category is apomixis. This is a collective term for several forms of asexual embryo or seed development and includes diplospory, aspory and adventitious embryony. Apomixis occurs particularly in angiosperm species (see Sharma and Thorpe 1995). Any asexual development of embryos in vivo seems to be restricted to the ovule since only here the heterotrophic nutrition of the new organism is guaranteed. One example is the adventitious embryos in *Citrus* ssp. (Maheswari 1979, Sharma and Thorpe 1995). Monozygotic polyembryony (so-called cleavage polyembryony) occurs regularly (in *Pinus*) or occasionally (e.g. in *Abies*, *Larix* and *Picea*) (Schopf 1943, Sharma and Thorpe 1995, Buchholz 1929).

Occasional reports of "foliar embryos" as for *Kalanchoe* (Yarbrough 1932, Batygina 2000) have to be designated as misinterpretations. These "adventitious plants" derive from adventitious buds or pre-determined shoot meristems. They lack a radicula meristem and regenerate secondarily adventitious roots.

Within the subdivision of *Coniferophytina*, natural clonal propagation rarely occurs, reported in only a few species. Impressive examples are the formation of clonal groups because of regeneration from stump sprouts and root suckers in *Sequoia sempervirens* (Ball 1987) and the rooting of the lowest branches in *Picea abies*. The latter phenomenon occurs only under extreme environmental conditions above the timberline (Skoklefald 1993). Apomictic seed formation is not described for conifers.

2.2 *Clonal mass propagation is directed natural regeneration*

Traditional horticultural cloning uses several techniques: natural, species-specific vegetative propagation units (e.g. runners, bulbs, apomictic seeds), artificial fragmentation through partition and cuttings, or grafting. For the last 30 years, focus has been increasingly on micropropagation. The specific opportunities of heterotrophic nutrition and hormonal control of development in vitro enables the use of three fundamental morphogenetic processes (see Murashige 1977):

a) regeneration from pre-existing meristems, i.e. apical or axillary meristems,
b) de-novo regeneration, i.e. regeneration of adventitious meristems and, consequently, organs,
c) somatic embryogenesis.

They can be used separately or in combination. All of them have specific advantages and disadvantages, and they cannot be applied with the same efficiency to any plant material. Ultimately, economical feasibility, genetic stability and the proficient advantages over traditional techniques determine their commercial viability.

3. Developmental aspects

3.1 Axillary and adventitious bud regeneration has evident limitations

Micropropagation using axillary or adventitious shoot regeneration is of important economical value in angiosperm species (Pierik 1991). In conifers, applicable techniques of in-vitro propagation were developed with increasing success since the 1970s. Cotyledons were used as starting material (e.g. Smith 1989, Ewald and Suess 1993) allowing repeated cycles of adventitious shoot propagation. For axillary shoots, propagation was also mostly restricted to juvenile material, but was less efficient than for angiosperm species (e.g. Diner and Karnosky 1984, Bonga and v. Aderkas 1988, Boulay 1987, Gupta et al. 1991, Hübl and Zoglauer 1991).

In vitro propagation of adult trees is still in its infancy, and reported only where juvenile zones of the tree were used (e.g. *Sequoia sempervirens* (Ball 1987, Boulay 1989)), or for species that appear to have a less stringently regulated adult status. These species rejuvenate spontaneously, or by micro-grafting and cytokinin treatment. Examples are *Sequoiadendron giganteum* (Monteuuis 1991), *Cunninghamia lanceolata* (Bigot and Engelmann 1987), *Thuja plicata* (Misson et al. 1989), *Pinus radiata* (Horgan 1987), and *Larix decidua* (Kretzschmar and Ewald 1994). It has to be mentioned that successful shoot propagation in vitro does not necessarily mean a stable rejuvenation under field conditions, as results with *C. lanceolata* and *P. radiata* (see above) have shown.

Specific problems arise as a consequence of physiological and morphological traits, discrete to the ontogenesis of gymnosperms (Biondi and Thorpe 1982, Bonga 1982):

a) reduced free growth and generally declining growth rate,
b) increasing plagiotropy of lateral branches, and
c) accelerated loss of the morphogenetic regeneration capacity (e.g. rooting capacity).

The flourishing development in the field of somatic embryogenesis slowly pushed aside in-vitro propagation via axillar or adventitious buds, that were too costly and inefficient. To date, all applied research focuses on somatic embryogenesis (Aitken-Christie 2001, see also Chapter 4.1).

3.2 Somatic embryogenesis bears a high potential for regeneration and clonal propagation

3.2.1 Somatic embryogenesis resembles asexual embryogenesis *in vivo*

Somatic embryogenesis is the asexual development of embryos from vegetative (non-zygotic) cells experimentally induced in vitro (see v. Arnold et al. 2002). The major difference to the naturally occurring adventitious embryogenesis is the necessity for in-vitro culture, and there seems to be reason for this. From the very beginning, all asexually developing embryos are new, independent organisms; bipolar structures without vascular connection to the tissue of origin. Consequently, there is the need for heterotrophic nutrition of this rising organism. This explains that under natural conditions asexual embryogenesis, i.e. apomixis (see also chapter 2.1), is exclusive to the ovule. An appropriate nutrition is therefore a prerequisite for a successful further development of a new embryo despite of its origin. In principle, every (totipotent) cell can rise to form an embryo if one can produce this nutrional situation in vitro. The process of inducing somatic embryogenesis is a very complex one and still not fully understood. During induction, a cell has to stop its program of specialization and start a new program: embryogenesis. Although each complete cell of the organism contains the genetic information for embryogenesis, this complex "reprogramming" can still not be achieved in a well-aimed way. Even in explants which do exhibit somatic embryogenesis, only one or very few of the thousands of cells present, are the actual origins of embryo formation (Halperin 1995, Krikorian 2000). General inductive factors and conditions are:

a) release from developmental correlations within the tissue or organism: mechanical isolation, physical isolation (high doses of plant growth regulators), stress,
b) triggering division of determined or differentiated cells and genetic "reprogramming": (very) high doses of auxins and/or cytokinins,
c) autonomous development of the new, independent organism (embryogenically induced cell): heterotrophic nutrition.

All of these conditions are unspecific, and the chance to induce somatic embryogenesis decreases dramatically with the ontogenic age of the explant. Whereas in a number of mature angiosperm trees somatic embryogenesis could be achieved using similar conditions as in juvenile material, in conifers the mature status seems to be tightly determined. Even the treatment of somatic tissues of young flowers, often successful in angiosperms, does not result in somatic embryogenesis (Attree and Fowke 1993, Ewald 1998, own unpublished results).

3.2.2 Somatic embryogenesis is still restricted to juvenile material

For conifers, the explants for somatic embryogenesis induction are exclusively of embryonic or juvenile origin. Mainly immature embryos of a pre-cotyledonary stage are used. They seem to be the optimal material for most of the coniferous species problematic only because of the small yearly time window in which they are available. Embryogenic competence seems to be very tightly restricted to immature zygotic embryos for the genera *Pinus*, *Larix* and *Pseudotsuga* (see Tautorus et al. 1991, Attree and Fowke 1993, Bonga et al. 1995, Gupta et al. 1995, Jasik et al. 1999, Park et al. 1999, as well as Fig. 1). Zygotic embryos from mature, stored seeds are more favourable as explants since they are available all year around. However, induction frequency from mature seeds is rather low for *Larix decidua* (Bonga et al. 1995), *Pinus koraiensis* (Bozhkov et al. 1997), and *Abies balsamea* (Guevin et al. 1994). Whereas induction rates of more than 20% can be achieved for *Picea* species (v. Arnold and Hakman 1986, v. Arnold 1987, Jain et al. 1988, Tautorus et al. 1990), for *Abies alba* (Histoforoglu et al. 1995, Zoglauer and Reuther 1996), and for *Abies nordmanniana* (Norgaard and Krogstrup 1995). In both *Abies* species, the portion of explants exhibiting somatic embryogenesis was raised to above 70% by optimising hormone conditions and employing a cold treatment at 2°C for 12 hours (unpublished results).

Induction of somatic embryogenesis on seedlings or young plantlets could only be obtained in very few cases. Somatic embryos have been induced on several week old seedlings in *Picea abies* (Mo and v. Arnold 1991) and *Abies alba* (Zoglauer and Reuther 1996). Ruaud et al. (1992) described induction on needles of a 14-months-old *Picea abies* plant, yet this plant was of somatic origin. We observed that somatic seedlings of *Picea abies*, *Larix decidua*, *Pseudotsuga menziesii*, *Abies alba*, and *A. nordmanniana* respond very well to the species-specific induction conditions (unpublished results).

To try to induce somatic embryogenesis in young plantlets is merely of interest for developmental biologists. For breeders, it is of no advantage since even seedlings do not allow evaluation of phenotypic traits. Plant breeding therefore desires the induction of somatic embryos from selected adult trees. So far, there have been no reliable publications for that, and claims of somatic embryogenesis from cells of mature trees (Westcott 1994, Paques et al. 1998) remain to be verified (see also Chapter 5).

Haploid plants would also be of high interest for breeders. When immature zygotic embryos are used, megagametophytic tissue is normally included in the explant and hence exposed to inductive conditions. Surprisingly, there have been reports on the initiation of haploid embryogenic cultures from isolated megagametophytes and further plant regeneration by one research group only (Nagmani and Bonga 1985, v. Aderkas et al. 1987, v. Aderkas and Bonga 1993).

An external hormonal stimulation is not always necessary for embryogenesis induction. Mechanical isolation of immature zygotic embryos and heterotrophic culture condition alone were sufficient for somatic embryogenesis in *Pinus sylvestris*, *P. pinaster* (Lelu et al. 1999) and *Auraucaria angustifolia* (Silveira et al. 2000). Use of auxin alone is standard in angiosperms (Thorpe and Stasolla 2001). In conifers, it was sufficient for onset of somatic embryogenesis in a few cases only, e.g. for megagametophytes of *Larix decidua* (v. Aderkas et al. 1987) and on zygotic embryos of *Cupressus sempervirens* (Lambardi 2000). High doses of auxin in combination with cytokinins, usually about 10 μM 2,4-D and 5 μM BA, considerably promote induction of somatic embryogenesis in conifer species of the genera *Araucaria*, *Cryptomeria*, *Cupressus*, *Larix*, *Picea*, *Pinus*, *Pseudotsuga*, *Sequoia*, *Taxus*, and *Thuja* (Attree and Fowke 1993, Dunstan et al. 1995). The initiation of cell divisions and an associated regain of cell autonomy might be reasons for the impact of auxins and cytokinins.

A remarkable exception among the gymnosperms is the genus *Abies*. In all species and hybrids tested so far, cytokinin solo (preferably between 5 and 30 μM BA or thidiazuron) lead to somatic embryogenesis (Schuller et al. 1989, Norgaard and Krogstrup 1991, Guevin et al. 1994, Hristoferoglu et al. 1995, Zoglauer and Reuther 1996, Jasik et al. 1999). Additional application of 2,4-D prevented embryo formation and induced development of callus and adventitious buds (Zoglauer and Reuther 1996).

Determination of the cellular origin of somatic embryos is difficult if immature zygotic embryos are used as the explant. It is also not a very sensible approach, since histogenesis has not ceased and the morphological structure is lost because of the necessary stimulation of cell division. It can be postulated that under the influence of growth regulators, cells of the embryo proper form autonomous meristematic centres that later form their own suspensors, disintegrate and proliferate again (Fig. 1B, see p. 248). Occasionally, somatic embryos originate from more peripheral embryo proper cells (Fig. 1C).

For mature zygotic embryos, somatic embryos arose from the hypocotyl as well as from the cotyledons (*Picea abies*: Krogstrup 1986, Lelu et al. 1987, 1990; *P. glauca* and *P. mariana*: Attree et al. 1990, Lelu and Bornmann 1990; *S. sempervirens*: Favre et al. 1995). Exact origin and developmental pattern were determined in only a few cases, since this requires a high frequency of somatic embryogenesis. *Abies alba* provided embryo induction rates of about 30%, and was thus an ideal system to study the process of embryo formation in hundreds of explants. The hypocotylar origin was subsequently proved (Zoglauer and Reuther 1996). These results were confirmed by recent studies with *A. nordmanniana* (Rahmat, unpublished). Somatic embryogenesis from cotyledons was only observed when somatic seedlings were used as explant (Salajova and Salaj 2001, Rahmat, unpublished). This developmental pattern was confirmed with studies on direct somatic embryogenesis from protoplasts of *L. decidua* (Fig. 3, Korlach and Zoglauer 1995), and by Salajova and

Salaj (2001) for cotyledonary explants from somatic seedlings of *Abies* hybrids.

Nagmani et al. (1987) showed that, for *Picea glauca* and *P. abies*, somatic embryos derived from single cells in callus outgrowths from hypocotyls of immature zygotic embryos. The callus itself went back to induced cell divisions in the epidermis or subepidermal layers.

Histological studies of explants from 36-day-old *Picea abies* seedlings verified derivation of somatic embryos from epicotyl, hypocotyl as well as from cotyledons (Mo and von Arnold 1991). Here, somatic embryos arose from nodular structures formed in epidermal and subepidermal layers. Somatic embryos also developed directly from epidermal cells.

3.2.3 Embryonal cells are truly totipotent

Protoplast culture systems provide a unique opportunity for developmental and physiological studies. We will use it here to illustrate direct somatic embryogenesis from single cells, and to verify the patterns found in anatomical studies of *Abies alba* (described above). In protoplast studies, we generally use *Larix decidua* clones due to their high plating efficiency of embryo-derived protoplasts (Behrendt and Zoglauer 1996). Embryo (proper) protoplasts (EP) express a high degree of autonomy, and can be cultivated in relatively simple culture media, e.g. modified DCR (see Behrendt and Zoglauer 1996). The general developmental pattern is described in Fig. 3 (see p. 249).

In contrast to early post-zygotic embryogenesis, free nuclear divisions and the subsequent formation of multinucleated cells (as described by v. Aderkas et al. 1991) were never observed. Multinucleated protoplasts proved to be artefacts due to fusion processes during protoplast isolation (Korlach and Zoglauer 1995).

For *Larix decidua*, we discovered that cell division and subsequent direct somatic embryogenesis does not require application of plant growth regulators, proving the autonomy of EP (see Korlach and Zoglauer 1995,

Table 1. Influence of NPA on the yield of mature somatic embryos (per 100 mg inoculum) and the percentage of deformed embryos in *Larix decidua* (based on two experiments of ten repeats)

Concentration of NPA (μM)	Embryo yield	Embryos without deformations (%)
0	266 ± 8	67.7 ± 0.9
10	244 ± 7	0.7 ± 0.2
20	248 ± 9	0
50	247 ± 20	0

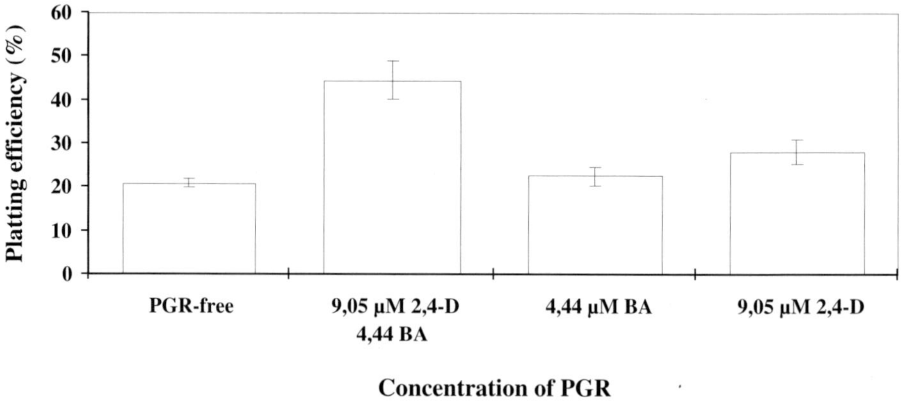

Fig. 2. Influence of plant growth regulators (PGR) on plating efficiency of protoplast-derived embryogenic cultures in *Larix decidua*.

Protoplasts were isolated from embryogenic suspension. About 20% of all protoplasts develop into embryogenic cultures in medium lacking PGR. Cytokinin (BA) or auxin (2,4-D) alone to not increase plating efficiency considerably. The combination of both results in a recovery of somatic embryos of nearly half the protoplasts. (based on 2 experiments with 3 repeats; from Taryono 2000)

Fig. 2). These results were also confirmed for *Abies alba*, *A. nordmanniana* and *Pseudotsuga menziesii*. Application of auxins and/or cytokinins increased plating efficiency but did not change the general developmental pattern (Figs. 2, 3O, 3P).

The phenomenon of hormone autotrophic protoplast cultures, and autonomous embryogenesis, offers interesting opportunities to analyse endogenous hormonal regulation of developmental processes. If 10–50 µM of the auxin transport inhibitor 1-N-naphtylphtalamic acid (NPA) was supplemented to the protoplast culture medium, not only was cell division hampered, deriving colonies also consisted of highly vacuolated cells lacking the embryogenic nature. Polar formation of a suspensor was also impaired (Fig. 3Q). This proves that endogenous auxin gradients are an important morphogenetic signal for, among others, polarity establishment already during early embryo development.

3.2.4 Patterns and regulation of morphogenesis are revealed

Somatic embryos have the tendency to proliferate continuously on medium supplemented with auxin and cytokinin (Attree and Fowke 1993), or cytokinin alone (Jasik et al. 1999). Triggering the entrance of cells into the mitotic cycle, these two phytohormons arrest embryo development at an early stage and cause multiple cleavage embryony. This basic pattern of somatic embryo proliferation was described and illustrated in detail for *Picea glauca* (Kong et al. 1999). Our own studies with *Abies*, *Larix*, *Picea* and *Pseudotsuga* species

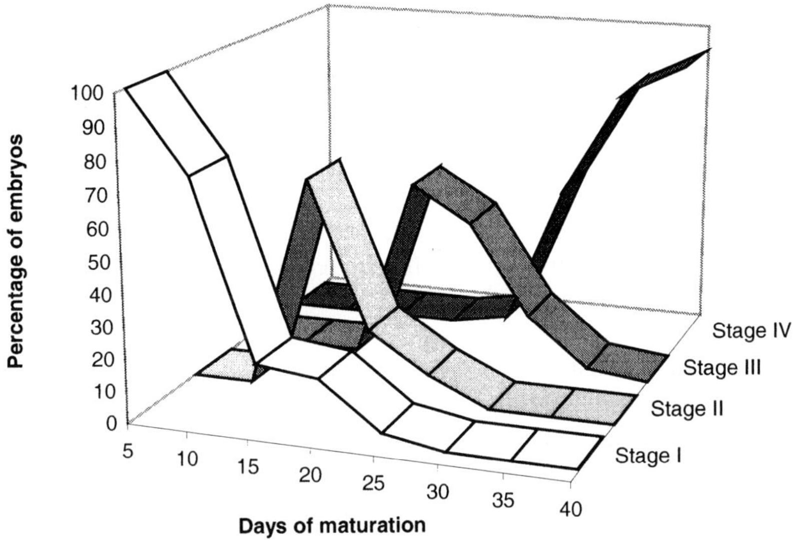

Fig. 4. Embryo maturation of the *Larix decidua* clone 4/93.
The graphic shows the part of the four characteristic developmental stages at 5-day intervals after maturation was triggered. Mature embryos were first observed after approx. 25 days. At day 40, about 90% of the inoculum had reached stage 4 (from Taryono 2000)

support multiple cleavage embryony as the dominating, if not exclusive, pathway of embryo proliferation. However, pronounced pattern variability does occur, depending on species, genotype, culture medium, and hormonal conditions. The observations and proposals of other authors, that somatic embryos can also derive from suspensor cells (e.g. v. Aderkas et al. 1991), we could not confirm. Moreover, cell division was never observed in cultures of suspensor-derived protoplasts of *L. decidua* (Korlach and Zoglauer 1995). In contrast, Kong et al. (1999) reported limited cell divisions in suspensor protoplast cultures of *Picea glauca* but not embryo formation.

Development of individual embryos is completed during maturation. Prerequisites are the cessation of proliferation and a release of the embryos from their developmental arrest. This is achieved by transfer to hormone-free culture medium in angiosperms as well in gymnosperms (for review see v. Arnold et al. 2002). The amount of maturating embryos can be increased considerably for conifers by the addition of the non-plasmolytic osmoticum polyethylene glycol (PEG) (Attree et al. 1991, 1992, 1995). For PEG of a molecular weight above 1000, the passage through pores in the cell wall is either impossible or gradually impeded (Carpita 1979, Attree and Fowke 1993). PEG 4000 at a concentration of 7.5 to 10% proved to be optimal for a variety of species (see maturation protocols in Jain et al. 1995).

It is questionable, however, if the effect of PEG is purely "osmotical" since 10% PEG 4000 lead to an osmotic value of less than 0.1 MPa (Money et al. 1989). This value is in agreement with our own measurements, where

10% PEG 4000 in aqua dest. was equal to 42 mosmol/kg H_2O and thus contributed approx. one-fifth to the osmotic concentration of the maturation medium. Results by Newton et al. (1990) proved that calli of *Sorghum bicolor* and *Pinus taeda* even absorbed PEG 8000. Hence, one has to be careful to postulate a fixed exclusion limit of the cell wall purely on theoretical reflection.

Addition of abscisic acid (ABA) enables the developmental synchronisation of maturation. The most pronounced effect is the inhibition of precocious germination (v. Arnold and Hakman 1988; Kermode 1990; Roberts et al. 1990; Attree et al. 1991, 1995; Attree and Fowke 1993; Dodeman et al. 1997) (Fig. 5C, 5D, see p. 250). ABA does not inhibit plasmatic cell growth but cell elongation (hydraulic growth). This hydraulic growth is important later during conversion when the hypocotyl elongates (Gutman et al. 1996). The total impact of ABA on embryo maturation is far more pronounced. It was shown that ABA influences the expression of a third of the LEA-genes (late embryogenesis abundant; Dong et al. 1996).

ABA, PEG and the relatively high osmotic value of the maturation medium together increase desiccation tolerance through the promotion of protein and lipid accumulation (Attree et al. 1991, 1992, 1995; Attree and Fowke 1993). Ideal mature somatic embryos have a protein and triacylglycerol content similar to that of zygotic embryos and do not accumulate starch. These embryos could be dried from a water content of 47% down to 5% without loosing vitality. Such embryos could be stored for at least a year at −20°C (for *Picea glauca*: Attree et al. 1995, Attree pers. comm.). Although storage of mature embryos is possible without desiccation on maturation medium at 2°C up to six months (own results with *Larix decidua*, *Abies alba* and *A. nordmanniana*), storage of desiccated embryos is considerably easier and safer.

Studies on the role of the other phytohormones during embryo maturation are scarce (see Kong et al. 1999). Examples are the improvement of embryo maturation through application of GA_{4-7} in *Pseudotsuga menziesii* (Pullman and Gupta 1994), and BA in some *Abies alba* clones (Schuller et al. 2000), although the latter result could not be confirmed by our own data for *Abies alba and A. nordmanniana*. In our hands, cytokinin application always lead to abnormal enlargement of the plumula region and to formation of multiple, merged embryos (unpublished results).

For *Picea glauca*, inhibition of ethylene biosynthesis or of ethylene impact improved embryo structure under sub-optimal conditions. Ethylene caused formation of large intracellular spaces in the shoot apex, leading to deformations (Kong and Yeung 1994, Kong et al. 1999). Interestingly, the role of auxin during embryo development in conifers is given only little attention. In angiosperms, several studies have provided evidence that the role of auxin is not restricted to influencing cell division. Auxin is also crucial in transmission of cell position information and, consequently, of importance for the control of morphogenesis (Uggla et al. 1996, Palme and Gälweiler 1999).

Auxin transport and auxin concentration gradient are important in embryo development for polarity stabilisation, establishment of bilateral symmetry, organ formation, and histogenesis. This was demonstrated through application of auxin transport inhibitors to isolated immature zygotic embryos of angiosperms (Liu et al. 1993, Fischer and Neuhaus 1996, Hadfi et al. 1998), and studies with auxin deficient mutants of *Arabidopsis thaliana* (Jürgens et al. 1991; Mayer et al. 1991, 1993; Meinke 1991, 1995).

We conducted experiments with different auxin transport inhibitors on *Larix decidua* during all stages of embryo development. Here, we will concentrate on the effects of NPA on embryo maturation. NPA blocks the auxin efflux-carrier through binding on a cytoskeleton-connected regulatory subunit, thus impairing polar auxin transport and build-up of an auxin gradient (Thein and Michalke 1988, Muday et al. 2000).

In *Larix decidua*, both direct somatic embryogenesis from single cells (protoplasts, see chapter 3.2.3) and maturation can be conducted without exogenous auxin. Therefore, the role of endogenous auxin can be clarified by NPA application. In protoplast-derived cultures, NPA inhibited cell division, increased vacuolation, and impaired suspensor formation and establishment of polarity (Fig. 3Q). Supplement of 10 to 50 µM NPA to maturation medium caused a drastic aberration of morphology in a manner as described also for angiosperms (see Fig. 6, see p. 251).

These results, together with the findings obtained in angiosperms, support the role of auxin in embryo development:

a) establishment of the apical-basal axis including functional apical meristems
b) initiation and separation of the cotyledons
c) cell differentiation and histogenesis.

The characteristic physiological, biochemical and molecular processes that occur during seed maturation have been discussed in detail in earlier reviews (see Kermode 1990, Attree and Fowke 1993, Misra 1994, Dodeman et al. 1997), and describe both the specific features of conifers and the comparison of somatic and zygotic embryos. Here, we will concentrate on a few aspects of seed germination.

The orthodox (desiccation tolerant) seed of the *Pinaceae* consists of tissues of three different genetic origins: testa, primary endosperm (megagametophyte) and embryo. The seed structure is designed to fulfil the functions of dispersal, as well as resting form. After germination, seedling development (Bewley and Black 1994, Bewley 1997) and the shift from heterotrophic via mixotrophic to photo-autotrophic phase, has to be very fast in order to enable successful establishment under the specific abiotic and biotic environmental conditions. For example, the fresh weight of *Pseudotsuga menziesii* seedlings increases 35-fold within the first two weeks after germination, while the one of the megagametophytes decreases by 70% (Ching 1966).

One major problem of plant regeneration from somatic embryos is their limited amount of available storage compounds, lacking the extra-embryonal reservoir zygotic embryos have at their disposal. Our own analysis of *Larix decidua* seedlings proved that the endosperm contains 89% of all storage matter, with 76% of it being lipids, 24% proteins and less than 0.1% starch. The embryo contains a similar composition, but with additional soluble sugars. Isolated zygotic embryos and optimally developed somatic embryos of *Larix decidua* (with a composition of storage substances adequate to zygotic embryos) developed to autotrophic plantlets on mineral medium. Yet, the growth was considerably slower than that from seeds, being too slow for a direct sowing onto soil (unpublished results). Therefore, the deficiency in storage compounds has to be compensated by conversion on complete culture medium. Acclimatisation to ex-vitro condition can only be done, once radicula and photosynthesis organs have fully developed (Fig. 7, see p. 252).

Somatic embryos having maturated on a medium containing suitable concentrations of PEG and ABA are in a quiescent stage. Further growth is triggered only after transfer to a hormone-free conversion medium (Attree and Fowke 1993). Desiccation favoured a synchronous conversion (Attree et al. 1994, 1995).

Seedling development of European firs, e.g. *Abies alba* or *A. nordmanniana*, is different in that it demands a cold treatment to allow shoot bud outgrow (Fig. 7D–G, Norgaard 1997, Rahmat and Zoglauer 2001).

4. Applications

4.1 Somatic embryos allow mass propagation

Clonal forestry involves the selection and direct propagation of desirable individuals. The variation in performance of individuals even within a single family can be substantial, since most forest tree species have a high degree of genetic variability and heterocygocity. Thus, the selection and clonal propagation of best performing individuals can result in a genetic gain which far exceeds what would be achieved in a cycle of breeding and selection (Kleinschmit et al. 1993, Sutton and Polonenko 1999).

In order to guarantee a high extent of ecological stability and production safety, minimum clone number has to be evaluated first. The clone number depends on the variability between the different clones, and lies between 15 and 40 (Kleinschmit et al. 1993, Park 2001, Bishir and Roberts 1997).

Artificial vegetative propagation through cuttings is common for a variety of horticultural species that display good rooting capabilities and a low tendency for plagiotrophic growth. Such species are for instance members of the *Cupressaceae*, *Taxodiacea*, *Taxaceae*, or *Podocarpaceae*. Other species are often propagated by grafting onto seedling rootstocks, e.g. varieties of *Abies koreana*. In forestry, grafting is normal only in the establishment of seed orchards. Vegetative propagation through cuttings has been applied to *Cryptomeria japonica* in Japan and *Cunninghamnia lanceolata* in China since mediaeval times (Ohba 1993, Grossnickle 1999). For *Picea abies* and *Chamaecyparis nootkatensis*, the method is based on hedging of the donor plant (Kleinschmit et al. 1973, 1993; Grossnickle 1999). *Pinus radiata* is propagated through juvenile cuttings from seedling-origin hedges continuously for up to of five years.

In some taxa, especially in *Abies* and *Auraucaria*, orthotrophic growth can only be re-established when the scion is taken from the orthotrophic main axis of the donor plant.

Most of the economically important coniferous species cannot be sufficiently propagated by traditional techniques (Grossnickle 1999). Hence, major forestry companies have been concentrating on somatic embryogenesis for the last years (Aitken-Christie 2001), with CellFor Inc. achieving the most substantial progress (in *Pinus taeda*, *P. radiata* and *Pseudotsuga menziesii*, Sutton 2001). The basic scheme for clonal propagation is shown in Fig. 9.

Since embryogenic cultures are induced on zygotic embryos, the individual clones have to be tested in field trials before clonal mass propagation starts. During this period of evaluation, the embryogenic cultures have to be maintained without loosing their regeneration capacity (for details see Chapter 4.3).

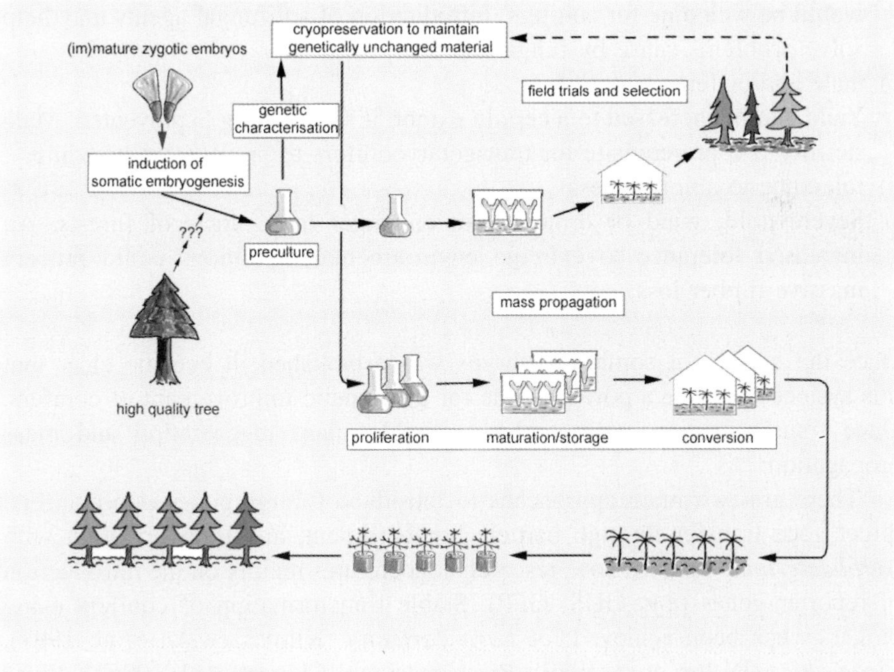

Fig. 9. General scheme for clonal conifer propagation based on somatic embryogenesis

4.2 Somatic embryogenesis is the door to transgenic conifers

Conifers, in contrast to most of the arable crop plants, have not been subjected to of intensive breeding. Nearly all the coniferous trees used for timber production are still the "natural species". This is due to several reasons. Firstly, breeding away from the natural species was not really needed, since the high amount of timber is a natural feature of trees and hence was not slowly bred into the plant. Secondly, breeding with conifers is not an easy task, due to their large size, the long generation time and the long life span. The increase of timber yield or the improvement of growth performance has mainly been achieved by the selection and propagation of elite individuals.

Nevertheless, there are breeding goals that genetic engineering might achieve more quickly, if not exclusively:

a) alteration of tree form and wood properties
   This could be achieved through the introduction of bacterial genes coding for growth hormones. For a more efficient pulp and paper production, a lower lignin content or the introduction of an easier extractable lignin type would be necessary.
b) insect and pest resistance
   Monoculture forest plantations are very vulnerable to massive insect and pest infestation. Introduction of the Bt toxin from *Bacillus thuringiensis* delivered insect resistance to a variety of crop plants, the success of which would be welcome for conifers. Introduction of antifungal agents may help solve problems cause by fungal diseases.
c) male and/or female sterility
   Yield can be increased to a certain extent, if seed setting is prevented. Male sterility is a prerequisite for transgenic conifers to prevent out-breeding.
d) tolerance to abiotic stress
   Severe cold, wind or drought can endanger large areas of forests. An increased tolerance to extreme environmental conditions could prevent massive timber loss.

Once the culture of somatic embryos was established, it became clear that this system might be a powerful one for the genetic improvement of conifers. Once transformed, somatic embryos enable plant regeneration and mass propagation.

There are two main approaches to introduce foreign genes into conifers: direct gene transfer through particle bombardment, and transformation with *Agrobacterium*. Up until now, research concentrates mainly on the introduction of reporter genes (e.g. GUS; GFP). Stable transformation of conifers using biolistics has been achieved for *Larix laricana* (Klimaszewska et al. 1997), *Picea abies* (Walter et al. 1999), *Picea mariana* (Charest et al. 1996b), *Picea glauca* (Ellis et al. 1993), and *Pinus radiata* (Walter et al. 1998). One drawback of this method is that it often leads to the introduction of multiple gene copies. This is not only an obstacle for further breeding, but may also lead to gene silencing (Meyer 2000).

Since *Agrobacterium*-mediated transformation is very efficient and also less prone to lead to integration of multiple copies, it is increasingly becoming the preferred method for conifer transformation. Stable transformation and regeneration of transgenic plants has been accomplished for *Larix decidua* (Huang et al. 1991), *Larix kaempferi x L. decidua* (Levee et al. 1997), *Picea abies* (Wenck et al. 1999), *Pinus strobus* (Levee et al. 1999), and *Pinus taeda* (Tang et al. 2001).

Our group has been successful with a simplified *Agrobacterium*-mediated transformation, termed the "droplet method" (see Levee et al. 1997). The *Agrobacterium* solution containing acetosyringon is directly applied onto clusters of embryogenic cultures. After two days of co-cultivation on propagation medium, the cultures are transferred to a medium supplemented with timentin to stop bacterial growth. Selection for transgenic embryos starts after ten days. During the next weeks, resistant proliferating embryos can be recovered, while the non-transformed parts of the embryogenic culture deteriorate. This method has been applied so far to embryogenic cultures of *L. decidua*, *A. alba* and *A. nordmanniana* (Fig. 8, unpublished results).

One prerequisite for successful engineering of transgenic trees is the study of transgene stability. This research is especially important in conifers, because of their longevity and their late transition to flowering capability. Promoter activity is one crucial point in transgene stability. As long as information on conifer promoters remain scarce, viral or angiosperm promoters are used to introduce new genes. Our experiments produced so far one important result: the 35S promoter, generally assumed constitutive in angiosperms, is developmentally regulated in *Larix* and *Abies* species (Fig. 8, see p. 253). This highlights the fact that transformation results obtained in angiosperms cannot be directly transferred to conifers.

Genetic engineering in conifers is still in its infancy. There is still a long way to go from the stable transformation of reporter gene constructs, to the change of monogenic traits (e.g. resistances), and the further introduction of several genes to achieve goals such as modified lignin composition.

4.3 Cryopreservation is an indispensable step

To date, embryogenic cultures of gymnosperms are mainly obtained from immature or mature zygotic embryos. Since embryogenic cultures are induced on ontogenetically young material, the genetic set-up and the traits of interest of the clones remain hidden even if seeds from controlled pollinations were used as explant.

At present, no markers are available that allow a quality assessment of embryogenic cultures; hence, those cultures are propagated without knowledge of specific traits. A quality evaluation is only possible after field trials of regenerated seedlings and plants. Since the screening process demands normally several years, it is necessary to maintain the embryogenic cultures under conditions that exclude genetical changes while remaining their maturation capacity.

Despite the fact that embryogenic cultures can be kept eternally if culture conditions are optimal, continuous subculture is not the method of choice for long-term preservation. Although embryogenic cultures of *Larix decidua* have been kept in our laboratories for over ten years without detectable genetic alterations, somaclonal variation cannot be generally excluded. Loss of regeneration capacity is another risk in long-term subculture (Skirvin et al. 1994), not to mention the risk of material losses because of contamination. From an economical perspective, the high labour costs and the high demand for culture room space are a drawback.

Taken all these facts together, long-term cryoconservation seems to be the method of choice. In principle, juvenile plant material can be stored in liquid nitrogen forever. All biochemical and biophysical processes in the plant cell come to a halt at temperatures below −120°C (Kartha 1985). Through cryoconservation, the material can be stored in an embryonic stage and thus keeps the propagation capacity in a genetically unchanged state as a gene bank. Once the field trials have selected the best clones, the embryogenic cultures of this clone can be taken out from the gene bank and into the process of (commercial) mass propagation.

Cryoconservation of plant cells demands the knowledge of the diverse cell damage mechanisms in order to adjust the process parameters. The water content of early phase embryos is higher than 90%, and is the main reason for their intolerance to freezing (Attree et al. 1995). The main process of cell damage is the formation of intracellular ice crystals when approaching freezing point. Damage of this nature is a risk not only during freezing, but also when thawing. Once intracellular ice crystals are formed, they damage biomembranes as well as macromolecules, and thus disrupt the cell compartments and obstruct enzymatic reactions (Zachariassen and Kristiansen 2000). Another process leading to cell destruction is the direct damage of membranes, that turn from a liquid-crystalline state into a gel, and thus loose their physiological function.

The principle processes during freezing can be modelled through controlled freezing of a cell-containing saline solution (Acker and McGann 2000). Salt concentrations increase ahead of the ice front and the cells osmoregulate through water release. The extent of cell shrinking is dependant on the time course of cooling, since the water permeability of the membranes is restricted. Slow cooling is damaging because of strong plasmolysis, whereas fast cooling leads to destruction via intracellular ice formation. Hence, the cooling rate is a major parameter in the cryo-procedure and has to be well adapted. Normally, cooling rates of 1.0 to 0.1°C/min are applied, but it has to be considered that low rates require equipment that is more expensive.

Further strategies to prevent ice formation are to employ slight dehydration as well as the use of cryo-protectives. To achieve a dehydration of plant cells, the osmolarity of the cryo-solution is increased through addition of osmotically active sugars or sugar alcohols. Sorbitol is especially suitable, and applied in the majority of freeze protocols at a concentration of 0.4 M (Charest et al. 1996a). An increased osmolarity also results in a lowered freezing point, which in return reduces ice crystallisation. Plants tolerate even higher osmolarity for short periods, but the whole process of freezing stresses the cells and hence other stress factors have to be minimised. A 24-hour-preculture in culture medium containing 0.2 or 0.4 M sorbitol has proven benefical.

Apart from the membrane impermeable sorbitol, permeable cryo-protectives of low molecular weight are used. They include glycerol, ethylene glycol or dimethyl sulfoxid (DMSO), and reduce cell destruction in the freezing phase down to −30°C (Hardgreaves and Smith 1994). DMSO is the best suitable substance. Its low molecular size (M_r 78,1), relatively polar structure, and the ability to form hydroponic bonds allow penetration into the cell. It is known that DMSO replaces part of the intracellular water and protects the biomembranes, but the underlying mode of operation remains to be elucidated. Because of the osmotic stress to the cell and the high toxicity, the final concentration of DMSO has to be adjusted stepwise and, DMSO has to be removed from the cells immediately after thawing. DMSO concentrations of 5 to 10% have proved efficient for the cryo-conservation of conifers (Klimaszewska et al. 1992, Aronen et al. 1999).

In addition to the parameters of cooling rate, osmolarity of the freezing medium and DMSO concentration, the physiological state of the cell material, the relative cell volume as well as the thawing rate, are also important factors that determine a successful cryo-conservation regime.

Embryogenic cultures of conifers should be in the early exponential growth phase and vacuolation of the cells low. One has to additionally take into account the peculiarities of embryogenic cultures of conifers: the early embryonic stages consist of small, highly cytoplasmatic cells with small vacuoles of the embryo proper and a suspensor of large, more or less vacuolated cells (Fig. 3A–C). Microscopic analysis showed that only cells of the embryo proper survive cryo-conservation, while the suspensor cells disrupt completely. Nevertheless, the embryo proper bears the cells of embryogenic competence, and so the culture can continue to proliferate even from few surviving cells.

The relative cell volume in the freeze medium is of importance since a temperature gradient has to be avoided during the cooling process. Apart from that, the sample volume cannot be increased ad libitum since the total volume interferes with the desired cooling rate. Freeze volumina above one millilitre are sub-optimal.

During thawing of cryo-conserved cells, the critical temperature range of ice crystallisation is passed as well. To avoid damage in this procedure, the cell material is quick-thawed by a short incubation in water of 39°C. This is followed by a rinse-off of the DMSO. The embryogenic cultures are then incubated in liquid culture medium containing 0.2 M sorbitol for 24 hours, followed by a further 24 hours at 0.4 M. Finally, cultures are transferred onto a propagation medium, and after two weeks they should have proliferated, with an expected survival rate of about 80%.

During the last decade, cryopreservation became an indispensable part of any clonal breeding strategy based on somatic embryos. Cyr (1999) did list a considerable number of laboratories and their embryogenic germplasm collections. All important coniferous species are included in this list.

5. Prospects – whereto go next?

Clonal propagation techniques using somatic embryogenesis are on the threshold of commercialisation. However, existing obstacles must be overcome and will decide future commercial success. Low induction frequency of somatic embryogenesis and the quick loss of embryogenic competence are two major biological problems (e.g. in *Pinus* species, Aitken-Christie pers. comm., Attree pers. comm.). Concerning the technological process, product formulation and the delivery system, rather than the production automation are the major difficulties for successful and proficient clonal mass propagation (Sutton and Polonenko 1999, Sutton 2001). Still problematic are conversion and plantlet recovery, since they demand high manpower costs. Currently, miniplugs are the preferred system (Sutton 2001, Attree pers. comm.).

Very high embryo yield and an (at least partly) automated embryo maturation are obvious requirements for efficient production (Attree et al. 1994). The quality of the embryos is of highest priority for a flexible production. Embryos of high content in storage compounds can be desiccated and stored at −20°C for years. CellFor Inc. holds the necessary patents for that (e.g. US Pat. 5,464,769; 5,985,667; 6,200,809). Hence, production back-ups can be built up, allowing swift reaction on customer wishes (Attree et al. 1995, Attree pers. comm.).

Most welcome would be a direct sowing of the mature embryos, but the insufficient amount of reserve compounds makes this currently impossible. Construction of artificial seeds might be a solution to this problem (e.g. Redenbough et al. 1993), but would require capsules containing the necessary nutritional compounds in a formulation accessible to the embryo, and should be remained even after water uptake and soaking. Additionally, a sufficient O_2-diffusion has to be guaranteed. Different kinds of capsules made of calcium alginate do not meet the requirements. However, efforts to construct artificial seeds that fulfil these demands continue (see Gupta 2002).

A method for induction of somatic embryogenesis on adult trees would be the fundamental break-through. This would allow direct propagation of elite individuals without the need of extensive field trials and gene bank construction. All attempts to transfer conditions inductive for juvenile material, so far failed for adult (see 3.2.2). However, this is not in conflict with Haberlandt's concept of the totipotent cell. It only means that different cell types need different inductive conditions.

New ways to induce somatic embryogenesis in adult material may arise with the help of molecular biology and new cell culture techniques. Nuclear transfer from adult cells to an embryonal environment, or the transformation with genes that induce embryogenic development could be two possible approaches. A candidate gene might be LEAFY COTYLEDON2 (LEC2) from *Arabidopsis thaliana* (Stone et al. 2001). It codes for a transcription factor that, ectopically expressed, induces somatic embryogenesis in postembryogenic tissue. One could imagine that controlled expression of either LEC2 itself, or of a possible gymnosperm homologue, could trigger somatic embryogenesis in adult conifers.

Taking everything together, the next decade will be a deciding one for somatic embryogenesis in conifers. Successful commercialisation will considerably stimulate further research in this field.

References

Abo El-Nil M. M. (1980) Embryogenesis of gymnosperm forest trees. United States Patent 4,217,730.

Acker J. P., McGann L. E. (2000) Cell – Cell contact affects membrane integrity after intracellular freezing. Cryobiology 40: 54–63.

Aitken-Christie J. (2001) Somatic embryogenesis for large-scale clonal testing and propagation of elite material. Abstract of WBB-conference "Wood, breeding, biotechnology and industrial expectations", June 2001, Bordeaux, http: www. pierroton.inra.fr/WBB/

Aronen T. S., Krajnakova J., Häggman H. M., Ryynanen L. A. (1999) Genetic fidelity of cryopreserved embryogenic cultures of open-pollinated *Abies cephalonica.* Plant Science 142: 163–172.

Attree S. M., Budumir S., Fowke L. C. (1990) Somatic embryogenesis and plant regeneration from cultured shoots and cotyledons of seedlings from stored seeds of black and white spruce (*Picea mariana* and *Picea glauca*). Canadian Journal of Botany 68: 30–34.

Attree S. M., Fowke L. C. (1993) Embryogeny of gymnosperms: advances in synthetic seed technology of conifers. Plant Cell Tissue and Organ Culture 35: 1–35.

Attree S. M., Moore D., Sawhney V. K., Fowke L. C. (1991) Enhanced maturation and desiccation tolerance of white spruce [*Picea glauca* (Moench) Voss] somatic embryos: Effect of non-plasmolysing water stress and abscisic acid. Annals of Botany 68: 519–525.

Attree S. M., Pomeroy M. K., Fowke L. C. (1992) Manipulation of conditions for the culture of somatic embryos of white spruce for improved triacylglycerol biosynthesis and desiccation tolerance. Planta 187: 395–404.

Attree S. M., Pomeroy M. K., Fowke L. C. (1994) Production of vigorous, desiccation tolerant white spruce (*Picea glauca* [Moench] Voss) synthetic seeds in a bioreactor. Plant Cell Reports 13: 601–606.

Attree S. M., Pomeroy M. K., Fowke L. C. (1995) Development of white spruce [*Picea glauca* (Moench) Voss] somatic embryos during culture with abscisic acid and osmoticum and their tolerance to drying and frozen storage. J. Exp. Bot. 46: 433–439.

Ball E. A. (1987) Tissue culture multiplication of Sequoia. In: Bonga J. M., Durzan D. J. (eds.) Cell and tissue culture in forestry, vol. 3. Martinus Nijhoff Publ., Dordrecht Boston Lancaster, pp. 146–158.

Batygina T. B. (ed.) (2000) Embryology of flowering plants. Terminology and concepts. 3rd Vol. Word and Family, St. Peterburg.

Behrendt U., Zoglauer K. (1996) Boron controls suspensor development in embryogenic cultures of *Larix decidua*. Physiologia Plantarum 97: 321–326.

Bewley J. D. (1997) Seed germination and dormancy. Plant Cell 9: 1055–1066.

Bewley J. D., Black M. (1994) Seeds. Physiology of development and germination. Plenum Press, New York London.

Bigot C., Engelmann F. (1987) Vegetative propagation of *Cunninghamia lanceolata* (Lamb.) Hook. In: Bonga J. M., Durzan D. J. (eds.) Cell and tissue culture in forestry, vol. 3. Martinus Nijhoff Publ., Dordrecht Boston Lancaster, pp. 114–127.

Biondi S., Thorpe T. A. (1982) Clonal propagation of forest tree species. In: Rao A. N. (ed.) Proc. COST Symp. on tissue culture of economically important plants, Singapore, pp. 197–204.

Bishir J., Roberds J. H. (1997) Limit theorems and a general framework for risks analysis in clonal forestry. Forest Genetics 6: 149–155.

Bonga J. M. (1982) Vegetative propagation in relation to juvenility, maturity and rejuvenation. In: Bonga J. M., Durzan D. J. (eds.) Tissue culture in forestry. The Hague, Boston London, pp. 387–403.

Bonga J. M., Klimaszewska K., Lelu M. A., von Aderkas P. (1995) Somatic embryogenesis in *Larix*. In: Jain S. M., Gupta P. K., Newton R. J. (eds.) Somatic embryogenesis in woody plants, vol. 3. Kluwer Academic Publishers, Netherlands, pp. 315–340.

Bonga J. M., von Aderkas P. (1988) Attempts to micropropagate mature *Larix decidua* Mill. In: Ahuja M. R. (ed.) Somatic cell genetics of woody plants. Kluwer Academic Publ., Dordrecht, pp. 133–168.

Boulay M. (1987) Conifer micropropagation: Applied research and commercial aspects. In: Bonga J. M., Durzan D. J. (eds.) Cell and tissue culture in forestry, vol. 3. Martinus Nijhoff Publ., Dordrecht Boston Lancaster, pp. 185–206.

Boulay M. (1989) Redwood (*Sequoia sempervirens*). In: Bajaj Y. P. S. (ed.) Biotechnology in agriculture and forestry. Vol. 5. Trees II. Springer, Berlin Heidelberg, pp. 549–573.

Bozhkov P. V., Ahn I. S., Park Y. G. (1997) Two alternative pathways of somatic embryo origin from polyembryonic mature stored seeds of *Pinus koraiensis* Sieb et Zucc. Can. J. Bot. 75: 509–512.

Buchholz J. T. (1929) The embryogeny of conifers. Proc. Int. Congr. Pl. Sci. 1: 359–392.

Carpita N. C., Sabularse D., Montezinos D., Delmer D. P. (1979) Determination of the pore size of cell walls of living plant cells. Science 205: 1144–1147.

Chalupa V. (1985) Somatic embryogenesis and plantlet regeneration from cultured immature and mature embryos of *Picea abies* (L.) Karst. Comm. Inst. For. 14: 57–63.

Charest P. J., Bonga J., Klimaszewska K. (1996a) Cryopreservation of plant tissue cultures: the example of embryogenic tissue cultures from conifers. Plant Tissue Culture Manual C9: 1–27.

Charest P. J., Devantier Y., Lachance D. (1996b) Stable genetic transformation of *Picea mariana* (black spruce) via microprojectile bombardment. In Vitro Cell Dev Biol 32: 91–99.

Ching T. M. (1966) Compositional changes of Douglas fir seeds during germination. Plant Physiol. 41: 1313–1319.

Cyr D. R. (1999) Cryopreservation of embryogenic cultures of conifers and its application to clonal forestry. In: Jain S. M., Gupta P. K., Newton R. J. (eds.) Somatic embryogenesis in woody plants, vol. 4. Kluwer Academic Publishers, Netherlands, pp. 239–262.

DeVerno L. L. (1995) Evaluation of somaclonal variation during somatic embryogenesis. In: Jain S. M., Gupta P. K., Newton R. J. (eds.) Somatic embryogenesis in woody plants, vol. 4. Kluwer Academic Publishers, Netherlands, pp. 361–378.

Diener A. M., Karnosky D. F. (1984) A cotyledon culture system for cloning *Larix decidua* and *Pinus banksiana*. In Proc. Tappi Res. and Dev. Conf. Atlanta, Georgia, pp. 13–15.

Dodeman V. L., Ducreux G., Kreis M. (1997) Zygotic embryogenesis versus somatic embryogenesis. J. Exp. Bot. 48: 1493–1509.

Dong J. Z., Perras M. R., Abrams S. R., Dunstan D. I. (1996) Induced gene expression following ABA uptake in embryogenic suspension cultures of *Picea glauca*. Plant Physiology Biochemistry 34: 579–587.

Dunstan D. I., Tautorus T. E., Thorpe T. A. (1995) Somatic embryogenesis in woody plants. In: Thorpe T. A. (ed.) In vitro embryogenesis in plants. Kluwer Academic Publishers, Dordrecht, pp. 471–540.

Durzan D. J. (1982) Cell and tissue culture in forest industry. In: Bonga J. M., Durzan D. J. (eds.) Tissue culture in forestry. Martinus Nijhoff/Dr. W. Junk Publisher, Dordrecht, Netherlands, pp. 36–71.

Ellis D. D., McCabe D. E., McInnes S., Ramachandran R., Russell D. R., Wallace K. M., Martinell B. J., Roberts D. R., Raffa K. F., McCown B. H. (1993) Stable transformation of *Picea glauca* by particle acceleration. Biotechnology 11: 84–89.

Ewald D. (1998) Advances in tissue culture of adult larch. In Vitro Cell. Dev. Biol. Plant 34: 325–330.

Ewald D., Suess R. (1993) A system for repetable formation of elongating adventitious buds in Norway spruce tissue cultures. Silvae Genet. 42: 169–175.

Favre J. M., Tranvan H., Arnaud Y., Bourgkard F. (1995) Present state of somtaic embryogenesis in *Sequoia sempervirens* (Lamb.) Endl. In: Jain S. M., Gupta P. K., Newton R. J. (eds.) Somatic embryogenesis in woody plants, vol. 3. Kluwer Academic Publishers, Netherlands, pp. 357–370.

Fischer C., Neuhaus G. (1996) Influence of auxin on the establishment of bilateral symmetry in monocots. Plant J. 10: 659–669.

Grossnickle S. C. (1999) Performance of conifer stock produced through somatic embryogenesis. In: Jain S. M., Gupta P. K., Newton R. J. (eds.) Somatic embryogenesis in woody plants, vol. 4. Kluwer Academic Publishers, Netherlands, pp. 97–123.

Guevin T. G., Micah V., Kirby E. G. (1994) Somatic embryogenesis in cultured mature zygotic embryo of *Abies balsamea*. Plant Cell Tissue and Organ Culture 37: 205–208.

Gupta P. K. (2002) Mass propagation of conifer trees in liquid cultures – possibilities, pitfalls and bottlenecks. In: Abstracts of the First International Symposium on "Liquid systems for *in vitro* mass propagation of plants" (Cost 843, Working Group 2), Norway, May/June 2002: 16.

Gupta P. K., Timmis R., Timmis K. A., Carlson W. C., Welty E. D. E. (1995) Somatic embryogenesis in Douglas-fir (*Pseudotsuga menziesii*). In: Jain S. M., Gupta P. K., Newton R. J. (eds.) Somatic embryogenesis in woody plants, vol. 3. Kluwer Academic Publishers, Netherlands, pp. 303–314.

Gupta P. K., Timmis R., Mascarenhas A. F. (1991) Field performance of micropropagated forestry species, In vitro Cell. Dev. Biol. 27P: 159–164.

Gutmann M., von Aderkas P., Label P., Lelu M. A. (1996) Effects of abscisic acid on somatic embryo maturation of hybrid larch. J. Exp. Bot. 47: 1905–1917.

Haberlandt G. (1902) Culturversuche mit isolierten Pflanzenzellen. Sitz-Ber. Mat.-Nat. Kl. Kais. Akad. Wiss. Wien 111(1): 69–92.

Hadfi K., Speth V., Neuhaus G. (1998) Auxin-induced development pattern in *Brassica juncea* embryos. Development 125: 879–887.

Hakman I., von Arnold S. (1985) Plantlet regeneration through somatic embryogenesis in *Picea abies* (Norway spruce). J. Plant Physiol. 121: 149–158.

Halperin W. (1995) In vitro embryogenesis: some historical issue and unresolved problems. In: Thorpe T. A. (ed.) In vitro embryogenesis in plants. Kluwer Academic Publishers, Dordrecht, Netherlands, pp. 1–16.

Hargreaves C. L., Smith D. R. (1994) Cryopreservation of *Pinus radiata* embryogenic tissue. New Zealand Forest Research Institute, Private Bag 3020, Rotorua.

Horgan K. (1987) Radiata pine. In: Bonga J. M., Durzan D. J. (eds.) Cell and tissue culture in forestry, vol. 3. Martinus Nijhoff Publ., Dordrecht Boston Lancaster, pp. 128–145.

Hristoforoglu K., Schmidt J., Bolhar-Nordenkampf H. (1995) Development and germination of *Abies alba* somatic embryos. Plant Cell Tissue and Organ Culture 40: 277–284.

Huang Y., Diner A. M., Karnosky D. F. (1991) *Agrobacterium rhizogenes*-mediated genetic transformation and regeneration of a conifer: *Larix decidua*. In Vitro Cell Dev Biol 27: 201–207.

Hübl S., Zoglauer K. (1991) Entwicklung einer *In-vitro*-Vermehrungsmethode für züchterisch wertvolle Lärchen. Beitr. Forstwirtschaft 25: 18–20.

Jain S. M., Gupta P. K., Newton R. J. (eds.) (1995) Somatic embryogenesis in woody plants, vol. 3. Kluwer Academic Publishers, Netherlands.
Jain S. M., Newton R. J., Soltes E. J. (1988) Enhancement of somatic embryogenesis in Norway spruce (*Picea abies* L.). Theor. Appl. Genet. 76: 501–506.
Jasik J., Salajova T., Kormutak A., Salaj J. (1999) Somatic embryogenesis in Hybrid firs. In: Jain S. M., Gupta P. K., Newton R. J. (eds.) Somatic embryogenesis in woody plants, vol. 4. Kluwer Academic Publishers, Netherlands, pp. 505–523.
Jürgens G., Mayer U., Torres Ruiz R.A., Berleth T., Misera S. (1991) Genetic analysis of pattern formation in the *Arabidopsis* embryo. Development Supplement 1: 27–38.
Kartha K. K. (1985) Meristem culture and germplasm preservation. In: Kartha K. K. (ed.) Cryopreservation of plant cells and organs. CRC Press, Boca Raton, Florida, pp. 115–134.
Kermode A. R. (1990) Regulatory mechanisms involved in the transition from seed development to germination. CRC Critical Reviews in Plant Sci. 9: 155–195.
Kleinschmit J., Khurana D. K., Gerhold H. D., Libby W. J. (1993) Past, present, and anticipated applications of clonal forestry. In: Ahuja M. R., Libby W. J. (eds.) Clonal forestry II. Conservation and application. Springer, Berlin Heidelberg New York, pp. 9–41.
Kleinschmit J., Müller W., Schmidt J., Racz J. (1973) Entwicklung der Stecklingsvermehrung von Fichte (*Picea abies* Karst) zur Praxisreife. Silvae Genetica 22: 4–15.
Klimaszewska K., Devantier Y., Lachance D., Lelu M. A., Charest P. J. (1997) *Larix lariciana* (tamarack): somatic embryogenesis and genetic transformation. Can. J. For. Res. 27: 538–550.
Klimaszewska K., Ward C., Cheliak W. M. (1992) Cryopreservation and plant regeneration from embryogenic cultures of larch (*Larix* x *eurolepis*) and Black Spruce (*Picea mariana*). Journal of Experimental Botany 43: 73–79.
Kong L., Attree S. M., Evans D. E., Binarova P., Yeung E. C., Fowke L. C. (1999) Somatic embryogenesis in white spruce: Studies of embryo development and cell biology. In: Jain S. M., Gupta P. K., Newton R. (eds.) Somatic embryogenesis in Woody Plants, vol. 4. Kluwer Academic Publishers, Dordrecht, pp. 1–28.
Kong L., Yeung E. C. (1994) Effects of ethylene and ethylene inhibitors on white spruce somatic embryo maturation. Plant Science 104: 71–80.
Korlach J., Zoglauer K. (1995) Developmental patterns during direct somatic embryogenesis in protoplast cultures of European larch (*Larix decidua* Mill.). Plant Cell Reports 15: 242–247.
Kretschmar U., Ewald D. (1994) Vegetative propagation of 140-year-old *Larix decidua* trees by different in-vitro-techniques. J. Plant Physiol. 144: 627–630.
Krikorian A. D. (2000) Historical insight into some contemporary problems in somatic embryogenesis. In: Jain S. M., Gupta P. K., Newton R. J. (eds.) Somatic embryogenesis in woody plants, vol. 6. Kluwer Academic Publishers, Netherlands, pp. 17–50.
Krogstrup P. (1986) Embryolike structures from cotyledons and ripe embryos of Norway spruce (*Picea abies*). Can J. For. Res. 16: 664–668.
Lambardi M. (2000) Somatic embryogenesis in cypress (*Cupressus sempervirens* L.). In: Jain S. M., Gupta P. K., Newton R. J. (eds.) Somatic embryogenesis in woody plants, vol. 6. Kluwer Academic Publishers, Netherlands, pp. 553–568.

Lelu M. A., Bornman C. H. (1990) Induction of somatic embryogenesis in exised cotelydons in *Picea glauca* and *Picea mariana*. Plant Physiol. Biochem. 28: 785–791.

Lelu M. A., Boulay M., Arnaud Y. (1987) Formation of embryogenic calli from cotyledons of *Picea abies* L. Karst. Collected from 3 to 7-days-old seedlings. C.R. Acad. Sci. Paris 305, serie 3: 105–109.

Lelu M. A., Boulay M., Bornman C. H. (1990) Somatic embryogenesis in cotyledons of *Picea abies* is enhanced by an adventitious bud-inducing treatment. New Forests 4: 125–135.

Lelu M. A., Bastien C., Drugeault A., Gouez M. L., Klimaszewksa K. (1999) Somatic embryogenesis and plantlet development in *Pinus sylvestris* and *Pinus pinaster* on medium with and without growth regulators. Physiologia Plantarum 105: 719–728.

Levée V., Garin E., Klimaszewska K., Séguin A. (1999) Stable genetic transformation of white pine (*Pinus strobus* L.) after cocultivation of embryonic tissue with *Agrobacterium tumefaciens*. Molecular Breeding 5: 429–440.

Levée V., Lelu M. A., Jouanin L., Cornu D., Pilate G. (1997) *Agrobacterium tumefaciens*-mediated transformation of hybrid larch (*Larix kaempferi* x *L. decidua*) and transgenic plant regeneration. Plant Cell Rep 16: 680–685.

Liu C. M., Xu Z. H., Chua N. H. (1993) Auxin polar transport is essential for the establishment of bilateral symmetry during early plant embryogenesis. Plant Cell 5: 621–630.

Maheswari P. (1979) An introduction to embryology of angiosperms. McGraw Hill Publisher, New Delhi.

Mayer U., Büttner G., Jürgens G. (1993) Apical-basal pattern formation in the *Arabidopsis* embryo: Studies on the role of the *gnom* gene. Development 117: 149–162.

Mayer U., Torres-Ruiz R. A., Berleth T., Misera S., Jürgens G. (1991) Mutations affecting body organization in the Arabidopsis embryo. Nature 353: 402–407.

Meinke D. W. (1991) Embryonic mutans of *Arabidopsis thaliana*. Dev. Gen. 12: 382–392.

Meinke D. W. (1995) Molecular genetics of plant embryogenesis. Annu. Rev. Pl. Physiol. Pl. Mol. Biol. 46: 369–394.

Meyer P. (2000) Transcriptional transgene silencing and chromatin component. Plant Mol. Biol. 43: 221–234.

Misra S. (1994) Conifer zygotic embryogenesis, somatic embryogenesis, and seed germination: Biochemical and molecular advances. Seed Sci. Res. 4: 357–384.

Misson J. P., Channiere C., André P. (1989) Western Red Cedar (*Thuja plicata* D. Don ex Lambert). In: Bajaj Y. P. S. (ed.) Biotechnology in agriculture and forestry, vol. 16, Trees III. Springer, Berlin Heidelberg, pp. 479–490.

Mo L. H., von Arnold S. (1991) Origin and development of embryogenic cultures from seedlings of Norway spruce (*Picea abies*). J. Plant Physiol. 138: 223–230.

Money N. P. (1989) Osmotic pressure of polyethylene glycols. Plant Physiol. 91: 766–769.

Monteuuis O. (1991) Rejuvenation of a 100-year-old *Sequoiadendron giganteum* through in vitro meristem culture. I. Organogenic and morphological arguments. Physiol. Plant. 81: 111–115.

Muday G. K., Brunn S. A., Haworth P., Subramanian M. (1993) Evidence for a single Naphthylphthalamic acid binding site on the zucchini plasma membrane. Plant Physiology 103: 449–456.

Muday G. K., Hu S., Brady S. R. (2000) The actin cytoskeleton may control the polar distribution of an auxin transport protein. Gravitational and Space Biology Bulletin 13: 75–83.

Murashige T. (1977) Clonal crops through tissue culture. In: Barz W., Reinhard E., Zenk M. H. (eds.) Plant tissue culture and its bio-technological application. Pro. 1st Int. Cong. Medicina, Plant Research, Sec B, Munich, pp. 392–402.

Nagmani R., Becwar M. R., Wann S. R. (1987) Single-cell origin and development of somatic embryos in *Picea abies* (L.) Karst (Norway spruce) and *Picea glauca* (Moench) Voss (white spruce). Plant Cell Reports 6: 157–159.

Nagmani R., Bonga J. M. (1985) Embryogenesis in subcultured callus of *Larix decidua*. Can. J. For. Res. 15: 1088–1091.

Newton R. J., Puryear J. D., Bhaskaran S., Smith R. H. (1990) Polyethylen glycol content of osmotically stressed callus cultures. J. Plant Physiol. 135: 646–652.

Nørgaard J. V. (1997) Somatic embryomaturation and plant regeneration in *Abies nordmanniana* Lk. Plant Science 124: 211–221.

Nørgaard J. V., Krogstrup P. (1991) Cytokinin induced somatic embryogenesis from immature embryos of *Abies nordmanniana* Lk. Plant Cell Reports 9: 509–513.

Nørgaard J. V., Krogstrup P. (1995) Somatic embryogenesis in *Abies* spp. In: Jain S. M., Gupta P. K., Newton R. J. (eds.) Somatic embryogenesis in woody plants, vol. 3. Kluwer Academic Publishers, Netherlands, pp. 341–355.

Ohba K. (1993) Clonal forestry with Sugi (*Cryptomeria japonica*). In: Ahuja M. R., Libby W. J. (eds.) Clonal forestry II. Conservation and application. Springer, Stuttgart Jena New York, pp. 66–90.

Palme K., Gälweiler L. (1999) PIN-pointing the molecular basis of auxin transport, Current Opinion in Plant Biology 2: 375–381.

Paqes M., Harvengt L., Reymond I. (1998) Somatic embryogenesis: a technology underway to value old selected Norway spruce. Abstract Joint COST Action 822 & 824.

Park Y. S., Bonga J. M., Cameron S. I., Barrett J. D., Forbes K., DeVerno L. L., Klimaszewska K. (1999) Somatic embryogenesis in Jack pine (*Pinus banksiana* Lamb.). In: Jain S. M., Gupta P. K., Newton R. J. (eds.) Somatic embryogenesis in woody plants, vol. 4. Kluwer Academic Publishers, Netherlands, pp. 491–504.

Park Y. S. (2001) Implementation of somatic embryogenesis in clonal forestry: technical requirements and deployment considerations. Proceedings of the WBB Conference "Wood, Breeding, Biotechnology and industrial expectations", June 2001, Bordeaux, http: www. pierroton.inra.fr/WBB/

Pierik R. L. M. (1991) Commercial micropropagation in Western Europe and Israel. In: Debergh P. C., Zimmermann R. H. (eds.) Micropropagation, technology and application. Kluwer Academic Publ., Amsterdam, pp. 155–166.

Pullman G. S., Gupta P. K. (1994) Method for reproducing conifers by somatic embryogenesis using mixed growth hormones for embryo culture. U.S. Pat. No. 5,294,549.

Rahmat A., Zoglauer K. (2001) Somatic embryogenesis and *Agrobacterium tumefaciens* mediated genetic transformation of *Abies nordmanniana*. Proceedings of the WBB Conference "Wood, Breeding, Biotechnology and industrial expectations", June 2001, Bordeaux, http: www. pierroton.inra.fr/WBB/

Redenbaugh K., Fujii J. A. A., Slade D. (1993) Hydrated coatings for synthetic seeds. In: Redenbaugh K. (ed.) Synseeds: Applications of synthetic seeds to crop improvement. CRC Press, Boca Raton, pp. 35–46.

Reinert J. (1958) Morphogenese und ihre Kontrolle and Gewebekulturen aus Karotten. Naturwissenschaften 45: 344–345.

Roberts D. R., Flinn B. S., Webb D. T., Webster F. B., Sutton B. C. S. (1990) Abscisic acid and indole-3-butyric acid regulation of maturation and accumulation of storage proteins in somatic embryos of interior spruce. Physiologia Plantarum 78: 355–360.

Salajova T., Salaj J. (2001) Somatic embryogenesis and plantlet regeneration from cotyledon explants isolated from emblings and seedlings of hybrid firs. J. Plant Physiol. 158: 747–755.

Schopf J. M. (1943) The embryology of *Larix*. The University of Illinois Press, Urbana.

Schuller A., Kirchner-Neß R., Reuther G. (2000) Interaction of plant growth regulators and organic C and N components in the formation and maturation of *Abies alba* somatic embryos. Plant Cell Tissue and Organ Culture 60: 23–31.

Schuller A., Reuther G., Geier T. (1989) Somatic embryogenesis from seed explants of *Abies alba*. Plant Cell Tissue and Organ Culture 17: 53–58.

Sharma K. K., Thorpe T. A. (1995) Asexual embryogenesis in vascular plants in nature. In: Thorpe T. A. (ed.) In vitro embryogenesis in plants. Kluwer Academic Publisher, Dordrecht, pp. 17–72.

Silveira V., dos Santos A. L. W., Astarita L. V., Nodari R. O. (2000) Somatic embryogenesis in *Araucaria angustifolia* (Bert) O. Ktze. In: Jain S. M., Gupta P. K., Newton R. J. (eds.) Somatic embryogenesis in woody plants, vol. 6. Kluwer Academic Publishers, Netherlands, pp. 457–478.

Skirvin R. M., McPheeters K. D., Norton M. (1994) Sources and frequency of somaclonal variation. Hort Science 29: 1232–1237.

Skoklefald S. (1993) Naturlig foryngelse av gran of furu. Aktuelt fra Skogforsk 5: 3–6.

Smith D. R. (1989) Radiata pine (*Pinus radiata* D. Don) in Biotechnology. In: Bajaj Y. P. S. (ed.) Agriculture and forestry, vol. 1, Trees I. Springer, Berlin Heidelberg, pp. 274–291.

Steward F., Mapes M., Maars K. (1958) Growth and organized development of cultured cell II. Organization in cultures from freely suspended cells. Amer. J. Bot. 45: 705–708.

Stone S. L., Kwong L. W., Yee K. M., Pelletier J., Lepiniec L., Fischer R. L., Goldberg R. B., Harada J. J. (2001) LEAFY COTYLEDON encodes a B3 domain transcription factor that induces embryo development. PNAS 98 (no.20): 11806–11811.

Sutton B. (2001) Commercial delivery of generic improvement to conifer plantations using somatic embryogenesis. Abstract of WBB-Conference "Wood, breeding, biotechnology and industrial expectations", June 2001, Bordeaux, http: www. pierroton.inra.fr/WBB/.

Sutton B., Polonenko D. R. (1999) Commercialization of plant somatic embryogenesis. In: Jain S. M., Gupta P. K., Newton R. J. (eds.) Somatic embryogenesis in woody plants, vol. 4. Kluwer Academic Publishers, Netherlands, pp. 263–292.

Tang W., Sederoff R., Whetten R. (2001) Regeneration of transgenic loblolly pine (*Pinus taeda* L.) from zygotic embryos transformed with *Agrobacterium tumefaciens*. Planta 213: 981–989.

Taryono (2000) Somatische Embryogenese und Transformation bei der Europäischen Lärche (*Larix decidua* Mill.). Dissertation, Humboldt-Universität zu Berlin.

Tautorus T. E., Attree S. M., Fowke L. C., Dunstan D. I. (1990) Somatic embryogenesis from immature and mature zygotic embryos and embryo regeneration from protoplasts in black spruce (*Picea mariana* Mill.). Plant Science 67: 115–124.

Tautorus T. E., Fowke L. C., Dunstan D. I. (1991) Somatic embryogenesis in conifers. Can. J. Bot. 69: 1873–1899.

Thein M., Michalke W. (1988) Bisulfite interacts with binding sites of the auxin-transport inhibitor N-1-naphthylphthalamic acid. Planta 176: 343–350.

Thorpe T. A., Stasolla C. (2001) Somatic embryogenesis. In: Bhojwani S. S., Soh W. Y. (eds.) Current trends in the embryology of angiosperms. Kluwer Academic Publisher, Dordrecht, Netherlands, pp. 279–336.

Uggla C., Moritz T., Sandberg G., Sandberg C. (1996) Auxin as a positional signal in pattern formation in plants. Proc. Natl. Acad. Sci. USA 93: 9282–9286.

van Groenendael J., De Kroon H. (eds.) (1990) Clonal growth in plants: regulation and function. SPB Academic Publishing, The Hague.

von Aderkas P., Bonga J. M. (1993) Plants from haploid tissue culture of *Larix decidua*. Theoretical and Applied Genetics 87: 225–228.

von Aderkas P., Bonga J.M., Klimaszewska K., Owens J. (1991) Comparison of Larch embryogeny *in vitro* and *in vivo*. In: Ahuja M. R. (ed.) Woody plant biotechnology. Plenum Press, New York, pp. 139–155.

von Aderkas P., Bonga J. M., Nagmani R. (1987) Promotion of embryogenesis in cultured megagametophytes of *Larix decidua*. Can. J. Res. 17: 1293–1296.

von Arnold S. (1987) Improved efficiency of somatic embryogenesis in mature embryos of *Picea abies* (L.) Karst. J. Plant Physiol. 128: 233–244.

von Arnold S., Hakman I. (1988) Regulation of somatic embryo development in *Picea abies* by Abscisic Acid (ABA). J. Plant Physiol. 132: 164–169.

von Arnold S., Sabala I., Bozkov P., Dyachok J., Filonova L. (2002) Developmental pathways of somatic embryogenesis. Plant Cell Tissue and Organ Culture 69: 233–249.

von Arnold S., Hakman I. (1986) Effect of sucrose on initiation of embryogenenic callus cultures from mature zygotic embryos of *Picea abies* (L.) Karst. (Norway spruce). J. Plant Physiol. 122: 261–265.

Walter C., Grace L., Donaldson S. S., Moody J., Gemmell J. E., van der Maos S., Kvaalen H., Lonneborg A. (1999) An efficient biolistic transformation protocol for *Picea abies* embryogenic tissue and regeneration of transgenic plants. Can. J. For. Res. 29: 1539–1546.

Walter C., Grace L. J., Wagner A., White D. W. R., Walden A. R., Donaldson S. S., Hinton H., Gardner R. C., Smith D. R. (1998) Stable transformation and regeneration of transgenic plants of *Pinus radiata* D.Don. Plant Cell Rep. 17: 460–469.

Waris H. (1957) A chemical-induced change in the morphogenesis of a flowering plant. Cited in: Simola L. K. (2000) Harry Waris, a pioneer in somatic embryogenesis. In: Jain S. M., Gupta P. K., Newton R. J. (eds.) Somatic embryogenesis in woody plants, vol. 6. Kluwer Academic Publishers, Netherlands, pp. 1–16.

Wenck A. R., Quinn M., Whetten R. W., Pullmanm G., Sederoff R. (1999) High-efficiency *Agrobacterium*-mediated transformation of Norway spruce (*Picea abies*) and loblolly pine (*Pinus taeda*). Plant Mol. Biol. 39: 407–416.

Westcott R. J. (1994) Production of embryogenic callus from nonembryogenic explants of norway spruce *Picea abies* (L.) Karst. Plant Cell Reports 14: 47–49.

Yarbrough J. A. (1932) Anatomical and developmental studies of the foliar embryos of *Bryophyllum calycinum*. Amer. J. Bot. 19: 443–453.

Zacharissen K. E., Kristiansen E. (2000) Ice nucleation and antinucleation in nature. Cryobiology 41: 257–279.

Zoglauer K., Reuther G. (1996) Somatische Embryogenese bei der Weißtanne (*Abies alba* Mill). Mitteilungen der Landesanstalt für Wald- und Forstwirtschaft ⟨Gotha⟩ 11/1996: 123–135.

Zoglauer K., Dembny H., Behrendt U., Korlach J. (1995) Developmental patterns and regulating factors in direct somatic embryogenesis of European larch (*Larix decidua* Mill.). Med. Fac. Landbouww. Univ. Gent, 60/4a: 1627–1637.

Address of the author: Dr. Kurt Zoglauer, Humboldt-Universität zu Berlin, Institut für Biologie, AG Angewandte Botanik, Invalidenstrasse 42, D – 10115 Berlin.

Tissue culture of broad-leafed forest tree species

E. Wilhelm

Introduction

Since the first work on culture of isolated plant cells and tissues in artificial nutrient solutions attempted by Gottlieb Haberlandt (1902) in Graz, Austria, 100 years ago, several practical applications have been derived by combining classical forest tree improvement programmes and tissue culture techniques, in particular for conifers and eucalyptus species, which are today the basis of a forest tree biotechnology industry, e.g. Silvagen and Arborgen. Many reviews are covering the topics of forest tree biotechnology and micropropagation (Ahuja 1988, 1993; Bonga and Durzan 1982, 1987a–c; Bajaj 1986, 1989, 1991 and Jain et al. 1995a–c, 1999). In this context, new silvicultural concepts such as plantation or clonal forestry are widely discussed to cope with the expected increasing demand for wood during the next few decades (Fenning and Gershenzon 2002). Experiments with tissue cultures of woody species have been ongoing for decades. Research on tissue culture of forest tree species started very early in the 1930s, with callus and cell suspensions. The first successful callus proliferation and adventitious bud regeneration from cambial tissue was achieved by Gautheret in 1940 with English elm (*Ulmus campestris*). The first complete plants from tissue culture of a tree species were regenerated by Winton in 1968 from leaf explants of black cottonwood (*Populus trichocarpa*). Although there are some examples of successful regeneration of trees via protoplasts (reviewed by Tibok et al. 1995), the importance of this technology is negligible. Thorpe et al. (1991) counting the number of trees which can be micropropagated found about 70 angiosperm species and 30 gymnosperm species. This is a small fraction, compared to the total number of 1000 plant species which were accessible for micropropagation at that time. Today, the most efficient culture techniques for trees are somatic embryogenesis and organogenesis, i.e. axillary shoot regeneration. In addition to general tissue culture-related challenges (e.g. production of chimeras, somaclonal variation, endogenous bacterial contamination), regeneration of woody plant species is still considered recalcitrant because of effects related to ontogenetic ageing.

Somatic embryogenesis

Interest in somatic embryogenesis (SE) of woody plant species has increased during the last several years. In the area of forest biotechnology, this propagation method is regarded as system of choice for mass propagation of superior forest tree genotypes and as a system for genetic improvement. The advantages include high multiplication rates, the potential for scale-up in liquid culture (e.g. bioreactors) and for direct delivery to the greenhouse or field as artificial seeds. Cryopreservation of somatic embryos in combination with breeding programmes allows long term preservation of germplasm, until phenotypic traits can be evaluated in adult trees under field conditions (Park et al. 1998). Advances in conifer synthetic seed technology offer encouraging prospects for commercial plant production (Attree pers. comm.), but progress with broad-leafed trees has not been as successful (Merkle 1995). Much research has been given to the study of somatic embryos of woody angiosperms and their conversion into plants (reviewed by Kendurkar et al. 1995). Among broad-leafed forest tree species oak (*Quercus spp.*) is probably the species with the best-developed system (Wilhelm 2000). SE normally undergoes the phases of initiation, multiplication, maturation and germination (Fig. 1A–F, see p. 254). The protocols for initiation differ widely in media formulations and the use of plant growth regulators. Several problems have been identified in the different phases, one major limitation being the inability to initiate SE from mature trees. This was overcome recently for *Quercus suber* and *Q. robur* (Toribio et al. 1998, Cuenca et al. 1999), by a rejuvenation treatment as forcing epicormic buds to flush on branch segments of several genotypes in a growth chamber. It was possible to initiate SE with a frequency of up to 20% from leaves of several selected genotypes with an age over 50 years, compared to 100% induction frequency in juvenile tissue, as zygotic embryos. The time period corresponding to the heart shaped and early cotyledonary stage during zygotic embryo development favours generally the process for initiation of SE. This has been demonstrated for several broad-leafed tree species, such as *Ulmus* ssp., *Corylus avellana*, *Liriodendron tulipifera*, *Castanea sativa* and also for many *Quercus* species (Corredoira et al. 2002, Berros et al. 1994, Sotak et al. 1991, Gingas and Lineberger 1989, Chalupa 1990, Endemann and Wilhelm 1999, Sauer and Wilhelm subm.). Apart from the physiological status of the explant tissue the genotype influences greatly the induction frequency. Once the process of SE has been initiated (Figs. 1A and 2A, see p. 255), the multiplication cycle proceeds via secondary embryogenesis (Figs. 1B and 2B). This process of secondary SE may be induced by various plant growth regulators (PGRs) in low concentrations or even without any PGRs. Merkle et al. (1995) have observed an auxin pulse-induced type of repetitive embryogenesis, which they have termed "autoembryogeny" in broadleaf species such as pecan, black locust and big leaf magnolia, where this phenomenon occurs quite frequently.

Recently it has been demonstrated in several SE systems, such as Norway spruce (Filanova et al. 2000) and chestnut (Sauer and Wilhelm in prep.), that omittance of PGRs is inducing two waves of programmed cell death or apoptosis. This cell suicide events ensure normal progression of somatic embryogenesis, i.e. transition from globular stages in angiosperm species or proembryogenic masses from conifers to somatic embryos and correct embryonic pattern formation respectively.

A major change occurs in embryonic development during the organ expansion and maturation phase. During the maturation phase, the embryos must accumulate nutrient reserves. Various types of stress, such as use of osmotic compounds (e.g. high sugar content, sorbitol or PEG), and the application of ABA, desiccation or chilling treatments, have been investigated as switches for accumulation of storage products (Figs. 1C and 2C). After maturation, the embryonic phase is terminated by germination, when lipid and protein reserves are mobilised to enable root and shoot growth (Fig. 1D,E).

Maturation and low germination frequencies are the main bottlenecks for broader use of this propagation system in angiosperm trees. It is known, that during the development of the zygotic embryo the differentiation of shoot and root meristems at opposite poles of the embryonic axis do not occur at the same time. It is suspected that this also occurs during somatic embryo development. If the maturation process, during which the formation of the shoot meristem occurs, is not properly controlled, it can lead to abnormal embryos without shoot meristems. This effect has already been observed in several SE systems. There is also strong evidence that the conversion capacity is under genetic control (Kim et al. 1997). Although recent attention has been given to biochemical and molecular parameters to define high quality somatic embryos of oak, such as high cytokinin level, low ABA level (Cvikrova et al. 1998, Mala et al. 1999), expression of storage protein genes (Sunderlikova and Wilhelm 2002) one of the major limitations in SE of broad-leafed forest trees still remains the low rate of plant production.

Although there are many reports dealing with the initiation of embryogenic cultures in broad-leafed forest tree species, data on plantlet production and field performance are few. Appearance and height of *Q. robur* and *Q. petraea* plants were comparable to control plants at the end of the third growing season (Chalupa 1997). Data on plant performance of somatic embryos from mature tissue in the field are even more rare and inconclusive.

Organogenesis

For angiosperm tree species the most widely used procedures (reviewed by Chalupa 1987, Evers et al. 1988) are either direct organogenesis by promoting pre-formed axillary buds – which is the mainly used system in tissue culture propagation – or indirect organogenesis, by inducing adventitious shoot proliferation, such as *Betula* spp. (Welander 1993), *Malus* spp. (Jones 1993), *Prunus* spp. (Druart 1980), *Populus* spp. (Ahuja et al. 1988) and sycamore maple (*Acer pseudoplatanus*) (Wilhelm 1999). Although sycamore maple regenerates well in nature, this tree species did not regenerate well *in vitro* (Morselli 1989).

Micropropagation via organogenesis goes through the phases of culture initiation, shoot multiplication, rooting, and acclimatisation of plantlets (Fig. 3A–E, see p. 256). Several difficulties have been identified in the different steps. The morphogenetic responses of the different phases are regulated by addition of plant growth regulators. To minimize culture contamination, seedlings, grafted trees or branches are grown in the greenhouse (Fig. 3A). The basal medium normally consists of low salts, especially for nitrate and ammonium, such as GD (Gresshoff and Doy 1972) or WPM (Woody Plant Medium, Lloyd and McCown 1981). A high cytokinin level is frequently used to force the flushing of the axillary buds (Fig. 3B). In addition to the basal media, appropriate hormone levels and culture environment, the genotype and the physiological status of the explant are of key importance. Browning can be a problem, and can lead to the death of the explant. The initial axillary buds are forced to flush, thus giving rise to new shoots. These shoots can be further multiplied by dividing them in apical and nodal segments. Topophysical effects are responsible for the observed differences in the shoot multiplication potential between juvenile and mature material even from same genotypes, e.g. in chestnut (Sanchez et al. 1997).

Somaclonal variation

Somaclonal variation, the genetic variation produced by tissue culture techniques (Larkin and Scowcroft 1981) was first reported for woody plants in *Citrus grandis* (Chaturvedi and Mitra 1975, reviewed by DeVerno 1995). Therefore it is common practice to assess the trueness to type of tissue culture plants after regeneration. Chromosomal instabilities are the most frequent forms of variations observed. Reviewing chromosomal variations in tissue culture, Bayliss (1980) pointed out that they are probably the rule rather than the exception. Another potentially mutagenic event is the activation of transposable genetic elements in culture, which may be viewed as an adaptation to stress. Depending on the origin (single versus multiple cells) of somatic embryos or adventitious buds, the formation of cellular mosaics during proliferation may occur and increase the frequency of somaclonal variation. It is known that both the genotype of the explant, culture regimes and plant growth regulators (PGRs) can influence the cytological status of cultured cells, Variation may be evaluated with phenotypic and morphological (image analysis), biochemical (e.g. isozymes, secondary metabolites), cytological (karyotype, flowcytometry, chromosome painting [FISH]) or genome analysis using molecular markers (e.g. RFLPs, RAPDs, AFLPs or SSRs).

An comparison of the risk of somaclonal variation of different tissue culture types clearly indicates that direct organogenesis, such as apical and axillary shoot culture, is the safest method because explants retain their developmental integrity in culture. However, the existence of somaclonal variation among micropropagated plants derived through the culture of organized meristems has been shown for many traits (Rani and Raina 2000). Recent findings of Rahmann and Rajora 2001 have detected microsatellite DNA somaclonal variation in micropropagated trembling aspen, *Populus tremuloides*. Endemann et al. (2001) reported tetraploidy in several embryogenic lines of *Quercus robur* after several years of subculture. The mutations were detected with relative DNA-content measurements via flow cytometry analysis. To reduce the risk for somaclonal variation, the time span for the production of regenerated plantlets after the initial induction should be minimised as possible.

Ontogenetic ageing, phase change phenomena or maturation

A major difficulty in the micropropagation of forest trees is the relatively poor success with adult trees. Most species can be easily propagated vegetatively only during their juvenile phase, but many desirable traits are only expressed in mature trees. As the tree ages and maturity is reached, the rooting ability of vegetative propagules declines. Greenwood (1987) proposed four developmental phases for the maturation (ontogenetic ageing), each characterized by a unique set of morphogenetic competencies: the embryogenetic phase, the seedling phase (close to an ideal juvenile phase); the transition phase (including the acquisition of reproductive competence); and the mature phase (reached when reproductive competence is highest and the capacity for height and diameter growth is lowest). Sometimes phase changes are accompanied by changes in features as shape of foliage like in *Hedera* and *Eucalyptus*. The use of tissues with juvenile characteristics facilitates propagation of mature trees. This is of considerable interest because it allows a successful propagation of proven mature genotypes. The positional effect (Bonga 1987) induces that juvenile characteristics may be preserved at the base of the tree in ontogenetically young tissue, whereas maturation occurs in the periphery of the plant in tissue that is ontogenetically older, but chronologically young, as a function of development and physiological gradients. When such material is not available, some treatments for reversal of ageing, or partial rejuvenation, are helpful. *In vivo* methods include pruning, hedging, the use of stool beds, grafting (serial grafting), the use of root suckers, spraying of plant growth regulators, etiolating and forcing of branch and stem segments for epicormic bud flushing (Ballester et al. 1990, Evers et al. 1996). Additionally, *in vitro* methods have been developed, which include culture of selected explants such as epicormic buds, repeated subculturing, micrografting onto juvenile rootstocks, adventitious bud formation, somatic embryogenesis, and horizontal subculturing (Ballester et al. 1996).

Although phase changes have been widely studied, the mechanisms are not well understood (Ruaud and Paques 1995, Hackett and Murray 1996). Alterations in DNA-methylation have been linked with ageing (Richards 1997). Various markers on morphological, biochemical and molecular levels have been identified for characterisation of different developmental phases. Recently putative marker genes for juvenility have been identified, which are involved in the maturation process of ivy (*Hedera helix*) such as dihydroflavonol reductase (Murray et al. 1994), or a MADS-box genes from apple involved in reproductive development through initiation of flowering (Van der Linden et al. 1999), or a gene for DNA-methyltransferase from peach (Giannino et al. 1999).

Models to study plant – microbe-interactions

Tissue culture of trees offer a good system for studying plant-microbe interactions. Furthermore, *in vitro* cultures of plants have an obvious advantage for studies with fungi which cannot be grown on artificial media. This fact was originally recognised by Morel, who in the early 1940s infected callus from vine (*Vitis vinifera*) with zoospores of the downy mildew fungus *Plasmopara viticola* and tried to select *in vitro* for resistant callus cultures. Plant tissue cultures are providing ideal systems for symbionts, such as mycorrhizal fungi (especially vesicular arbuscular mycorrhiza) which cannot be grown on synthetic medium without a host plant. In addition beneficial responses of bacterial endophytes *in vitro* have been recognised recently and are called "biotization" (Novak 1998).

Several authors have reviewed the applications of plant tissue culture for studies of tree defence mechanisms (Diner and Karnosky 1987, Ostry and Skilling 1992). Most of the early work used cell culture as a system for either artificial induction and selection of resistance, or stimulation of somaclonal variation followed by screening for resistance of cell cultures against certain pathogens. There are only few basic studies with trees, due to the limited knowledge of specific biochemical events in most tree pathosystems. Several investigations with callus cultures developed screening methods for resistance using application of fungal culture filtrate. Several host/pathogen systems, such as *Ulmus*/*Ophiostoma ulmii* (Pjuit et al. 1990) and *Eucalyptus*/*Phytophthora cinnomommi* (McComb et al. 1987) and *Populus*/*Hypoxylon* (Valentine et al. 1988) have been successful in differentiating between resistant and susceptible cell lines, and the assays *in vitro* and *in vivo* have shown good correlation. However, when growth regulators, either from the medium or produced from the pathogen, interact with the plant tissues the results may be confusing (Vardi et al. 1986). Ake et al. (1991) inoculated *in vitro* cultures of plane trees

(*Platanus acerifolia*) with *Ceratocystis fimbriata* (canker stain disease) to characterise the pathogenicity of different isolates of *C. fimbriata* and to study the host-pathogen interactions. The *in vitro* inhibition of callus culture growth appears to be due to the excretion by the fungus of specific toxins. Pathotoxins of *Hypoxylon mammatum* have been purified and used to test clonal, genetic resistance or susceptibility to the fungus, using excised leaves of *Populus tremuloides* (Stermer et al. 1984). The purified mammatoxin was placed on organ cultures and separated *in vitro* clones resistant and susceptible to the fungus (Einspahr and Wann 1985).

Investigations on host-parasite interactions on trees are generally hindered by the multifactorial basis of tree diseases. These problems are reduced in the experimental system chestnut – chestnut blight (*Castanea sativa* Mill. – *Cryphonectria parasitica* (Murr.) Barr), because the ascomycete fungus is the primary disease causing agent. It is a wound parasite, which affects the upper part of the tree. *In vitro* shoot cultures of chestnut have offered an ideal system for monitoring the physiological host responses on biochemical and molecular level (Schafleitner and Wilhelm 1997, 1999 a, b and 2002 a, b, c). *In vitro* shoots of chestnut were inoculated with three different biotic stresses: virulent *C. parasitica*, hypovirulent *C. parasitica*, and a non-pathogenic endophytic *B. subtilis*. Pre-inoculation of *in vitro* chestnut shoots with *B. subtilis* resulted in significant protection against *C. parasitica* (Wilhelm et al. 1998). These effects were attributed to the bacterial elicitation, which lead to a temporarily increased level of PR-proteins, which may be related to the phenomenon of SAR (systemic acquired resistance). The biotic stresses all elicited a general increase in PR-protein levels in the host tissue. PR-proteins are known to be important for plant defence mechanisms (Bowles 1990). *In vitro* chestnut shoots produced about 100 fold higher PR-protein levels than greenhouse plants of the same genotype (unpublished results). The observed high background PR-protein level may be explained by the general stress response due to the tissue culture system itself. The time course studies on the chestnut-microbe-interaction have revealed that PR-protein patterns are differentially induced depending on the kind of fungal infection. Infection with a hypovirulent *C. parasitica* strain resulted in earlier and higher induction of PR-proteins, locally and systemically, than infection with the virulent strain (Schafleitner and Wilhelm 1997). The faster recognition process in the host induced by hypovirulent *C. parasitica* may lead to the earlier activation of defence mechanisms. Several PR-proteins and salicylic-acid (Schafleitner et al. 1999b) are involved in other tree defence reactions, but it is not clear whether these components also play a key role in resistance against chestnut blight. In addition tissue culture grown chestnut shoots allowed the isolation of 26 wound-responsive genes from chestnut (*Castanea sativa* Mill.) by mRNA display and the assessment of differential expression upon wounding and infection with the chestnut blight fungus (Schafleitner and Wilhelm 2002c). The functions of the isolated genes were attributed to signalling, stress- and pathogen response, cell-wall modification, protein- and sterol metabolism and intracellular transport. Temporal expression assessment by reverse Northern dot blot hybridisation showed that the expression profiles of most of the wound-responsive genes were altered upon *C. parasitica* inoculation. Expression analysis with greenhouse grown chestnut trees verified that several of these isolated genes are indeed involved in the wound response of bark tissue (Schafleitner and Wilhelm 2002a).

With these studies it could be shown that axillary shoot cultures of chestnut are a practical tool for studies of the biochemical and molecular tree defence responses, although early attempts to use chestnut callus cultures for distinguishing between resistant and susceptible lines failed (Hebard and Kaufmann 1978).

Conclusions

Tissue culture techniques for forest tree species have been used since many decades and thus are contributing to the steadily increasing knowledge in the areas of cell physiology and molecular biology. The use of tissue culture methods as a micropropagation system for forest tree species is a new technology in comparison to traditional propagation systems. Much progress has been achieved in improving these systems for forest tree species by manipulating growth media and culture conditions, as well as by testing a variety of explant sources. However, the basic understanding of the physiological mechanisms involved has often been lacking. Nowadays, the knowledge in the area of tree physiology is increasing allowing to improve propagation systems as well as to overcome the main bottlenecks in particular ontogenetic ageing and low conversion frequencies in SE systems. The expanded insight into plant-microbe-interactions may provide new concepts for increasing tree vigour, improved hardiness, and disease controls. Nevertheless, field performances of trees produced via new technologies have to be assessed. The planting of cloned forest trees will require special care because, unlike most other crop species, trees live, in one place, over decades or even centuries. During these long periods, the successful trees must be able to endure every adverse physical and biotic component of their environments. These practical aspects are of enormous importance to implement these technologies and to demonstrate the potential benefits for the end users and the public.

References

Ahuja M. R., Krusche D., Melchior G. H. (1988) Determination of plantlet regeneration capacity of selected aspen clones *in vitro*. In: Ahuja M. R. (ed.) Somatic cell genetics of woody plants. Kluwer Academic Publishers, Dordrecht, pp. 127–135.

Ahuja M. R. (ed.) (1988) Somatic cell genetics of woody plants. Kluwer Academic Publishers, Dordrecht.

Ahuja M. R. (ed.) (1993) Micropropagation of woody plants. Kluwer Academic Publishers, Dordrecht.

Ake S., Grillet L., Labert C. (1991) Plane trees (*Platanus spp.*). In: Bajaj Y. P. S. (ed.) Biotechnology in agriculture and forestry, vol. 16, Trees III. Springer, Berlin Heidelberg, pp. 191–210.

Bajaj Y. P. S. (ed.) (1986, 1989, 1991) Biotechnology in agriculture and forestry, trees I, II, III Springer, Berlin Heidelberg.

Ballester A., Sanchez M. C., San-Jose M. C., Vieitez F. J., Vieitez A. M. (1990) Development of rejuvenation methods for *in vitro* establishment, multiplication and rooting of mature trees. In: Rodriguez R., Sanchez T. R., Durzan D. (eds.) Plant aging: basic and applied approaches. Plenum Press, New York, pp. 43–49.

Ballester A., Sanchez M. C., Vieitez A. M. (1996) Combination of *ex vitro* and *in vitro* manipulations for rejuvenation of hardwood species. In: Thomson D., Welander M. (eds.) Annual Report of CA AIR3-CT94-2202: Molecular and morphological markers for juvenility, maturity, rejuvenation and somatic embryogenesis in woody plant species – the biotechnological approach. EC DG XII-E, pp. 42–46.

Bayliss M. W. (1980) Chromosomal variation in plant tissue culture. Int. Rev. Cytol. 11A: 113–143.

Berros B., Albuerne M., Rodriguez R. (1994) Biochemical and morphological markers in hazelnut asexual embryogenesis. Proceedings of the IUFRO Working Party S2.04-07 Somatic Cell Genetics, Valsain, Spain, 18–22 Oct. 1993, 113–124.

Bonga J. M. (1987) Clonal propagation of mature trees: problems and possible solutions. In: Bonga J. M., Durzan D. J. (eds.) Cell and tissue culture in Forestry. Vol. 1. General principles and biotechnology. Martinus Nijhoff Publishers, Dordrecht, pp. 249–271.

Bonga J. M., Durzan D. J. (1982) Tissue culture in forestry, vol. 1. General principles and biotechnology. Martinus Nijhoff Publishers, Dordrecht.

Bonga J. M., Durzan D. J. (1987a) Cell and tissue culture in forestry, vol. 1. General principles and biotechnology. Martinus Nijhoff Publishers, Dordrecht.

Bonga J. M., Durzan D. J. (1987b) Cell and tissue culture in forestry, vol. 2. Specific principles and methods: growth and developments. Martinus Nijhoff Publishers, Dordrecht.

Bonga J. M., Durzan D. J. (1987c) Cell and tissue culture in forestry, vol. 3. Case histories: Gymnosperms, angiosperms and palms. Martinus Nijhoff Publishers, Dordrecht.

Bowles D. J. (1990) Defense related proteins in higher plants. Annual Reviews of Biochemistry 59: 873–907.

Chalupa V. (1987) European Hardwoods. In: Bonga J. M., Durzan, D. J. (eds.) Cell and tissue culture in forestry, vol. 3. Nijhoff Publishers, Dordrecht, pp. 224–246.

Chalupa A. V. (1990) Plant regeneration by somatic embryogenesis from cultured immature embryos of oak (*Quercus robur* L.) and linden (*Tilia cordata* Mill.). Plant Cell Rep. 9: 398–401.

Chaturvedi H. C., Mitra G. C. (1975) A shift in morphogenetic pattern in *Citrus* callus tissue during prolonged culture. Ann. Bot. 39: 683–687.

Corredoira E., Vieitez A. M., Ballester A. (2002) Somatic embryogenesis in elm. Ann. Bot. 89: 637–644.

Cvikrova M., Mala J., Eder J., Hrubcova M., Vagner M. (1998) Abscisic acid, polyamines and phenolic acids in sessile oak somatic embryos in relation to their conversion potential. Plant Physiol. Biochem. 36: 247–255.

Cuenca B., San-Jose M. C., Martinez M. T., Ballester A., Vieitez A. M. (1999) Somatic embryogenesis from stem and leaf explants of *Quercus robur* L. Plant Cell Rep 18: 538–543.

DeVerno L. L. (1995) An evaluation of somaclonal variation during somatic embryogenesis. In: Jain S., Gupta P., Newton R. (eds.) Somatic embryogenesis in woody plants. vol. 1: 361–377.

Druart P. (1980) Plant regeneration from root callus of different *Prunus* species. Scientia Hort. 12: 339–342.

Diner A. M., Karnosky D. F. (1987) Tissue culture application to forest pathology and pest control. In: Bonga J. M., Durzan D. J. (eds.) Cell and tissue culture in forestry, vol. 2. Martinus Mijhoff Publishers, Dordrecht, pp. 351–373.

Endemann M., Wilhelm E. (1999) Factors influencing the induction and viability of somatic embryos of *Quercus robur* L. Biologia Plantarum 42: 499–504.

Endemann M., Hristoforoglu K., Stauber T., Wilhelm E. (2001) Assessment of age-related polyploidy in *Quercus robur* L. somatic embryos and regenerated plants using DNA flow cytometry. Biologia Plantarum 44(3): 339–343.

Einspahr D. W., Wann S. R. (1985) Use if tissue culture techniques in a hardwood tree improvement program. In: Schmidtling R. C., Griggs M. (eds.) Proc. 18th South. For. Tree Improv. Conf. May 21–23, 1985, Long Beach, MS, 33–41.

Evers P., Donkers J., Prat A., Vermeer E. (1988) Micropropagation of forest trees through tissue culture. Pudoc Wageningen, The Netherlands.

Evers P., Haanstra L., Vermeer E., Van Eeeden S. (1996) Influence of reversed phase change on micropropagation of *Quercus robur*. Plant Tissue Culture and Biotechn. 2(3): 148–154.

Fenning T. M., Gershenzon J. (2002) Where will the wood come from? Plantation forests and the role of biotechnology. Trends in Biotechnology (in press).

Filanova L. H., Bozhkov P. V., Brukhin V. B., Daniel G., Zhivotovsky B., Von Arnold S. (2000) Two waves of programmed cell death occur during formation and development of somatic embryos in the gymnosperm, Norway spruce. J. Cell Science 113: 4399–4411.

Gautheret R. J. (1940) Nouvelles recherches sur le bourgeonnement du tissu cambial d'*Ulmus campestris* cultive *in vitro*. C.R. Acad. Sci. Paris 210: 744–746.

Giannino D., Ticconi C., Frugis G., Mele G., Florio S., Santini L., Cozza R., Bitonti M. B., Innocenti A. M., Mariotti D. (1999) Characterisation of juvenile and adult stages in woody species by means of ddRT-PCR markers and genes from heterologous species. Congress on "Applications of Biotechnology to Forest Genetics" in Vitoria-Gasteiz, Spain, 22–25 September 1999. Book of Abstracts.

Gingas V. M., Lineberger R. D. (1989) Asexual embryogenesis and plant regeneration in *Quercus*. Plant Cell, Tissue and Organ Culture 1: 191–203.

Greenwood M. S. (1987) Rejuvenation of forest trees. Plant Growth Reg. 6: 1–12.

Gresshoff P. M., Doy C. H. (1972) Development and differentiation of haploid *Lycopersicon esculentum* (tomato). Planta 107: 161–170.

Haberlandt G. (1902) Culturversuche mit isolierten Pflanzenzellen. Sitzungsber. Akad. Wiss. Wien. Math. Nat. Cl. 111, Abt.1: 69–91.

Hackett P. W., Murray J. R. (1996) Maturation or phase change. In: Thompson D., Welander M. (eds.) Annual Report of CA AIR3-CT94-2202: Molecular and morphological markers for juvenility, maturity, rejuvenation and somatic embryogenesis in woody plant species – the biotechnological approach EC DG XII-E, pp. 7–26.

Hebard F. V., Kaufman P. B. (1978) Chestnut callus cultures: Tannin content and colonization by *Endothia parasitica*. Proc. Am. Chestnut Symp. Morgantown. WV West Virginia. Univ. Vooks, pp. 63–79.

Jain S., Gupta P., Newton R. (eds.) (1995a) Somatic embryogenesis in woody plants, vol. 1: History, molecular and biochemical aspects and applications. Kluwer Adademic Publishers, Dordrecht.

Jain S., Gupta P., Newton R. (eds.) (1995b) Somatic embryogenesis in woody plants, vol. 2: Angiosperms. Kluwer Adademic Publishers, Dordrecht.

Jain S., Gupta P., Newton R. (eds.) (1995c) Somatic embryogenesis in woody plants, vol. 3: Gymnosperms. Kluwer Adademic Publishers, Dordrecht.

Jain S., Gupta P., Newton R. (eds.) (1999) Somatic embryogenesis in woody plants vol. 4: Gymnosperms. Kluwer Adademic Publishers, Dordrecht.

Jones O. P. (1993) Propagation of apple *in vitro*. In: Ahuja M. R. (ed.) Micropropagation of woody plants. Kluwer Academic Publishers, Netherlands, pp. 169–186.

Kendurkar S. V., Nadgauda R. S., Phadke C. H., Jana M. M., Shirke S. V., Mascarenhas A. F. (1995) Somatic Embryogenesis in some woody angiosperms. vol. 1. In: Jain S. M., Gupta P. K., Newton R. J. (eds.) Somatic embryogenesis in woody plants. Kluwer Academic Publishers, Dordrecht, pp. 49–80.

Kim Y. W., Youn Y., Noh E. R., Kim J. C. (1997) Somatic embryogenesis and plant regeneration from immature embryos of five families of *Quercus acutissima*. Plant Cell Rep. 16: 869–873.

Jörgensen J. (1989) Embryogenesis in *Quercus petraea* and *Fagus sylvatica*. J. Plant Physiol. 132: 638–640.

Larkin P. J., Scowcroft W. R. (1981) Somaclonal variation – a novel source of variability from cell cultures for plant improvement. Theor. Appl. Genet. 60: 197–214.

Lloyd G., McCown B. (1980) Commercially feasible micropropagation of mountain laurel, *Kalmia latifolia*, by use of shoot tip culture. Proc. Int. Plant Propagators Soc. 30, pp. 421–427.

Malá J., Cvikrova H., Brezinoý A., Hrubcová M., Eder J., Vagner M., Cvikrova M. (1999) Biochemical characteristics of oak somatic embryos. Book of Abstracts. Congress on "Applications of Biotechnology to Forest Genetics" in Vitoria-Gasteiz, Spain, 22–25 September 1999.

McComb J. A., Hinch J. M., Clarke A. E. (1987) Expression of field resistance in callus tissue inoculated with *Phytophthora cinnamomi*. Phytopathology 77: 347–351.

Merkle S. A. (1995) Strategies for dealing with limitations of somatic embryogenesis in hardwood trees. Plant Tissue Cult. Biotechn. 1(3): 112–121.

Merkle S. A., Parrot W. A., Flinn B. S. (1995) Morphogenic aspects of somatic embryogenesis. In: Thorpe T. A. (ed.) *In vitro* embryogenesis in plants. Kluwer Adademic Publishers, Dordrecht, pp. 155–203.

Morel G. (1944) Le développement du mildiou sur des tissus de vigne cultures *in vitro*. Compt. Rend. Hebdom. des Séances de l'Academie des Sciences, Paris 218: 50–52.

Morel G. (1948) Recherches sur la culture associée de parasites obligatoires et de tissus végétaux. Annales des éphiphyties (série Pathologie Végétale) 14:1–112.

Morselli M. F. (1989) Maple (*Acer spp.*) In: Bajaj Y. P. S. (ed.) Biotechnology in agriculture and forestry 5, Trees II. Springer, Berlin Heidelberg, pp. 246–274.

Murray J. R., Smith A. G., Hackett W. P. (1994) Differential dihydroflavonol reductase transcription and anthocyanin pigmentation in the juvenile and mature phases of ivy (*Hedera helix* L.). Planta 194: 102–109.

Novak J. (1998) Benefits of *in vitro* "Biotization" of plant tissue cultures with microbial inoculants. Review. *In vitro* Cell. Dev. Biol. Plant 34: 122–130.

Ostry M. E., Skilling D. D. (1992) Applications of tissue culture for studying tree defense mechanisms. In: Blanchette R. A., Biggs A. R. (eds.) Defense mechanisms of woody plants against fungi. Springer, Berlin, pp. 405–423.

Park Y. S., Barret, J. D., Bonga J. M. (1998) Application of somatic embryogenesis in high-value clonal forestry: deployment, genetic control and stability of cryopreserved clones. *In vitro* Cell. Dev. Biol. Plant 34: 231–239.

Pijut P. M., Domir S. C., Lineberger R. D., Schreiber L. R. (1990) Use of culture filtrates of *Ceratocystis ulmi* as a bioassay to screen for disease tolerant *Ulmus americana*. Plant Sci. 70: 191–196.

Rahmann M. H., Rajora O. P. (2001) Microsatellite DNA somaclonal variation in micropropagated trembling aspen (*Populus tremuloides*). Plant Cell. Rep. 20: 531–536.

Rani V., Raina S. N. (2000) Genetic fidelity of organized meristem-derived micropropagated plants: A critical reappraisal. *In vitro* Cell. Dev. Biol. Plant 36: 319–330.

Richards E. J. (1997) DNA methylation and plant development. Trends in Genetics 13: 319–323

Ruaud J. N., Paques M. (1995) Somatic embryogenesis and rejuvenation of trees. In: Jain S., Gupta P., Newton R. (eds.) Somatic embryogenesis in woody plants. Kluwer Academic Publisher, Dordrecht, vol. 1: 99–118.

Sanchez M. C., Ballester A., Vieitez A. M. (1997) Reinvigoration treatments for the micropropagation of mature chestnut trees. Ann. Sci. For. 54: 359–370.

Sauer U., Wilhelm E. (2002) Somatic embryogenesis from ovaries, developing ovules and immature zygotic embryos of European chestnut *Castanea sativa* Mill. (in prep).

Schafleitner R., Wilhelm E. (1997) Effect of virulent and hypovirulent *Cryphonectria parasitica* (Murr.) barr on the intercellular pathogen related proteins and on total protein pattern of chestnut (*Castanea sativa* mill.). Phys. Mol. Plant Pathol. 51: 323–332.

Schafleitner R., Wilhelm E. (1999a) Chestnut blight: Monitoring the host response with heterologous cDNA probes. Acta Hort. 494: 481–486.

Schafleitner R., Buchala A., Wilhelm E. (1999b) Class III chitinase expression and salicylic acid accumulation in chestnut (*Castanea sativa* L) after challenge with hypovirulent and virulent *Cryphonectria parasitica* (Murr.) barr. Phyton. 39: 191–196.

Schafleitner R., Wilhelm E. (2002a) Isolation of wound inducible genes from *Castanea sativa* stems and expression analysis in the bark tissue. Plant Physiol. Biochem. 40(3): 235–245.

Schafleitner R., Wilhelm E. (2002b) Assessment of stress gene expression in chestnut (*Castanea sativa* mill.) upon pathogen infection (*C. parasitica* (Murr.) barr.) and wounding. Forest Snow and Landscape Research (in press).

Schafleitner R., Wilhelm E. (2002c) Isolation of wound-responsive genes from chestnut (*Castanea sativa* Mill.) microstems by mRNA display and their differential expression upon wounding and infection with the chestnut blight fungus (*Chryphonectria parasitica* (Murr.) Barr.) (submitted).

Sotak R. J., Sommer H. E., Merkle S. A. (1991) Relation of the developmental stage of zygotic embryos of yellow-poplar to their somatic embryogenic potential. Plant Cell Reports 10(4): 175–178.

Stermer B. A., Scheffer R. P., Hart J. H. (1984) Isolation of toxins of *Hypoxylon mammatum* and demonstration of some toxic effects on selected clones of *Populus tremuloides*. Phytopathology 74: 654–658.

Sunderlikova V., Wilhelm E. (2002) High accumulation of legumin and Lea mRNAs during maturation are associated with increased conversion frequency of somatic embryos from pedunculate oak (*Quercus robur* L.) Protoplasma (in press).

Thorpe T. A., Harry I. S., Kumar P. P. (1991) Application of micropropagation to forestry. In: Debergh P. C., Zimmerman P. H. (eds.) Micropropgation: technology and application. Kluwer Academic Publishers, Dordrecht, pp. 311–336.

Tibok A., Power J. B., Davey M. R. (1995) Progress in protoplast technology for woody angiosperms. In: Jain S., Gupta P., Newton R. (eds.) Somatic embryogenesis in woody plants. vol. 1. Kluwer Adademic Publishers, Dordrecht, pp. 143–166.

Toribio M., Celestino C., Gallego J., Martinez I. (1998) Induction of somatic embryogenesis in tissues from mature oak trees. COST 822, WG 1 "Physiology and Control of Plant Propagation *in vitro*". Meeting in Lisse, The Netherlands.

Valentine F., Baker S., Belanger R., Manion P., Griffin D. (1988) Screening for resistance to *Hypoxylon mammatum* in *Populus tremuloides* callus and micropropagted plantlets. In: Ahuja M. A. (ed.) Somatic cell genetics of woody plants. Kluwer Academic Publishers, Dordrecht, p. 181.

Van der Linden C. G. W., Rus-Kortekaas M. J. M., Smulders R. (1999) MADS-box genes as putative markers for juvenile and mature phase in woody species. Congress on "Applications of Biotechnology to Forest Genetics" in Vitoria-Gasteiz, Spain, 22–25 September 1999, Book of Abstracts.

Vardi A., Epstein E., Breiman A. (1986) Is the *Phytophthtora citrophthora* culture filtrate a reliable tool for the *in vitro* selection of resistant *Citrus* variants? Theor. Appl. Genet. 72: 569–574.

Vieitez A. M., Ballester A., Vieitez M. L., Vieitez E. (1983) *In vitro* plantlet regeneration of mature chestnut. J. Hort. Sci. 58: 457–463.

Welander M. (1993) Micropropagation of birch. In: Ahuja M. A. (ed.) Micropropagation of woody plants. Kluwer Adademic Publishers, Dordrecht.

Wilhelm E., Arthofer W., Schafleitner R., Krebs B. (1998) *Bacillus subtilis* an endophyte of chestnut (*Castanea sativa*) as antagonist against chestnut blight (*Cryphonectria parasitica*). Plant Cell, Tissue and Organ Culture 52: 105–108.

Wilhelm E. (1999) Micropropagation of juvenile *Acer pseudoplatanus* via adventitious shoot formation by use of thidiazuron. Plant Cell, Tissue and Organ Culture 57: 57–60.

Wilhelm E. (2000) Somatic embryogenesis in oak (*Quercus spp.*). *In vitro* Cell. Dev. Biol. Plant 36: 349–357.

Winton L. W. (1968) The rooting of liquid grown aspen cultures. Am. J. Bot. 55: 159–167.

Address of the author: Univ. Doz. Dr. Eva Wilhelm, ARC Seibersdorf Research GmbH, Division of Environmental and Life Sciences, Biotechnology Unit, A-2444 Seibersdorf, Austria.

The development of transformation of temperate woody fruit crops

M. Laimer

In his memorial paper Härtel (1996) honours Haberlandts courage to break a tabu and destroy barriers between disciplines. What characterizes Haberlandt's efforts in linking anatomy and physiology to create the most successful "Physiological Plant Anatomy" (Haberlandt 1884) nowadays would be called the capacity for transdisciplinarity.

Transdisciplinarity is a magic word in science programmes nowadays, but to my understanding translates exactly what Haberlandts assistant in Graz, Otto Posch, meant with his comment on Haberlandt's scientific activities: "Die schönsten und interessantesten Pflanzen wachsen am Zaun zwischen zwei Feldern" (The most beautiful and interesting plants grow along the fence between two fields). Mainly transdisciplinar approaches will allow to solve the problems mankind will be facing in future (Thompson Klein et al. 2001).

A typical example for such a transdisciplinary approach in the field of plant biotechnology is the development of virus resistant transgenic fruit trees by the pathogen-mediated approach, since to achieve this goal interaction of different disciplines is required: essential knowledge in plant virology will lead to the identification of useful genes, skills in molecular biology will enable the construction of transformation vectors and experience in plant tissue culture will allow the regeneration of transgenic plants (Fig. 1).

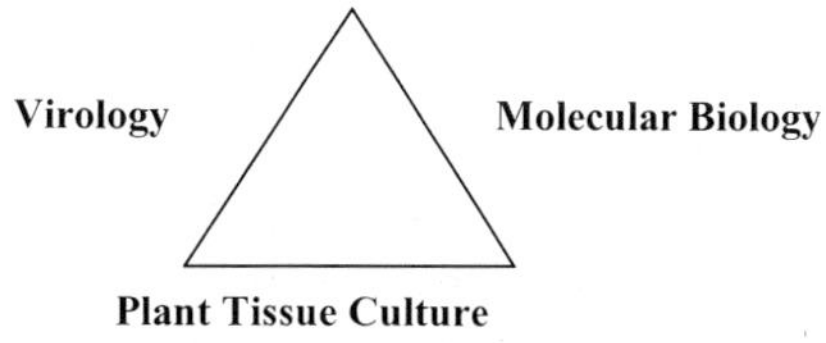

Fig. 1. Interaction of different disciplines leading to the production of virus resistant transgenic fruit trees by the pathogen mediated approach

Temperate fruit trees and actual problems with pathogens

Among the leading deciduous fruit crops are apples with an annual production of about 60 million tons and grapes with about 61 million tons, followed by peaches and nectarines with 12 million tons and plums with 7,3 million tons, while apricot production reaches 2,7 million tons, and almond production 1,3 million tons (FAO 1999). Considering their nutritional and dietetic value, fruit crops contribute significantly to an improvement of human nutrition and world food production. The number of apple cultivars has drastically decreased from over 7000 described in the last century (Ragan 1926) to an actual supermarket supply of "red, green and yellow" apples.

Most important temperate fruit crops including grapes, apples, plums and cherries, in contrast to forest tree species, have been vegetatively propagated as cultivar clones since centuries, a factor which has also contributed to the spread of latent pathogens such as viruses and phytoplasmas (Laimer 2003).

Current fruit production faces problems with biotic and abiotic stresses during production, harvest and storage. Little consciousness exists of how strongly plant pathogens may interfere with crop production and therefore with human life (Agrios 1997, Hobhouse 1985).

General overview of transformed fruit trees

Breeding of perennial fruit trees by traditional means is a longterm undertaking. Conventional breeding by crossing is limited by reduced availability of suitable resistance genes in the genepool. Breeding of woody plants requires long time periods due to the long generation time, the degree of heterozygozity is high and multiple backcrosses are required, to eliminate undesired traits. In many instances resistance genes against biotic and abiotic factors are not even available in closely related species of cultivated fruit trees, but occur in wild species or non cultivated cultivars, which have only a poor fruit quality.

The application of molecular techniques makes new resistance genes available and it is imaginable, that breeding steps will take less time, if desired traits can be directly introduced into high yielding cultivars, without transferring the entire genetic background, containing also undesirable traits.

This need concerns not only new cultivars important for the actual market. This applies also for the conservation of old local cultivars, which are endangered by the spread of certain pathogens.

Traits modifyable in fruit trees by a transgenic approach from an agricultural practice point of view do not differ much from those addressed also in other crops, which comprise resistance to abiotic stresses and resistance to biotic stresses, altered processing and storage qualities, altered nutritional qualities and modified growth habits (Dandekar 1992, Watillon et al. 1997, Druart et al. 2000).

Most studies attempting improved resistance in wood fruit crops introduce specific resistance genes rather than activating a plural defense mechanism (Schuerman and Dandekar 1991). Resistance breeding can envisage many different pathogens and approaches, e.g. the expression of antibacterial genes from insects and lytic peptides against bacteria, (Jaynes et al. 1987; Zasloff 1987; Steiner et al. 1981; Chen et al. 1988; Powell et al. 1995, 2000; Fritig et al. 1998; Ali and Reddy 2000; Cary et al. 2000; van der Biezen 2001), or the expression of chitinases to destroy fungal cell walls (Schlumbaum et al. 1986; Bolar et al. 2000; Broglie et al. 1991; Lorito et al. 1998; Zhu et al. 1994; Jach et al. 1995; Lorito and Scala 1999), or the expression of the Bt toxin (Vaek et al. 1987) or of a trypsin inhibitor against insects (Hilder et al. 1987). Nevertheless, the search for resistance genes from plant genomes progresses rapidly (van den Elzen et al. 1993; Bergmann et al. 1994; Bellincampi et al. 1994; Nuss et al. 1996). Recent developments in fruit tree biotechnology have provided an alternative to fruit tree improvement by a direct introduction of genes encoding for desirable traits (Hammerschlag and Litz 1992). Most research has focused on introducing resistance to pathogens, however attention was given also to genes modifying the growth habit, i.e. regulating columnar growth, increasing rooting ability, or increasing resistance to abiotic stresses, like freezing tolerance, toxin resistance, improving storage life and reducing browning (Table 1A – C).

Table 1A. Survey of transgenic temperate woody fruit species belonging to different families

Species	Transformation	Genes	Explant	Reference
Actinidia deliciosa (*Actinidiaceae*)	*A. tumefaciens* LBA 4404	*rol* A, B, C for improved rooting	leaf discs	Rugini et al. 1993
Carica papaya (*Caricaceae*)	particle bombardment	PRSV cp for virus resistance	immature zygotic embryos	Fitch et al. 1992
	A. tumefaciens C58	PRSV cp for virus resistance	hypocotyl, embryogenic callus	Fitch et al. 1993
Diospyros kaki (*Ebenaceae*)	*A. tumefaciens*	CryIA(c) for insect resistance	leaf discs	Tao et al. 1997
	A. tumefaciens	S6PDH for salt tolerance	leaf discs	Gao et al. 2001
Juglans regia (*Juglandaceae*)	*A. tumefaciens* Wag11	*Cry*A for insect resistance	embryogenic callus from immature cotyledons	Dandekar et al. 1998
Cyphomandra betacea (*Solanaceae*)	*A. tumefaciens* LBA 4404	*als* for herbicide clorsulfuron-resistance	leaves of *in vitro* shoots	Atkinson and Gardner 1993
Citrus aurantifolia	*A. tumefaciens*	CTV cp for virus resistance	stem segments of seedlings	Dominguez et al. 2000
Carrizo citrange (*Rutaceae*)	*A. tumefaciens*	HAL2 from yeast for salt tolerance	stem segments of seedlings	Cervera et al. 2000

Table 1B. Survey of transgenic temperate woody fruit species belonging to the family *Rosaceae*

Species	Transformation	Genes	Explant	Reference
Malus pumila M26	*A. rhizogenes* A4	*rol* genes for improved rooting	stems of *in vitro* shoots	Lambert and Tepfer 1992
Malus pumila M26	*A. tumefaciens* LBA 4404	Attacin E for fire blight resistance	leaves of *in vitro* shoots	Norelli et al. 1994
Malus pumila M26	*A. tumefaciens*	*rol* A and B for improved rooting	leaves of *in vitro* shoots	Zhu and Welander 2001
M. domestica Royal Gala	*A. tumefaciens* LBA 4404	acetolactase synthase for herbicide resistance	leaves of *in vitro* shoots	Yao et al. 1995
Malus pumila Greensleeves	*A. tumefaciens* LBA 4404	CpTI for insect resistance	leaves of *in vitro* shoots	James et al. 1995
M. domestica Jonagold	*A. tumefaciens* LBA 4404	*RS-AFP2* for fungal resistance	leaves of *in vitro* shoots	De Bondt et al. 1998
M. domestica Jonagold	*A. tumefaciens* LBA 4404	*Knap1* to reduce internode length	leaves of *in vitro* shoots	Druart et al. 2000
M. domestica Orin	*A. tumefaciens*	*PPO as* to reduce browning	leaves of *in vitro* shoots	Murata et al. 2000
M. domestica McIntosh	*A. tumefaciens*	endochitinase for scab resistance	leaves of *in vitro* shoots	Bolar et al. 2000
M. domestica Royal Gala	*A. tumefaciens* EHA 105	MB 39, modified cecropin, for bacterial resistance	stems, internodes, leaf discs of *in vitro* shoots	Liu et al. 2001
M. domestica Gala, Elstar	*A. tumefaciens*	(α-hordothionin for scab resistance	leaves of *in vitro* shoots	Janse et al. 2002

Table 1B (continued)

Species	Transformation	Genes	Explant	Reference
Pyrus communis Beurre Bosc	*Agrobacterium*	*rol* C for improved rooting	leaves of *in vitro* shoots	Bell et al. 1999
Pyrus communis Conference	*A. tumefaciens*	antibacterial peptides for fire blight resistance	leaves of *in vitro* shoots	Mourgues et al. 1996, 1998
Pyrus communis Passe Crassane	*A. tumefaciens*	attacin E for fire blight resistance	leaves of *in vitro* shoots	Reynoird et al. 1999
Prunus armeniaca P. domestica	*A. tumefaciens* LBA 4404	PPV cp for virus resistance	cotyledons of immature embryos	Laimer da Câmara Machado et al. 1992
Prunus domestica	*A. tumefaciens* LBA 4404	PPV cp for virus resistance	hypocotyl slices	Scorza et al. 1994
Prunus domestica	*A. tumefaciens* C58	PRSV cp for virus resistance	hypocotyl slices	Scorza et al. 1995b
Prunus subhirtella	*A. tumefaciens* LBA 4404	*uidA* marker gene	somatic embryos	da Câmara Machado et al. 1995a

Table 1C. Survey of transgenic temperate woody fruit species belonging to the family *Vitaceae*

Species	Transformation	Genes	Explant	Reference
Vitis vinifera SO4 (*V. berlandieri x V. riparia*) and 41B (*V.v. x V. berl.*)	*A. tumefaciens* LBA 4404	GFLV cp gene for virus resistance	anther derived embryogenic callus	Mauro et al. 1995
110 Richter (*V. berlandieri x V. rupestris*)	*A. tumefaciens* LBA 4404	GCMV cp gene for virus resistance	anther derived embryogenic callus	Le Gall et al. 1994
110 Richter and *Vitis rupestris*	*A. tumefaciens* LBA 4404	GFLV cp gene for virus resistance	hypocotyl and anther derived embryogenic callus	Krastanova et al. 1995
110 Richter and *Vitis vinifera*	*A. tumefaciens* LBA 4404	Cps of GFLV, ArMV, GVA and GVB for virus resistance	immature embryo and anther derived embryogenic callus	Gölles et al. 1996, 1997a, 1997b, 2000
Vitis vinifera NeoMuscut	A. *tumefaciens*	rice chitinase (*RCC2*) for fungal resistance	somatic embryos	Yamamoto et al. 2000
Vitis vinifera Merlot, Chardonnay	particle bombardment	chitinase ThEn42 for fungal resistance	somatic embryos	Kikkert et al. 2000

Table 1C (continued)

Species	Transformation	Genes	Explant	Reference
Vitis vinifera Dornfelder, Riesling	*A. tumefaciens* LBA 4404	chitinase, glucanases, RIPs for fungal resistance	somatic embryos	Harst et al. 2000
Vitis vinifera Sultana	A. *tumefaciens*	PPO antisense to avoid berries browning	somatic embryos	Thomas et al. 2000
Vitis vinifera Thompson seedless	A. *tumefaciens*	Shiva 1 for antimicrobial activity	somatic embryos	Li et al. 2001
Vitis vinifera Chardonnay	Bombardment	magainin for antimicrobial activity	somatic embryos	Vidal et al. 2002
Vitis vinifera Nebbiolo	*A. tumefaciens* LBA 4404	GFLV cp gene for virus resistance	somatic embryos	Gribaudo et al. 2002

Viruses and the pathogen-mediated resistance approach

Plum Pox Virus (PPV) the causal agent of Sharka disease and member of the potyvirus family, is classified by US and EC plant quarantine agencies as the most important pathogen in apricots, plums and peaches (CABI/EPPO 1992). Sharka infection data from Central and Southern Europe clearly demonstrate the economic consequences of this threat, as apricot and plum cultures are increasingly being replaced. Apricot appears to be the most sensitive stone fruit towards infection with PPV. After its appearance in the South American Continent (Herrera et al. 1997), in 1999 it has been confirmed for the first time in the United States of America (http://aphis.usda. gov/lpa/press/1999/10/ plumpox.txt), which prompted Canada to close the entry of *Prunus* material from the US (http://www.cfia-acia.agr.ca/english/corpaffr/newsrelease/ 19991122e.shtml). Traditional breeding for finding or introducing resistance to PPV started about the mid of the 20th century at Cacak (Former Yugoslavia) in parallel, surveys of varieties resistant or at least less affected by PPV were undertaken, but little hope exists to find a reassuring solution (Cociu et al. 1997, Hartmann 1998).

Considering the severity of the disease, the difficulty to control its spread, and the lack of resistant cultivars, the necessity of resistant cultivars is evident and a strait-forward strategy is required.

The production of grapes suffers worldwide from yield losses caused by grapevine viruses spread either by soil- or by airborne vectors and numerous treatments with pesticides are applied against fungi and insects. Grapevine fanleaf disease is the most important and most widespread viral disease of grapevines (Bovey et al. 1980), caused by the soil-borne nepoviruses grapevine fanleaf virus (GFLV) and arabis mosaic virus (ArMV) together with other nepoviruses.

The rugose wood complex of grapevine is found in most viticultural countries all over the world. The mealybug-transmitted vitiviruses grapevine virus A (GVA) and grapevine virus B (GVB) are involved in the aetiology of Kober stem grooving and corky bark, respectively, two of the syndromes of the complex (Minafra et al. 1997). Again, no natural resistance to these viruses is known in *Vitis* sp.

"Cross protection" was originally described as the phenomenon of protection of a plant against the invasion of a severe disease-causing virus due to prior inoculation of the plant with an attenuated virus strain (McKinney 1929). Hamilton (1980) and Sanford and Johnston (1985) postulated that sequences from the viral genome, if expressed in transgenic plants, could cause a protection against viruses. In fact by the expression of the viral coat protein gene in transgenic plants similar protective effects could be obtained, and it was therefore distinguished as coat protein mediated protection (Beachy et al. 1990, Gadani et al. 1990). Since also other than coat protein sequences were shown to confer resistance, e.g. satellite RNA (Harrison et al. 1987), non-structural genes (Zaitlin et al. 1990), ribozymes (Young and Gerlach 1990), defective interferings (Boyer et al. 1990) this concept was enlarged and termed pathogen-derived resistance (Lomonossoff 1995).

Pathogen-mediated resistance is currently supposed to be based on mechanism of post-transcriptional gene silencing correlated with homologies in the coding region and reversible through meiosis (Dougherty and Parks 1995; English et al. 1996; Ratcliff et al. 1997; Baulcombe 1996, 1998, 2002; Waterhouse et al. 1998, 2001; Scorza et al. 2001).

Plant tissue culture

It was to be expected that following the formulation of Haberlandt's hypothesis of the totipotency of plant cells, early investigations should also address the possibility to propagate woody plants *in vitro*, and several early workers stressed the prospective potential of such an application (Geissbühler and Skoog 1957, Haissig 1965).

Early work in the field focussed primarily on the use of meristem culture techniques and later on *in vitro* micrografting of shoot tips to eliminate systemic virus infections from apple (Walkey 1972, Huang and Millikan 1980).

In fact it was not until 1977, when Jones et al. demonstrated that virus-free shoots of the apple rootstock M26 could be multiplied and rooted *in vitro* indicating, that more than 60.000 plantlets could be produced from a single shoot tip over a 8 month culture period, and that the technique worked for different apple scion cultivars (Jones et al. 1979).

At about the same time workers as Boxus and Quorin (1977) developed viable methods for the *in vitro* propagation of various *Prunus* species.

However, in spite of a great deal of work concerned with the *in vitro* culture of woody species only in the decade of 80ies reliable techniques have been developed that enable the rapid clonal propagation of economically important species of temperate fruit trees on a commercial scale (Dodds 1983, Zimmerman and Broome 1980).

The commercial application of clonal multiplication of temperate fruit tree species is based on the outgrowth of preexisting axillary meristems. In 1983 Dodds still noted "a paucity of reports in the literature concerning the induction of adventitious shoot production or organogenesis from other explant sources or from callus or cell cultures".

Such limited reports have resulted from studies with stone fruit species, like *Prunus amygdalus* (Mehra and Mehra 1974), *P. mahaleb* (Hedtrich 1977), and *P. avium x pseudocerasus* (Gayner et al. 1979) and *P. incisa x serrula* (Druart 1980, 1990). Somatic embryogenesis and adventitious bud production from tissues of grape (*Vitis ssp.*) was achieved by Mullins and Srinivasan (1976), Hirabayashi et al. (1976), Krul and Worley (1977), Favre (1977),

Barlass and Skene (1978), Srinivasan and Mullins (1980), Stamp and Meredith (1988), Gray (1989), Matsuta and Hirabayashi (1989), Nakano et al. (1994) and Perl et al. (1995). Plantlets could be regenerated from callus from apple endosperm by Shih-Kin et al. (1977) and from anther derived embryogenic calli (Zhang et al. 1987, Höfer et al. 1999).

Not long ago, trees were considered to be recalcitrant material for molecular biology techniques, including genetic transformation (Gray and Meredith 1992, Peña and Seguin 2001). It was recognized since many years that the main obstacle for transformation of fruit tree species is the regeneration of transformed plantlets (McGranahan et al. 1988, Laimer et al. 1989, Laimer da Câmara Machado et al. 1992). Although Haberlandt postulated the totipotency of all plant cells, we definitively ignore in some instances the right triggers to bring it about. Attempts to improve crop plants by genetic engineering techniques will therefore depend very strongly on the availability of reliable protocols for transformation, selection and regeneration (Laimer da Câmara Machado 1992). Furthermore regeneration of plants from single cells is a precondition for *Agrobacterium tumefaciens* mediated gene transfer to achieve homogeneously transformed plants (Polito et al. 1995).

The choice of the best explant is a crucial decision, one which also Haberlandt experiences in a sad manner. This holds true even today with all our developed protocols for plant tissue culture: the species we would like to improve are sometimes difficult to propagate in tissue culture; the genotypes we would be most interested in transforming, are regenerating poorly; the transformed cells in an explant are not the ones competent for regeneration.

Protoplasts, when first isolated by enzymatic digestion (Cocking 1960), created great expectations. The drawback of the technique lays certainly in the limited regeneration capacity of woody species, even if methods for the regeneration of rosaceous fruit trees from protoplasts have become available (Ochatt 1990, Kondakova and Druart 1997).

Callus or suspension cultures represent ideally a great number of cells which might be transformed by agrobacteria, but the limitations of these systems are that a) not every species can regenerate out of the undifferentiated stage and b) somaclonal variation might be expected for plants regeneration through these systems.

Leaf discs (Horsch et al. 1985) and stem cuttings represent complex explants which allow to regenerate plantlets with some success from many cultivars, including also woody species (James 1987, Laimer et al. 1989, Steinkellner et al. 1991) (Figs. 2a–c, see p. 257; 3a–e, see p. 258).

Regeneration from petioli of *Vitis* rather seemed to give rise to chimeric regenerants, due to the fact, that subepidermal and epidermal cells jointly contributed to an initiating promeristem (Colby et al. 1991).

Regeneration of transgenic fruit trees and grapevines is also feasible from embryogenic cultures (Kikkert et al. 1996, 2000, 2001; Scorza et al. 1995a;

Perl et al. 1996; Gölles et al. 1996, 2000; Martinelli and Gribaudo 2001; da Câmara Machado et al. 1995a–b). Somatic embryogenesis definitively offers the advantage of single cell regeneration and therefore currently appears to be the most promising approach to introduce new genes in woody crop species (da Câmara Machado et al. 1995a–b) (Figs. 4a–d, see p. 259; 5a–f, see p. 260).

Reliable protocols for *Agrobacterium*-mediated transformation of stone fruit species involve also cotyledons of immature embryos at a certain stage of development after full bloom or hypocotyl slices as explant material (Laimer da Câmara Machado et al. 1992; Mante et al. 1989, 1991).

Transformation and selection

The methods mainly applied for fruit tree transformation are (a) using biological vectors, e.g. *Agrobacterium*-mediated transformation, (b) direct DNA transfer techniques, like chemical or electrical induction of plasmalemma permeability or (c) non-biological vector systems, especially microbombardment (Oliveira et al. 1996, Table 1A–C).

The use of *Agrobacterium* as biological vector benefits from the fact, that the target plants (fruit trees and grapevine) are within the host range of *Agrobacterium.* Furthermore this transformation method targets the T-DNA to the nucleus and integrates it stably into the host DNA, frequently in low copy numbers when compared to that obtained with biolistics (Mehlenbacher 1995, Potrykus pers. comm).

However also particle bombardment has efficiently been applied for the transformation of peach, papaya and grapevine (Ye et al. 1994, Fitch et al. 1990, Scorza et al. 1995a).

Before initiating a transformation experiment with perennial woody species it appears crucial to determine the sensitivity of the tissue towards the selecting agents. In poorly regenerating explants also transformed cells may die because of the isolation effect, if confronted with a high selection pressure from the beginning (Laimer da Câmara Machado 1992). Kanamycin resistance is widely used in screening for transformants.

Prunus tissue is quite sensitive to kanamycin by rapidly loosing its embryogenic potential, as determined beforehand (da Câmara Machado et al. 1995a). Therefore a continuous selection on media containing 75 mg/l kanamycin was initiated the second month after co-cultivation and 100 mg/l kanamycin after six months, while cefotaxime could be withdrawn.

Also grapevine was shown to be sensitive to kanamycin as selecting agent (Colby and Meredith 1990). Different patterns of application have been compared, yielding after several months of selection comparable numbers of transgenic grapevine plantlets (Gölles et al. 1996, 2000).

Transgenic plants obtained at the IAM

We have focused our efforts on virus resistance breeding by biotechnology, since there does not exist any chance to control these pathogens by chemical means, and the chemical control of their vector organisms, e.g. aphids, nematodes, etc. appears ecologically highly questionable.

Following the pathogen-mediated protection approach, we have isolated the coat protein gene of the stone fruit pathogens PPV (Laimer da Câmara Machado et al. 1992) PNRSV (Hammond et al. unpublished) and of 4 grapevine viruses: GFLV (including non-translatable and truncated forms of the cp gene), ArMV, GVA, and GVB, (Gölles et al. 1996, 2000) and transformed different explants of different woody species (Figs. 2–5).

However, other viral sequences – both in sense and antisense orientation are currently being investigated for their (1) capacity to confer resistance, (2) interaction with the ontogenesis of the plant and (3) impact on ecological parameters, e.g. the coat protein construct used in PPV experiments is non-aphid transmissible due to the lack of an amino acid motif in the 5′ region ("biological containment", R. Hull, pers. comm.). Keeping in mind the safety considerations and the actual knowledge about sequences regions responsible for heterologous encapsidation, complementation and recombination (Maiss et al. 1997, Varrelmann 1999), constructs have been conceived lacking these regions and therefore reducing the occurrence of these phenomena (Korte et al. 1995, Maiss et al. unpubl.). Bertioli et al. (1991) described the formation of self-assembled empty virions in transgenic lines expressing the cp gene of ArMV. In contrast, plants transformed with the truncated cp genes of GFLV did not contain any virion particles (Castellano and Laimer, unpublished).

Transgenic apricots (*Prunus armeniaca*) containing the coat protein gene of PPV were regenerated from cotyledons of immature embryos (Laimer da Câmara Machado et al. 1992, da Câmara Machado and Laimer da Câmara Machado 1995). For *in vivo* challenge infection studies the green cutting-grafting technique was chosen, because a) it also is a natural way of spreading of the virus b) high virus titers were to be applied c) further data on virus distribution were to be expected.

Repeated ELISA readings for 2 years never were able to detect the virus in the transgenic scions, as well as visual inspection never detected virus specific symptoms, whereas the infected rootstock was visibly positive for PPV (da Câmara Machado et al. 1995b).

For *in vitro* challenge infection experiments transgenic apricot shoots were grafted onto infected *in vitro* shoots of apricot. Healthy, non-transgenic apricots were used as negative control. Visual observation of the outgrowing buds was accompanied by weekly scoring of the newly developed shoots by immuno-tissue-printing (Knapp et al. 1995). No virus replication could be observed within the transgenic shoots, while it could be found in the non-transgenic virus-free control shoots (da Câmara Machado et al. 1995b,c).

Somatic embryogenic lines of *Prunus subhirtella* and *Prunus incisa x serrula* were transformed with the uidA marker gene (Vancanneyt et al. 1990) under the control of the 35S and the CAM promoter respectively (Druart et al. 1997) (Fig. 5e–f). Transformants were propagated and analysed by histochemical tests for the GUS activity (Jefferson et al. 1987, Gallagher 1992), PCR and Southern analyses for the presence of inserted genes (*uid*A and *nptII*) (da Câmara Machado et al. 2002). Initially several *in vitro* plants were tested for the expression pattern of the inserted marker gene. Several plants from selected lines were repeatedly tested to gain insight in the variation within lines due to the physiological stage of the plants. Finally from selected plants of a few lines single leaves were tested from apical to basal origin to get an impression of the variation within tissues of different ages from a single specimen. Data obtained may be helpful in establishing parameters for the selection of the best transgenic lines in cherry rootstocks and represent valuable tools for the evaluation and consideration of transgenic woody species in general (da Câmara Machado et al. 2003).

For grapevine transformation the number of shoots regenerating from leaf discs was too low (Fig. 2a–c); for this reason we focussed on somatic embryogenesis as target system for transformation (Fig. 4a–d).

By now more than 170 transformed grapevine plants (*Vitis sp.*) could be regenerated. All tested plants except two were transgenic, as was shown by PCR. The selection procedure using 75 or 100 mg/l kanamycin for about one year is certainly time-consuming, but guarantees the attainment of transgenic plants and circumvents the appearance of chimeric plants or non transgenic escapes (Fig. 4b).

Southern blot analyses of transgenic grapevines showed copy numbers different CP genes varying between 1 to 5, although about 70% of the tested lines carry only a single copy (Gölles et al. 2000), which in terms of further evaluation and segregation is advantageous. In plant lines carrying the full-length CP gene of GFLV no CP could be detected by serological means, whereas the GVB CP was expressed and could be monitored by Western blotting. Challenge infection experiments to evaluate the protection of the transgenic plants – both *Nicotiana* sp. and *Vitis* sp. – against the homologous and related viruses are currently in progress. Furthermore we try to assess a possible correlation between expression level, the number of integrated copies and the protection against virus infection.

Future developments

Worldwide efforts in the transformation of woody crop plants have yielded a few examples with relatively low numbers of transgenic lines (Ellis et al. 1996, Oliveira et al. 1996). Considering statistical data on deliberate releases furthermore indicate that a lower number have been studied under field conditions/in field trials Robert Koch Institut http://www.rki.de/GENTEC/

FREISETZUNGEN, James and Krattiger 1996, Aphis 2002 http://www.aphis.usda.gov/bbep/bp).

Beyond technical feasibility and environmental safety also public acceptance needs to be achieved, which is not equally handled in Europe and the US, for example. Public perception and confidence however needs models on which to build and rely and this is why a project for the "Characterisation of transgenic fruit trees and analyses of direct and indirect biological interactions" was started to demonstrate the step-by-step principle in the case of transgenic fruit trees (http://www.boku.ac.at/sicherheitsforschung/open-e.htm).

For an appropriate evaluation of risk and benefit of a genetically modified tree a trait/construct dependent approach seems the most meaningful way (Metz and Nap 1997). Much potential exists in the optimisation of constructs, in a sense that expression of the transgene will be limited in time and space, e.g. in a certain tissue during a certain period of development of the plant (Clark et al. 1994, Pühringer et al. 2000).

For long-lived tree species however, new questions arise regarding the stability of the integration and expression of foreign genes. Biosafety considerations including mainly the impact of transgene dispersion through pollen, unexpected effects on non target organisms are receiving attention and are being studied.

Some selected lines of the above mentioned transgenic fruit trees are planted in an insect proof screenhouse for a period of two years, observed and characterised and will be planted in the field for further observation, after permission for field trials has been granted by the competent authorities.

To our understanding there exists no contradiction between biological production and the use of certain, obviously not all, GMOs. Hopefully, the restraint of excluding initially available GMOs from biological production will be lifted in a near future, when a certain differentiation will be made. This will avoid excluding unjustifiably certain crops, that may make an important contribution towards a healthier production of food (Ammann 1998).

References

Agrios G. N. (1997) Plant pathology. 4th edn. Academic Press, San Diego.

Ali G. S., Reddy A. S. (2000) Inhibition of fungal and bacterial plant pathogens by synthetic peptides: *in vitro* growth inhibition, interaction between peptides and inhibition of disease progression. Mol. Plant Microbe. Interact. 13: 847–857.

Ammann K. (1998) Vom Gentechnik-Skeptiker zum Befürworter. NZZ Online Dossiers. 28. Juni 1999 http://www.nzz.ch/online/02_dossiers/gentech/gen980414bst.htm.

Atkinson R. G., Gardner R. C. (1993) Regeneration of transgenic tamarillo plants. Plant Cell Rep. 12:347–351.

Barlass M., Skene K. G. M. (1978) *In vitro* propagation of grapevine (*Vitis vinifera L.*) from fragmented shoot apices. Vitis. 17: 335–340.

Baulcombe D. C. (1996) Mechanisms of pathogen-derived resistance to viruses in transgenic plants. The Plant Cell 8: 1833–1844.

Baulcombe D. C. (1998) Resistance against viruses in plants: natural and artificial mechanisms. In: Invited papers Abstracts, ICPP 98 9.–16. August 1998, Edinburgh, Scotland: Vol. 1.

Baulcombe D. C. (2002) Overcoming and exploiting RNA silencing. IAPTC&B Congress, June 2002. Orlando. P-7.

Beachy R. N., Loesch-Fries L. S., Tumer N. E. (1990) Coat protein-mediated resistance against virus infection. Annual Rev. Phytopath. 451–474.

Bell R. L., Scorza R., Srinivasan C., Webb K. (1999) Transformation of "Beurre Bosc" pear with the *rol*C gene. J. Am. Soc. Hort. Sci. 124: 570–574.

Bertioli D. J., Harris D. R., Edwards M. L., Cooper J. I., Hawes W. S. (1991) Transgenic plants and insect cells expressing the coat protein of arabis mosaic virus produce empty virus-like particles. J. Gen. Virol. 72: 1801–1809.

Bergmann C., Ito Y., Singer D., Albersheim P., Darvill A. G., Benhamou N., Nuss L., Salvi G., Cervone F., De Lorenzo G. (1994) Polygalacturonase-inhibiting protein accumulates in *Phaseolus vulgaris* L. in response to wounding, elicitors and fungal infection. The Plant Journal 5: 625–634.

Bellincampi D., De Lorenzo G., Cervone F. (1994) Oligogalacturonides as signal molecules in plant-pathogen interactions and in plant growth and development. IAPTC Newsletters 73: 2–8.

Bolar J. P., Norelli J. L., Wong K.-W., Hayes C. K., Harman G. E., Aldwinckle H. S. (2000) Expression of endochitinase from *Trichoderma harzianum* in transgenic apple increases resistance to apple scab and reduces vigor. Phytopathology 90: 72–77.

Bovey R., Gärtel W., Hewitt W. B., Martelli G. P., Vuittenez A. (1980) Virosen und virusähnliche Krankheiten der Rebe. Verlag Eugen Ulmer, Stuttgart.

Boyer J. C., Zaccomer B., Morch M. D., Tepfer M., Haenni A. M. (1990) Interference with turnip yellow mosaic virus replication by genome-like fragments and engineered defective interfering RNAs. Workshop on Genome Expression and Pathogenesis of plant RNA Viruses, Madrid, 59.

Boxus P., Quorin M. (1977) Comportement en pepiniére d'arbres fruitiers issus de culture *in vitro.* Acta. Hort. 78: 373–378.

Broekaert W. F., Cammue B. P. A., De Bolle M. F. C., Thevissen K., de Samblanx G. W., Osborn R. W. (1997) Antimicrobial peptides from plants. Crit. Rev. Plant Sci. 16: 297–323.

Broglie K., Chet I., Holliday M., Cressman R., Biddle P., Knowlton S., Mauvais C. J., Broglie R. (1991) Transgenic plants with enhanced resistance to the fungal pathogen *Rhizoctonia solani.* Science 254: 1194–1197.

CABI/EPPO (1992) Plum pox potyvirus. In: Organismes de Quarantaine pour l'Europe. 976–981.

Cary J. W., Rajasekaran K., Jaynes J. M., Cleveland T. E. (2000) Transgenic expression of a gene encoding a synthetic antimicrobial peptide results in inhibition of fungal growth *in vitro* and *in planta.* Plant Sci. 154: 171–181.

Cervera M., Ortega C., Navarro A., Navarro L., Peña L. (2000) Generation of transgenic citrus plants with the tolerance-to-salinity gene HAL2 from yeast. J. Hort. Science and Biotechnology 75: 26–30.

Chen H. C., Brown J. H., Morell J. L., Huang C. M. (1988) Synthetic magainin analogues with improved antimicrobial activity. FEBS Letters 236: 462–466.

Clark H. R. G., Davis J. M., Wilbert S. M., Bradshaw Jr. H. D., Gordon M. P. (1994) Wound-induced and developmental activation of a poplar tree chitinase gene promoter in transgenic tobacco. Plant Mol. Biol. 25: 799–815.

Cociu V., Dragoi D., Popescu A. N. (1997) Gene sources for breeding new plum (*Prunus domestica* L.) varieties with tolerance to plum pox virus (sharka) Horticultural Science (Budapest) 29: 52–56.

Cocking E. C. (1960) A method for the isolation of plant protoplasts and vacuoles. Nature 187: 927–929.

Colby S. M., Meredith C. P. (1990) Kanamycin sensitivity of cultured tissues of *Vitis*. P.C.R. 9: 237–240.

Colby S. M., Juncosa A. M., Stamp J. A., Meredith C. P. (1991) Developmental anatomy of direct shoot organogenesis from leaf petioles of *Vitis vinifera* (*Vitaceae*). Amer. J. Botany 78: 260–269.

da Câmara Machado A., Laimer da Câmara Machado M. (1995) Genetic transformation in *Prunus armeniaca* L. (apricot). In: Bajaj Y. P. S. (ed.) Biotechnology in agriculture and forestry. Plant protoplasts and genetic engineering VI. 34: 246–260.

da Câmara Machado A., Puschmann M., Katinger H., Laimer da Câmara Machado M. (1995a) Somatic embryogenesis of *Prunus subhirtella* and regeneration of transgenic plants after *Agrobacterium*-mediated transformation. Plant Cell Rep. 14: 335–340.

da Câmara Machado A., Knapp E., Seifert G., Pühringer H., Hanzer V., Weiss H., Wang Q., Katinger H., Laimer da Câmara M. (1995b) Gene transfer methods for the pathogen mediated resistance breeding in fruit trees. XXIV ISHS Congress, Kyoto, 1994. Acta. Hort. 392: 193–202.

da Câmara Machado A., Knapp E., Pühringer H., Hanzer V., Weiss H., Wang Q., Katinger H., Laimer da Câmara M. (1995c) Progress in pathogen mediated-resistance breeding against Plum Pox Virus. XVI ISHS Symposium on Fruit Tree Viruses. Rome, 1994. Acta. Hort. 386: 318–326.

da Câmara Machado A., Druart P., Brazda M., Pühringer H., Watillon B., Kaydamov C., Angerer C., Katinger H., Laimer M. (2003) Production and molecular characterization of transgenic cherry rootstocks. (submitted).

Dandekar A. M. (1992) Transformation. In: Hammerschlag F. A., Litz R. E. (eds.) Biotechnology of perennical fruit crops. CAB Intl. Univ. Press, Cambridge, pp. 141–168.

Dandekar A. M., McGranahan G. H., Vail P. V., Uratsu S. L., Leslie C., Tebbets J. S. (1994) Low levels of expression of wild type *Bacillus thuringiensis* var. Kurstaki cryA (c) sequences in transgenic walnut somatic embryos. Plant Sci. 96: 151–162.

Dandekar A. M., McGranahan G. H., Vail P. V., Uratsu S. L., Leslie C., Tebbets J. S. (1998) High levels of expression of full-length cryIA(c) gene from *Bacillus thuringiensis* in transgenic somatic walnut embryos. Plant Sci. 131: 181–193.

De Bondt A., Eggermont K., Penninckx I., Goderis I., Broekaert W. (1996) *Agrobacterium*-mediated transformation of apple (*Malus x domestica* Borkh.): an assessment of factors affecting regeneration of transgenic plants. Plant Cell Rep. 15: 549–554.

De Bondt A., Zaman S., Broekaert W., Cammue B., Keulemans J. (1998) Genetic transformation of apple (*Malus x domestica* Borkh.) for increased fungal resistance: *In vitro* antifungal activity in protein extracts of transgenic apple expressing Rs-AFP2 or Ace-AMP1. Acta Hort. 484: 565–569.

Druart P. (1980) Plantlets regeneration from root callus of different *Prunus* species. Scientia Hort. 12: 339–342.

Druart P. (1990) Improvement of somatic embryogenesis of the cherry dwarf rootstock Inmil/GM9 by the use of different carbon sources. Acta Hort. 280: 125–129.

Druart P., Delporte F., Brazda M., Ugarte-Ballon C., da Câmara Machado A., Laimer da Câmara Machado M., Jaquemin J., Watillon B. (1997) Genetic transformation of cherry trees. ISHS Cherry Meeting, Norway 1997. Acta Hort. 468: 71–76.

Druart P., Kourteva G., Watillon B. (2000) Analysis of the shoot and root regeneration of *Malus domestica* cv "Jonagold" transformants expressing KNAP1, an apple kn1-like homeobox gene. 4th Intl. Symp. "In vitro culture and Horticultural Breeding" 2–7 July 2000, Tampere, Finland. Acta Hort. (in press).

Dodds J. (1983) Tissue Culture of Trees. Croom Helm Ltd. 147 pp.

Dominguez A., Guerri J., Cambra M., Navarro L., Moreno P., Pena L. (2000) Efficient production of citrus transgenic plants expressing the coat protein gene of citrus tristeza virus. Plant Cell Rep. 19: 427–433.

Dougherty W. G., Parks T. D. (1995) Transgenes and gene suppression: telling us something new? Current Opinion in Cell Biology 7: 399–405.

Ellis D. D., Rintamaki-Strait J., Francis F., Kleiner K. W., Raffa K. F., McCown B. H. (1996) Transgene expression in spruce and poplar: From the lab to the field. Somatic Cell Genetics and Molecular Biology of Trees, pp. 37–48.

English J. J., Mueller E., Baulcombe D. C. (1996) Suppression of virus accumulation in transgenic plants exhibiting silencing of nuclear genes. The Plant Cell 8: 179–188.

FAO (1999) Production Yearbook, Rome, Vol. 53: 171–183.

Favre J.-M. (1977) Premiers resultats concernant l'obtention *in vitro* de neoformations caulinaires chez la vigne. Ann. Amelior. Plantes. 27: 151–169.

Fitch M. M., Manshardt R. M., Gonsalves D., Slightom J. L., Sanford J. C. (1990) Stable transformation of papaya via microprojectile bombardment. Plant Cell Rep. 9: 189–194.

Fitch M. M., Manshardt R. M., Gonsalves D., Slightom J. L., Sanford J. C. (1992) Virus resistant papaya plants derived from tissues bombarded with the coat protein gene of papaya ringspot virus. Bio/Technology 10: 1466–1472.

Fitch M. M., Manshardt R. M., Gonsalves D., Slightom J. L. (1993) Transgenic papaya plants from *Agrobacterium*-mediated transformation of somatic embryos. Plant Cell Rep. 12: 245–249.

Fritig B., Heitz T., Legrand M. (1998) Antimicrobial proteins in induced plant defense. Curr Opin Immunol. 10: 16–22.

Gadani F., Mansky L. M., Medici R., Miller W. A., Hill J. H. (1990) Genetic engineering of plants for virus resistance. Arch. Virol. 115: 1–21.

Gao M., Tao R., Miura K., Dandekar A., Sugiura A. (2001) Transformation of Japanese Persimmon (*Diospyros kaki* Thunb.) with apple cDNA encoding NADP-dependent sorbitol-6-phosphate dehydrogenase. Science 160: 837–845.

Gallagher S. R. (1992) Quantification by fluorometry. In: Gallagher S. R. (ed.) GUS protocols: using the GUS gene as a reporter of gene expression. Academic Press Inc., Harcourt Brace Jovanovich, Publ., San Diego, N.Y., Boston, pp. 47–59.

Gayner J. A., Jones O. P., Watkins R., Hopgood M. E. (1979) Report of East Malling Research Station, p. 187.

Geissbühler H., Skoog F. (1957) Comments on the application of plant tissue cultivation to propagation of forest trees. Tappi, 40: 258–262.

Gölles R., da Câmara Machado A., Tsolova V., Bouquet A., Moser R., Katinger H., Laimer da Câmara Machado M. (1996) Transformation of somatic embryos of *Vitis* sp. with different constructs containing nucleotide sequences from nepovirus coat protein genes. Acta Hort. 447: 265–272.

Gölles R., da Câmara Machado A., Tsolova V., Bouquet A., Moser R., Lopes M. S., Mendonça D., Katinger H., Laimer da Câmara Machado M. (1997a) Transformation of somatic embryos of *Vitis* sp. (Grapevine) with different constructs containing nucleotide sequences from Nepovirus coat protein genes. Arquipelago. Life and Marine Sciences 14A: 67–74.

Gölles R., da Câmara Machado A., Tsolova V., Bouquet A., Moser R., Katinger H., Laimer da Câmara Machado M. (1997b) Transformation of somatic embryos of *Vitis* sp. with different constructs containing nucleotide sequences from nepovirus coat protein genes. Acta Hort. 447: 265–272.

Gölles R., da Câmara Machado A., Minafra A., Savino V., Saldarelli G., Martelli G. P., Pühringer H., Katinger H., Laimer da Câmara Machado M. (2000) Transgenic grapevines expressing coat protein gene sequences of grapevine fanleaf virus, arabis mosaic virus, grapevine virus A and grapevine virus B. Acta Hort. 528: 305–311.

Gray D. J. (1989) Effects of dehydration and exogenous growth regulators on dormancy, quiescence and germination of grape somatic embryos. In Vitro Cell Dev. Biol. 25: 173–178.

Gray D. J., Meredith C. P. (1992) Chapter 9 – Grape. In Biotechnology in Agriculture, No. 8. Biotechnology of Perennial Fruit Crops. CAB Intern Wallingford, 229–262.

Gribaudo I., Scariot V., Gambino G., Schubert A., Gölles R., Laimer M. (2002) Transformation of *Vitis vinifera* L. cv Nebbiolo with the coat protein gene of Grapevine FanLeaf Virus (GFLV). VII International Conference on Grape Genetics and Breeding August 26–31, 2002 – Kecskemét, Hungary. Acta Hort. (in press).

Haberlandt G. (1884) Physiologische Pflanzenanatomie, 1. Ed. – W. Engelmann, Leipzig, 1914–24 Physiological Plant Anatomy 2. – 6. Ed. Macmillan and Co., London.

Haissig B. E. (1965) Organ formation *in vitro* as applicable to forest tree propagation. Bot. Rev. 31:607–626.

Hamilton R. I. (1980) Defenses triggered by previous invaders: viruses. In: Horsfall J. G., Cowling E. B. (eds.) Plant disease: an advanced treatise. Academic Press, N.Y., Vol 5, pp. 270–303.

Hammerschlag F. A., Litz R. E. (1992) Biotechnology of perennical fruit crops CAB Intl. Univ. Press, Cambridge.

Harrison D., Mayo M. A., Baulcombe D. C. (1987) Virus plant resistance in transgenic plants that express cucumber mosiac virus satellite RNA. Nature 328: 799–802.

Harst M., Bornhoff B.-A., Zyprian E., Jach G., Töpfer R. (2000) Regeneration and transformation of different explants of *Vitis vinifera* spp. Acta Hort. 528: 289–295.

Hartmann W. (1998) Breeding of plums and prunes resistant to Plum Pox Virus. Acta Virologica 42: 230–232.

Härtel O. (1996) Gottlieb Haberlandt- ein Gedenkblatt. Anläßlich der 50. Wiederkehr seines Todestages. Mit. Naturwiss. Ver. Steierm. 126: 21–26.

Hedtrich C. M. (1977) Differentiation of cultivated leaf discs of *Prumus mahaleb*. Acta. Hort. 78: 177–183.

Herrera G., Rosales M., Hinrichsen P. (1997) Detection of Sharka Disease (Plum Pox Virus) in Chile. Proceedings of the Middle European Meeting 1996 on Plum Pox. Budapest, October 1996: 87–90.

Hilder V. A., Gatehouse A. M., Sheerman S. E., Barker R. F., Boulter D. (1987) A novel mechanism of insect resistance engineered into tobacco. Nature 330: 160–163.

Hirabayashi T., Kozaki I., Akihama T. (1976) *In vitro* differentiation of shoots from anther callus in *Vitis*. Hort Sci. 11: 511–512.

Hobhouse H. (1985) Seeds of change. Five plants that transformed mankind. Sidgwick and Jackson, London.

Höfer M., Touraev A., Heberle-Bors E. (1999) Induction of embryogenesis from isolated apple microspores. Plant Cell Rep. 18: 1012–1017.

Horsch R. B., Fry J. E., Hoffmann N. L., Eichholtz D. A., Rogers S. G., Fraley R. T. (1985) A simple and general method for transferring genes into plants. Science 227: 1229–1231.

Huang S.-C., Millikan D. F. (1980) *In vitro* micrografting of apple shoot tips. Hort. Sci. 15(6): 741–743.

Jach G., Görnhardt B., Mundy J., Logemann J., Pinsdorf E., Leach R., Schell J., Maas C. (1995) Enhanced quantitative resistance against fungal diseases by combinatorial expression of different barley antifungal proteins in transgenic tobacco. Plant J. 8: 97–109.

James D. J. (1987) Cell and tissue culture technology for the genetic manipulation of temperate fruit trees. In: Biotechnology and Genetic Engineering Reviews, Intercept Ltd., Dorset, UK, 5: 33–79.

James D. J., Passey A. J., Predieri S., Rugini E. (1988) Regeneration and transformation of apple plants using wild-type and engineered plasmids in *Agrobacterium* spp. Somatic Cell Genetics of Woody Plants, pp. 65–71.

James C., Krattiger A. F. (1996) Global Review of the Field Testing and Commercialization of Transgenic Plants, 1986 to 1995: The First Decade of Crop Biotechnology. ISAAA Briefs No. 1, ISAAA: Ithaca, NY, pp. 31.

Janse J., Schaart J. G., Puite K. J., Florack D. E., Groenwold R., Pelgrom K., Krens F. A. (2002) Enhanced resistance to *Venturia inaequalis* in transgenic apple by a gene coding for hordothionin. IAPTC&B Congress, June 2002. Orlando. P1019.

Jaynes J. M., Xanthopoulos K. G., Destefano-Beltran L., Dodds J. H. (1987) Increasing bacterial resistance in plants utilizing antibacterial genes from insects. BioEssays 6: 263–270.

Jefferson R. A., Kavanagh T. A., Bevan M. V. (1987) GUS fusions: β-glucuronidase as a sensitive and versatile gene fusion marker in higher plants. EMBO J. 6: 3901–3907.

Jones O. P., Hopgood M. E., O'Farrell D. (1977) Propagation *in vitro* of M26 apple rootstocks. J. Hort. Sci. 52: 235–238.

Jones O. P., Pontikis C. A., Hopgood M. E. (1979) Propagation *in vitro* of five apple scion cultivars. J. Hort. Sci. 54: 155–158.

Kikkert J., Herbert-Soule D., Wallace P., Striem M., Reisch B. (1996) Transgenic plantlets of "Chancellor" grapevine (*Vitis sp.*) from biolistic transformation of embryogenic cell suspensions. Plant Cell Rep. 15: 311–316.

Kikkert J. R., Ali G. S., Wallace P. G., Reustle G. M., Reisch B. I. (2000) Expression of a fungal chitinase in *Vitis vinifera* L. "Merlot" and "Chardonnay" plants produced by biolistic transformation. Acta Hort. 528: 297–303.

Kikkert J. R., Thomas M. R., Reisch B. I. (2001) Grapevine genetic engineering. Molec Biol & Biotech of Grapevine, 387–404.

Knapp E., da Câmara Machado A., Pühringer H., Wang Q., Hanzer V., Weiss H., Weiss B., Katinger H., Laimer da Câmara M. (1995) Localization of fruit tree viruses by immuno-tissue printing in infected shoots of *Malus* and *Prunus sp.* J. Virol. Meth. 55(2): 157–173.

Kondakova V., Druart Ph. (1997) Factors affecting the yield, viability and development of protoplasts isolated from the mesophyll of sour cherry (*Prunus cerasus* L 'Montmorency'). Biotechnol. & Biotechnol. Eq.11/1: 40–44.

Korte A.M., Maiss E., Kramer I., Casper R. (1995) Biosafety considerations of different plum pox potyvirus (PPV) genes used for transformation of plants. XVI International Symposium on Fruit Tree Virus Diseases. Acta Hort. 368: 280–284.

Krastanova S., Perrin M., Barbier P., Demangeat G., Corneut P., Bardonnet N., Otten L., Pinck L., Walter B. (1995) Transformation of grapevine rootstocks with the coat protein gene of grapevine fanleaf nepovirus. Plant Cell Rep. 14: 550–554.

Krul W. R., Worley J. F. (1977) Formation of adventitious embryos in callus cultures of "Seyval" a French hybrid grape. J. Am. Soc. Hort. Sci. 102: 360–363.

Laimer M. (2003) Detection and elimination of viruses and phytoplasmas from Pome and Stone Fruit Trees. Hort. Reviews 28: 187–236.

Laimer M., da Câmara Machado A., Hanzer V., Himmler G., Mattanovich D., Katinger H. W. D. (1989) Regeneration of shoots from leaf discs of fruit trees as a tool for transformation. Acta Hort. 235: 85–92.

Laimer da Câmara Machado M. (1992) The use of the transgenic approach to improve resistance in perennial fruit crops. IAPTC Newsletter 67, March 1992, Feature Article II: 5–16.

Laimer da Câmara Machado M., da Câmara Machado A., Hanzer V., Weiß H., Regner F., Steinkellner H., Mattanovich D., Plail R., Knapp E., Kalthoff B., Katinger H. (1992) Regeneration of transgenic plants of *Prunus armeniaca* containing the coat protein gene of Plum Pox Virus. Plant Cell Reports 11(1): 25–29.

Lambert C., Tepfer D. (1992) Use of *Agrobacterium rhizogenes* to create transgenic apple trees having an altered organogenic response to hormones. Theor. Appl. Genet. 85: 105–109.

Le Gall O., Torregrosa L., Danglot Y., Candresse T., Bouquet A. (1994) Agrobacterium-mediated genetic transformation of grapevine somatic embryos and regeneration of transgenic plants expressing the coat protein of grapevine chrome mosaic nepovirus (GCMV). Plant Sci. 102: 161–170.

Li Z., Jayasankar S., Gray D. J. (2001) An improved Enzyme-Linked Immunosorbent Assay Protocol for the detection of small lytic peptides in transgenic grapevines (*Vits vinifera*). Plant Molecular Biol. Rep. 19: 341–351.

Liu Q., Ingersoll J., Owens L., Salih S., Meng R., Hammerschlag F. (2001) Response of transgenic Royal Gala apple (*Malus* x *domestica* Borkh.) shoots carrying a modified cecropin MB39 gene, to *Erwinia amylovora*. Plant Cell Rep. 20: 306–312.

Lomonossoff G. P. (1995) Pathogen-derived resistance to plant viruses. Ann. Rev. Phytopathol. 33: 323–343.

Lorito M., Woo S. L., Garcia Fernandes I., Colucci G., Harman G. E., Pintor-Toro J. A., Filippone E., Muccifora S., Lawrence C. B., Zoina A., Tuzun S., Scala F. (1998) Genes from mycoparasitic fungi as a novel source for improving plant resistance to fungal pathogens. Proc National Acad Sci USA 95: 7860–7865.

Lorito M., Scala F. (1999) Microbial genes expressed in transgenic plants to improve disease resistance. J. Plant Pathol. 81: 73–88.

Maiss E., Varrelmann M., DiFonzo C., Raccah B. (1997) Risk assessment of transgenic plants expressing the coat protein gene of Plum Pox potyvirus. In: Balács E., Tepfer M. (eds.) Virus resistant transgenic plants: potential ecological impact. Springer, Berlin Heidelberg NY, pp. 85–93.

Mante S., Scorza R., Cordts J. M. (1989) Plant regeneration from cotyledons of *Prunus persica, Prunus domestica* and *Prunus cerasus*. Plant Cell, Tissue and Organ Culture 19: 1–11.

Mante S., Morgens P. H., Scorza R., Cordts J. M., Callahan A. M. (1991) Agrobacterium-mediated transformation of plum (*Prunus domestica*) hypocotyl slices and regeneration of transgenic plants. Bio/Techn. 9: 853–857.

Martinelli L., Gribaudo I. (2001) Somatic embryogenesis in grapevine. Molec. Biol. and Biotechn. Grapevine, 327–346.

Mauro M. C., Toutain S., Walter B., Pinck L., Otten L., Coutos-Thevenot P., Deloire A., Barbier P. (1995) High efficiency regeneration of grapevine plants transformed with the GFLV coat protein gene. Plant Sci. 112: 97–106.

Matsuta N., Hirabayashi T. (1989) Embryogenic cell lines from somatic embryos of grape (*Vitis vinifera* L.) PCR 7: 684–687.

McGranahan G. H., Leslie C. A., Uratsu S. L., Martin L. A., Dandekar A. M. (1988) *Agrobacterium*-mediated transformation of walnut somatic embryos and regeneration of transgenic plants. Bio/Technology 6: 800–804.

McKinney H. H. (1929) Mosaic disease in the Canary Islands, West Africa and Gibraltar. Journal of Agricultural Research 39: 557–578.

Mehlenbacher S. A. (1995) Classical and molecular approaches to breeding fruit and nut crops for disease resistance. Hort. Sci. 30: 466–477.

Mehra A., Mehra P. N. (1974) Organogenesis and plantlet formation *in vitro* in Almond. Bot. Gaz. 135: 61–73.

Metz P. L. J., Nap J. P. (1997) A transgene-centered approach to the biosafety of transgenic plants: overview of selection and reporter genes. Acta Bot. Neerl. 46(1): 25–50.

Minafra A., Saldarelli P., Martelli G. P. (1997) Grapevine virus A: nucleotide sequence, genome organization, and relationship in the Trichovirus genus. Arch. Virol. 142: 417–423.

Mourgues F., Chevreau E., Lambert C., DeBondt A. (1996) Efficient *Agrobacterium*-mediated transformation and recovery of transgenic plants from pear (*Pyrus communis* L.) Plant Cell Rep. 16: 245–249.

Mourgues F., Brisset M. N., Chevreau E. (1998) Activity of different antibacterial peptides on *Erwinia amylovora* growth, and evaluation of the phytotoxicity and stability of cecropins. Plant Sci. 139: 83–91.

Mullins M. G., Srinivasan C. (1976) Somatic embryos and plantlets from an ancient clone of the grapevine (cv. Cabernet-Sauvignon) by apomixis *in vitro*. J. Exp. Bot. 27: 1022–1030.

Murata M., Haruta M., Murai N., Tanikawa N., Nishimura M., Homma S., Itoh Y. (2000) Transgenic apple (*Malus x domestica*) shoot showing low browning potential. J. Agric. Food Chem. 48: 5243–5248.

Nakano M., Hoshino Y., Mii M. (1994) Regeneration of transgenic plants of grapevine (*Vitis vinifera* L.) via *Agrobacterium rhizogenes*-mediated transformation of embryogenic calli. J. Exper. Botany 45: 649–656.

Nuss L., Mahé A., Clark A. J., Grisvard J., Dron M., Cervone F., De Lorenzo G. (1996) Differential accumulation of polygalacturonase-inhibiting protein (PGIP) mRNA in two near isogenic lines of *Phaseolus vulgaris* L. upon infection with *Colletotrichum lindemuthianum*. Physiological and Molecular Plant Pathology 48: 83–89.

Norelli J. L., Aldwinckle H. S., Destéfano-Beltran L., Jaynes J. M. (1994) Transgenic "Malling 26" apple expressing the attacin E gene has increased resistance to *Erwinia amylovora*. Euphytica 77: 123–128.

Ochatt S. J. (1990) Protoplast technology and top-fruit breeding. Acta Hort. 280: 215–226.

Oliveira M. M., Miguel C. M., Raquel M. H. (1996) Transformation studies in woody fruit species. Plant Tissue Culture and Biotechnology 2(2): 76–93.

Peña L., Séguin A. (2001) Recent advances in the genetic transformation of trees. Trends in Biotechnology, pp. 500–506.

Perl A., Saad S., Sahar N., Holland D. (1995) Establishment of long term embryogenic cultures of seedless *Vitis vinifera* cultivars – a synergistic effect of auxins and the role of abscisic acid. Plant Sci. 104: 193–200.

Perl A., Lotan O., Abu-Abeid M., Holland D. (1996) Establishment of an *Agrobacterium* mediated genetic transformation system for *grape* (*Vitis vinifera* L.): The role of antioxidants during grape-*Agrobacterium* interaction. Bio/ Technology 14: 624–628.

Polito V. S., McGranahan G., Pinney K., Leslie C. (1989) Origin of somatic embryos from repetitive embryogenic cultures of walnut (*Juglans regia* L.) implications for Agrobacterium-mediated transformation. Plant Cell Reports 8: 219–221.

Powell W. A., Catranis C. M., Maynard C. A. (1995) Synthetic antimicrobial peptide design. Mol. Plant Microbe Interactions 8: 792–794.

Powell W. A., Catranis C. M., Maynard C. A. (2000) Design of self-processing antimicrobial peptides for plant protection. Lett. Appl. Microbiol. 31: 163–168.

Pühringer H., Moll D., Hoffmann-Sommergruber K., Watillon B., Katinger H., Laimer da Câmara Machado M. (2000) The promoter of an apple YPR10 gene, encoding the major apple allergen Mald1, is stress and pathogen-inducible. Plant Science 152: 35–50.

Ragan W. H. (1926) Nomenclature of the apple: a catalogue index of the known varieties referred to in American publications from 1804 to 1904. USDA Bur. Plant Ind. Bul. 56.

Ratcliff F., Harrison B. D., Baulcombe D. C. (1997) A similarity between viral defense and gene silencing in plants. Science 276: 1558–1560.

Reynoird J. P., Mourgues F., Norelli J., Aldwinckle H. S., Brisset M. N., Chevreau E. (1999) First evidence for improved resistance to fire blight in transgenic pear expressing the attacin E gene from *Hyalophora cecropia*. Plant Science 149: 23–31.

Rugini E., Pellegrineschi A., Mencuccini M., Mariotti D. (1991) Increase of rooting ability in the woody species kiwi (*Actinidia deliciosa* A. Chev.) by transformation with *Agrobacterium rhizogenes rol* genes. Plant Cell Rep. 10: 291–295.

Sanford J. C., Johnston S. A. (1985) The concept of parasite-derived resistance – Deriving resistance genes from the parasite's own genome. J. Theor. Biol. 113: 395–405.

Schuerman P. L., Dandekar A. M. (1991) Potentials of woody plant transformation. Subcellular Biochemistry. In: Biswas and Harris (eds.) Plant Genetic Engineering, Vol. 17. Plenum Press, New York, pp. 81–105.

Schlumbaum A., Mauch F., Vögeli U., Boller T. (1986) Plant chitinases are potent inhibitors of fungal growth. Nature 324: 365–367.

Scorza R., Cordts J. M., Ramming D. W., Emershad R. L. (1995a) Transformation of grape (*Vitis vinifera* L.) zygotic-derived somatic embryos and regeneration of transgenic plants. Plant Cell Rep. 14: 589–592.

Scorza R., Levy L., Damsteegt V., Yepes L. M., Cordts J., Hadidi A., Slightom J., Gonsalves D. (1995b) Transformation of plum with the papaya ringspot virus coat protein gene and reaction of transgenic plants to plum pox virus. J. Amer. Soc. Hort. Sci. 120: 943–952.

Scorza R., Callahan A., Levy L., Damsteegt V., Webb K., Ravelonandro M. (2001) Post-transcriptional gene silencing in plum pox virus resistant transgenic European plum containing the plum pox potyvirus coat protein gene. Transgenic Res. 10: 201–209.

Shih-Kin M., Shu-Qiong L., Yue-Kun Z., Nan-Fen Q., Peng Z., Hong-Xun X., Fu-Shou Z., Zhen-Long Y. (1976) Induction of callus from apple endosperm and differentiation of the endosperm plantlet. Scientia Sinica. XX(3): 370–375.

Srinivasan C., Mullins M. G. (1980) High frequency somatic embryo production from unfertilized ovules of grapes. Scientia Hortic. 13: 245–252.

Stamp J. A., Meredith C. P. (1988) Somatic embryogenesis from leaves and anthers of grapevine. Sci. Hortic. 35: 235–250.

Steiner H., Hultmark D., Engstrom A., Bennich H., Boman H. G. (1981) Sequence and specificity of 2 anti bacterial proteins involved in insect immunity. Nature 292: 246–248.

Steinkellner H., Weinhäusl A., Laimer M., da Câmara Machado A., Katinger H. (1991) Identification of the coat protein gene of arabis mosaic nepovirus and its expression in transgenic plants. Acta Hort. 308: 37–41.

Tao R., Dandekar A. M., Uratsu S. L., Vail P. V., Tebbets J. S. (1997) Engineering genetic resistance against insects in Japanese persimmon using the cryIA (c) gene of *Bacillus thuringiensis*. J. Amer. Soc. Hort. Sci. 122: 764–771.

Thomas M. R., Franks T., Iocco P. (2000) Transgenic grapevines: status and future. Acta Hort. 528: 279–287.

Thompson Klein J., Grossenbacher-Mansuy W., Häberli R., Bill A., Scholz R. W., Welti M. (2001) Transdisciplinarity: Joint problem solving among science, technology, and society. An effective way for managing complexity. Birkhäuser Verlag AG, Switzerland.

Vaek M., Reynaerts A., Höfte H., Jansens S., de Beuckeleer M., Dean C., Zabeau M., van Montagu M., Leemans J. (1987) Transgenic plants protected from insect attack. Nature 328: 33–37.

Vancanneyt G., Schmidt R., O'Connor Sanchez A., Willmitzer L., Rocha Sosa M. (1990) Construction of an intron containing marker gene: splicing of the intron in transgenic plants and its use in monitoring early events in *Agrobacterium* – mediated plant transformation. MGG 220: 245–250.

Van den Elzen P. J. M., Jongedijk E., Melchers L. S., Cornelissen B. J. C. (1993) Virus and fungal resistance: from laboratory to field. Phil. Trans. R. Soc. Lond. B 342: 271–278.

Van der Biezen E. A. (2001) Quest for antimicrobial genes to engineer disease-resistant crops. Trends Plant Sci. 6: 89–91.

Varrelmann M. (1999) Begrenzung von heterologer Enkapsidierung und Rekombination bei pathogen-vermittelter Resistenz gegen das Plum pox virus der Pflaume (PPV). Doct. Thesis, University Hannover.

Vidal J. R., Kikkert J. R., Wallace P. G., Reisch B. I. (2002) Magainin and *npt*II-gene co-integration in grapevine genomic DNA via particle co-bombardment. IAPTC&B Congress, June 2002. Orlando. P1276.

Walkey D. G. (1972) Production of apple plantlets from axillary-bud meristems. Can. J. Plant. Sci. 52: 1085–1087.

Waterhouse P. M., Graham M. W., Wang M. B. (1998) Virus resistance and gene silencing in plants can be induced by simultaneous expression of sense and antisense RNA. PNAS 95: 13959–13964.

Waterhouse P. A., Wang M. B., Lough T. (2001) Gene silencing as an adaptive defense against viruses. Nature 411: 834–842.

Watillon B., Kettman R., Boxus P., Burny A. (1997) Knotted-like homeobox genes are expressed during apple tree (*Malus domestica* L. (Burkh) growth and development. Plant Mol. Biol. 33: 757–763.

Yamamoto T., Iketani H., Ieki H., Nishizawa Y., Notsuka K., Hibi T., Hayashi T., Matsuta N. (2000) Transgenic grapevine expressing a rice chitinase with enhanced resistance to fungal pathogens. Plant Cell Rep. 19: 639–646.

Yao J.-L., Cohen D., Atkinson R., Richardson K., Morris B. (1995) Regeneration of transgenic plants from the commercial apple cultivar Royal Gala. Plant Cell Rep. 14: 407–412.

Ye X., Brown S. K., Scorza R., Cordts J. C., Sanford J. (1994) Genetic transformation of peach tissues by particle bombardment. J. Amer. Soc. Hort. Sci. 119: 367–373.

Young M., Gerlach W. L. (1990) Ribozyme activity against plant pathogen RNAs. Workshop on Genome Expression and Pathogenesis of plant RNA Viruses, Madrid, 31.

Zaitlin M., Golemboski D. B., Carr J. P., Lomonossoff G. P. (1990) Workshop on Genome Expression and Pathogenesis of plant RNA Viruses, Madrid, 30.

Zasloff M. (1987) Magainins, a class of antimicrobial peptides from *Xenopus* skin: Isolation, characterization of two active forms, and partial cDNA sequence of a precursor. PNAS 84: 5449–5453.

Zimmerman R. H., Broome O. C. (1980) Apple Cultivar Micropropagation in Proc. Conf. Nursery Production of Fruit Plants through Tissue Culture – Applications and Feasibility, U.S. Dept. Agr. – SEA-ARR-NE-11: 54–58.

Zhang Y. X., Boccon-Gibod J., Lespinasse Y. (1987) Obtention d'embryons de pommier (*Malus* x *domestica* Borkh.) après culture d'anthères. Comptes Rendus Académie Science, Paris, Séries III 305: 443–448.

Zhu Q., Maher E. A., Masoud S., Dixon R. A., Lamb C. J. (1994) Enhanced protection against fungal attack by constitutive co-expression of chitinase and glucanase genes in transgenic tobacco. Bio/Technology 12: 807–812.

Zhu L. H., Welander M. (2001) Growth characteristics of the untransformed and transformed apple rootstock M26 with *rolA* and *rolB* genes under steady-state nutrient supply conditions. Acta Hort. 521: 139–146.

Address of the author: Prof. Dr. Margit Laimer, Institut für Angewandte Mikrobiologie, Universität für Bodenkultur, Nussdorfer Lände 11, A-1190 Wien, Austria.

The developmental potentials of isolated mesophyll cells and protoplasts, "H. W. Kohlenbach", pp. 93–103.

Fig. 6. Numerous somatic embryos of *Macleaya* (Lang and Kohlenbach, published in Kohlenbach 1985)

Fig. 9. Single somatic embryo of *Brassica napus* in a "hanging droplet" culture (Li and Kohlenbach, published in Kohlenbach 1985)

Fig. 10. Different phases of somatic embryogenesis in a culture of mesophyll protoplasts of *Brassica napus* (Li and Kohlenbach 1982)

Micropropagation of ornamental plants, “W. Preil”, pp. 115–133.

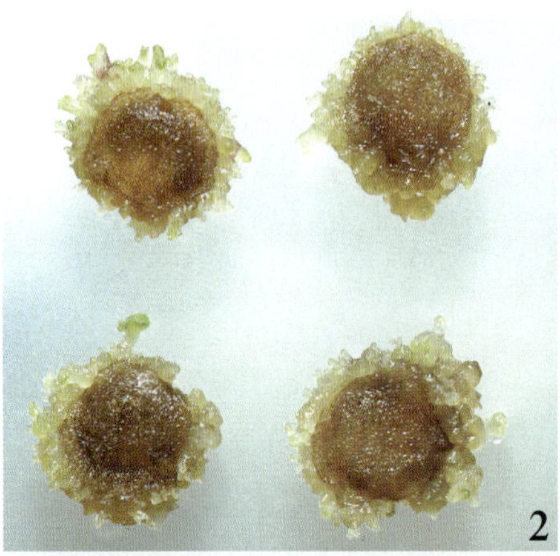
2

3

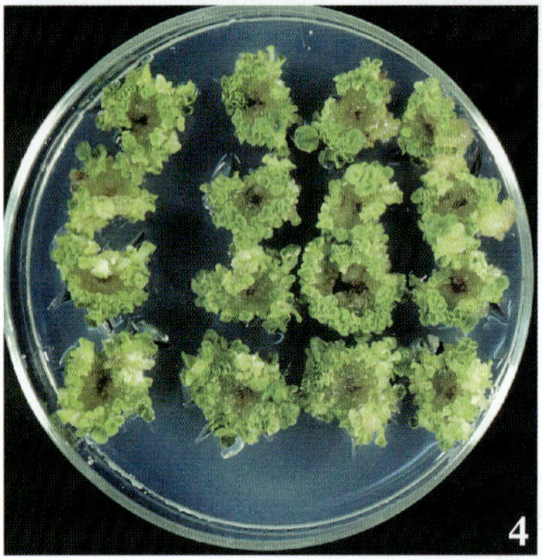
4

5

6

Fig. 2. Petiole cross sections of *Saintpaulia*. Adventitious shoots arise from epidermal cells and subepidermal cortex cells, never from pith cells of central regions of the petiole. **Fig. 3.** Petiole cross sections of *Saintpaulia* cultured on medium supplemented with 0.1 mg/l NAA and 0.1 mg/l BAP. A few adventitious shoots and roots are regenerated simultaneously. **Fig. 4.** Petiole cross sections of *Saintpaulia* cultured on medium supplemented with 0.1 mg/l NAA and 2.0 mg/l BAP. Numerous small adventitious shoots are regenerated, whereas adventitious root development is completely suppressed. **Fig. 5.** Bioreactor culture for adventitious shoot production of *Anthurium scherzerianum*. **Fig. 6.** Clusters of adventitious shoots of *Anthurium scherzerianum* arising from organogenic callus in liquid culture. **Fig. 7.** Somatic embryos of poinsettia (*Euphorbia pulcherrima*). **Fig. 8.** Poinsettia plantlets derived from somatic embryos, ready for transfer to the greenhouse. **Fig. 9.** Acclimatised young plants of poinsettia derived from somatic embryos. **Fig. 10.** Flowering poinsettias originating from somatic embryos

Fig. 11. Bioreactor with embryogenic culture of *Clematis tangutica.* **Fig. 12.** Masses of plated somatic embryos of *Clematis tangutica* from bioreactor culture. **Fig. 13.** Somatic embryos of different developmental stages from *Clematis tangutica* bioreactor culture. **Fig. 14.** Clusters of *Clematis tangutica* plantlets from plated somatic embryos, varying in size.

Genetic engineering technology against malnutrition, "P. Lucca and I. Potrykus" pp. 167–174.

Fig. 2. Phenotype of wild-type (**A**) and transgenic rice (**B**), which is able to synthesise β-carotene in the grains

Somatic embryogenesis – the gate to biotechnology in conifers

"K. Zoglauer, U. Behrendt, A. Rahmat, H. Ross, and Taryono" pp. 175–202.

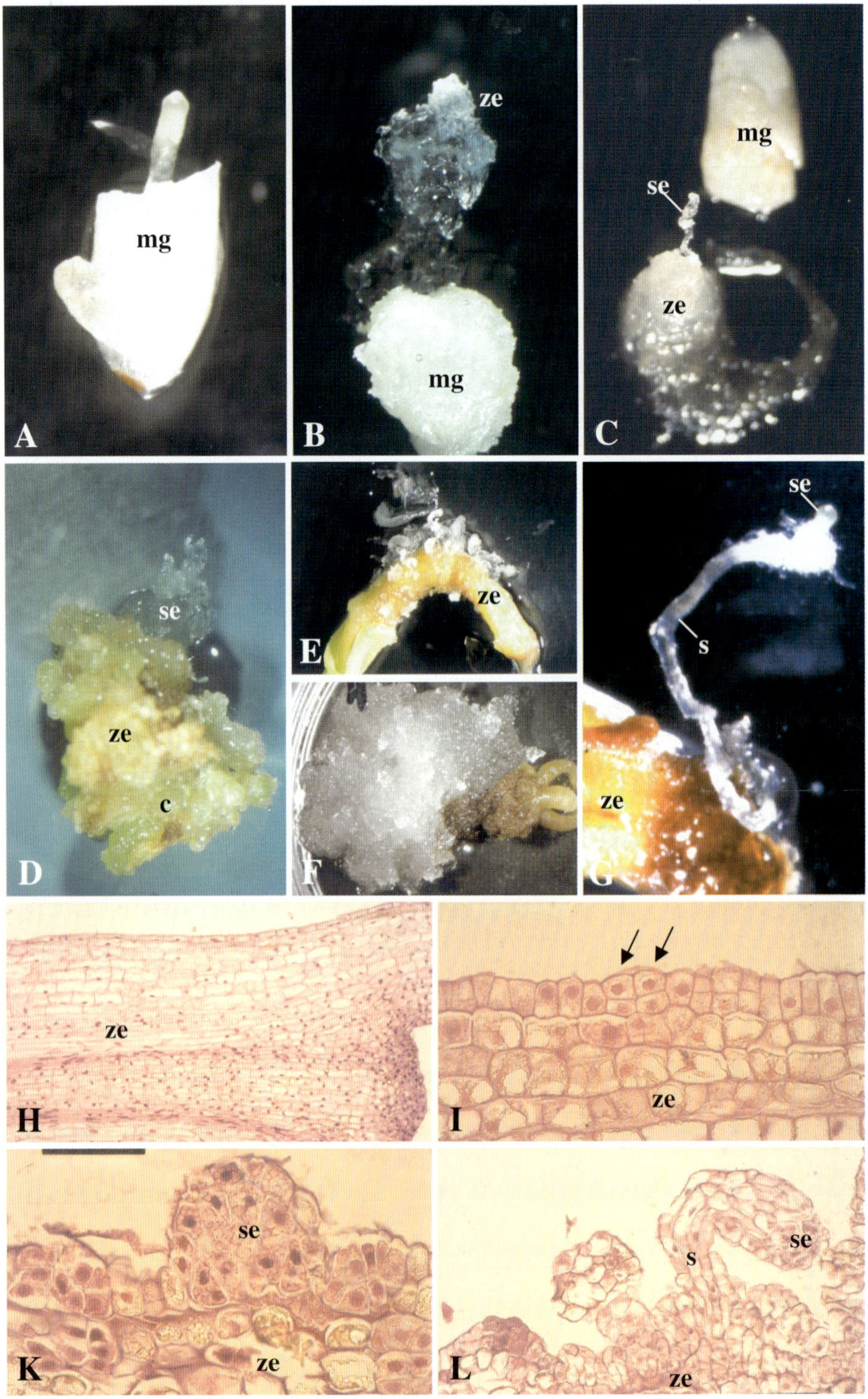

Fig. 1 (legend see on p. 251)

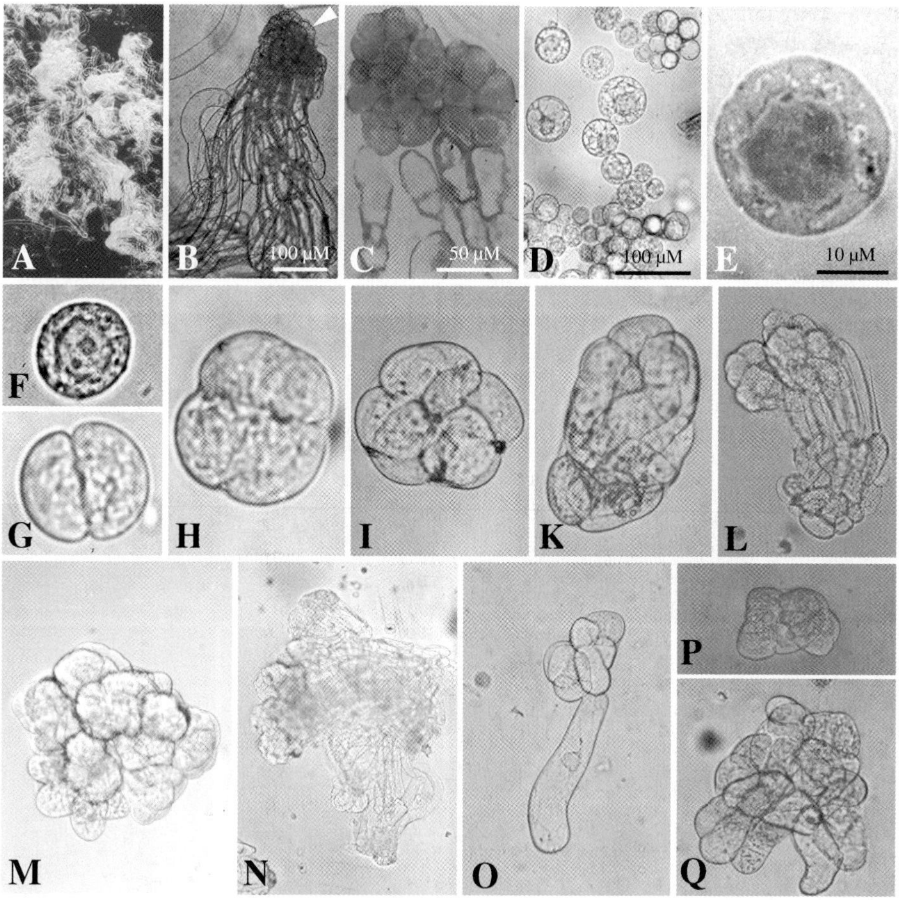

Fig. 3. Developmental patterns in direct somatic embryogenesis from protoplasts of *Larix decidua*.

The donor material, embryogenic suspensions (**A**), consists of proliferation stage I embryos (**B**, **C**: semi-thin section). The resulting protoplast population (**D**) is composed of small, cytoplasmically dense embryo (**E**: ultra-thin section) and suspensor protoplasts. Cells derived from embryo protoplasts (**F**, after 2 d) start to divide after 3 to 4 d (**G**) and form compact colonies of morphologically uniform cells (**H**, **I**). Having reached a critical size, the colonies dierentiate vacuolated cells (→) at one pole (**K**), developing into a suspensor (→) (**L**). Frequently, colonies proliferate into multiple embryo heads (**M**) that subsequently separate (**N**). In medium with auxin solo (**O**: 9.05 μM 2,4-D), large vacuolated cells resembling suspensor cell are formed often. Yet, they are of no functional importance for further colony development. Cultured in medium with cytokinin solo, (**P**: 4.4 μM BA), colonies are more compact. In both media variants, the general pattern of embryogenesis (FN) remains unchanged. In hormone-free medium supplemented with NPA (**Q**: 10 μM), non-polar colonies of larger cells are formed (from Taryono 2000)

Fig. 5. Maturation of somatic embryos in *Larix decidua*: developmental stages and hormonal control.

For maturation, a thin layer of embryogenic culture is plated onto a semi-solid medium containing PEG and ABA (**A**). During the first week, embryos remain in stage I (**E**). After stage II (**B**, **F**) is reached, histogenesis and embryo organ formation leads to stage III (**G**, see also Fig. 6E). Stage IV (**C**, **H**) marks the mature somatic embryo (elongated and with separated cotyledons) that is capable of quiescence. On maturation medium lacking ABA, embryos germinate precociously before completed histogenesis and organ formation (**D**) (from Taryono 2000)

Fig. 6. Morphological and anatomical changes during embryo maturation of *Larix decidua* in presence of NPA.
Concentrations of 10 or 20 µM NPA caused fusion of cotyledons in nearly all embryos (**A**, **B**). 50 µM NPA prevented embryo axis elongation and cotyledon formation completely (**C**). Microscopic sections indicated that histogenesis did not occur on 50 µM NPA (**D**; compare **E** for control variant in stage III). Conversion of NPA-treated (10 µM) embryos remained incomplete. While hypocotyl elongation took place, epicotyl and root formation occurred only in rare cases (**F**, 25d after conversion; compare to Fig.7A for control) (from Taryono 2000)

Fig. 1. Induction of somatic embryos in different conifer species: origin and developmental pattern.
In numerous species, precotyledonary zygotic embryos are attached to the lower half of the megagametophyte (*mg*) (**A**: *Larix decidua*). Initiation of embryogenic cultures can start with proliferation of the zygotic embryo proper (*ze*) (**B**: *L. decidua*), or somatic embryos derive from single cells of the embryo proper (**C**: *Pseudotsuga menziesii*; arrow indicates somatic embryo). Zygotic embryos from stored seeds can be used as the explant in *Picea abies* (**D**) and *Abies alba* (**EL**). In *P. abies*, callus (*c*) and somatic embryos (*se*) develop simultaneously (medium containing auxin and cytokinin). In *A. alba*, no callus is formed (medium containing cytokinin alone); somatic embryos derive exclusively from the hypocotyl (**E**) and proliferate directly (**F**). Secondary tube cells form a long suspensor (*s*) delivering nutrients to the embryo proper that has lost its contact to the medium (**G**). Microscopic sections (**HL**, all *A. alba*) show that somatic embryos go back to periclinal divisions in epidermal and sub-epidermal layers (**I**, after 3 weeks). Control zygotic embryos show only cell elongation (**H**). After 4 to 5 weeks, somatic embryos (*se*) (**K**), form a suspensor (*s*)(**L**) and disintegrate from the explant. (**A**, **B** from Zoglauer et al. 1995, **EL** from Zoglauer and Reuther 1996)

Fig. 7. Conversion and plantlet development in *Larix decidua* (**AC**) and *Abies nordmanniana* (**DG**).
After transfer to conversion medium, quiescent mature embryos start to grow and form the radicle (**A**: after 25 d). Somatic seedlings are ready for acclimatisation after 8 weeks (**B**). Under long-day conditions, *L. decidua* somatic seedlings show continuous free growth (**C**: after 6 months). For *A. nordmanniana*, plantlets are transferred to an artificial substrate (enriched with a sucrose-containing nutritional solution) after radicle formation (**D**). Within 2 months in long day, a branched root and a dormant shoot bud (→) are formed (**D**, **E**). A cold treatment (3 months at 5°C) triggers release of the shoot bud (→) from dormancy (**F**). After the second growth cycle, plantlets (**G**) are comparable to a 2-year-old seedling

Fig. 8. GUS-expression in *Abies nordmanniana*.
Transgenic *Abies nordmanniana* show the developmental regulation of the 35S-promotor. The embryogenic cultures were transformed with a construct containing the β-glucoronidase (GUS) gene under control of 35S. The figures show the expression not only being depending on the embryonal stage but also varying in a strong manner between the individuals of one clone **(B, C)**. In stage I, (**A**) the embryo proper showed no expression and the suspensor occasionally a weak one (→). GUS-activity in the embryo proper only started in stage II (**B**) and was mainly basal. During further maturation (**C**: stage III; **D**, **E**: stage IV) expression shifted to the basal region of the developing radicule. In seedlings (**F**), GUS-expression reached a more constitutive pattern but remains weak. Highest expression was observed on the root tip (→)

Tissue culture of broad-leafed forest tree species, "E. Wilhelm", pp. 203–216.

Fig. 1. Somatic embryogenesis in pedunculate oak (*Quercus robus L.*). **A** Initiation of somatic embryos from immature zygotic embryos. **B** Proliferation of embryogenic tissue. **C** Encapsulated "Artificial seeds". **D** Germinating somatic embryo. **E** Plantlet regeneration showing emergence of shoot through gel matrix. **F** One-year-old established plant

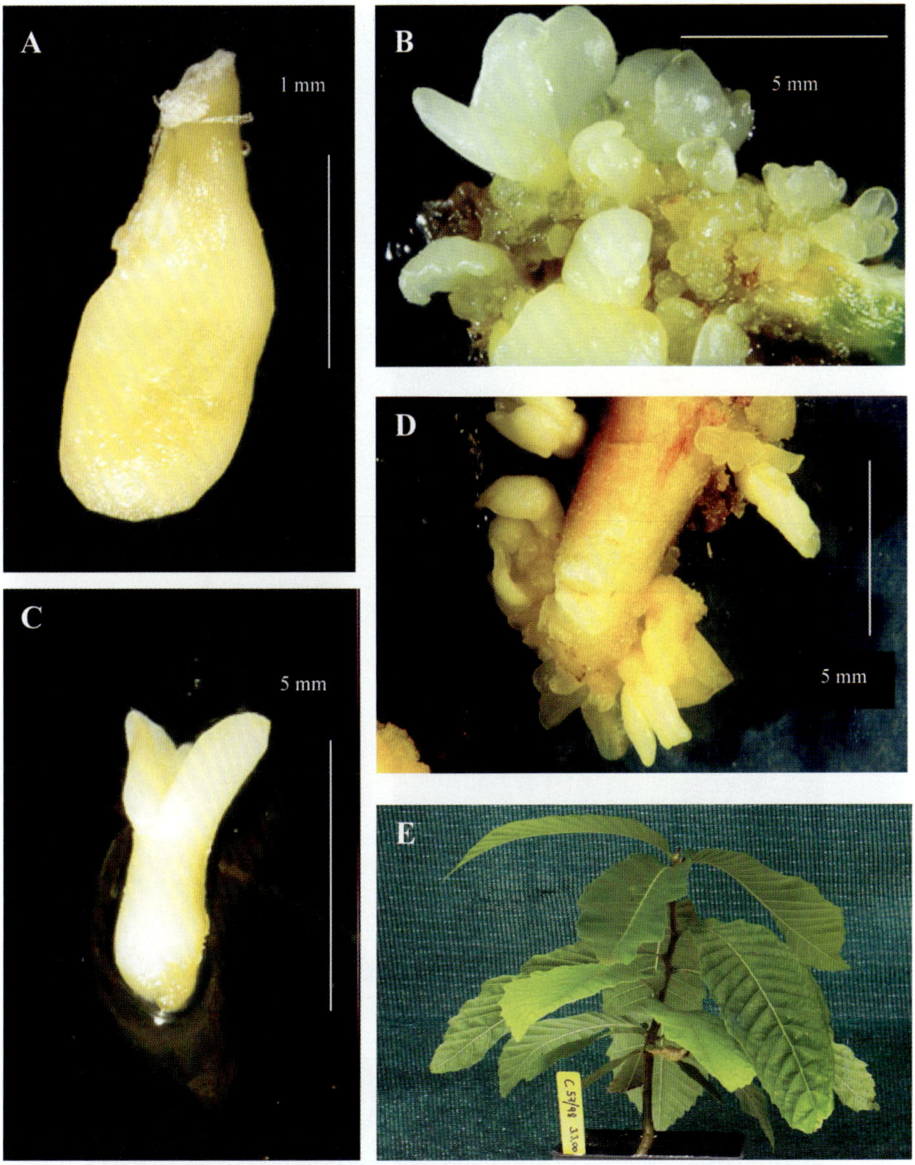

Fig. 2. Somatic embryogenesis in sweet chestnut (*Castanea sativa Mill.*). **A** Explant: single ovule. **B** Secondary embryos at various stages of development on proliferation medium. **C** Isolated cotyledonary SE on maturation medium with 1.1%. **D** Secondary embryos developed from the hypocotyl of a germinating SE. **E** Regenerated plantlet

Fig. 3. Nodal and shoot tip propagation of pedunculate oak (*Quercus robus L.*) **A** Mature Scion, grafted onto juvenile root stock in the greenhouse. **B** Culture initiation. **C** Shoot multiplication. **D** Rooting of microcuttings. **E** Acclimatization in the greenhouse

The development of transformation of temperate woody fruit crops, "M. Laimer", pp. 217–242.

Figs. 2–5 Explants for adventitious regeneration from temperate woody fruit species.
Fig. 2. Adventitious regeneration from leaf discs of *Vitis vinifera cv.* Grüner Veltliner (Steinkellner et al. 1991): **a** general view of leaf blade; **b** detail of a regenerated shoot before GUS-assay; **c** detail of a regenerated shoot after GUS-assay

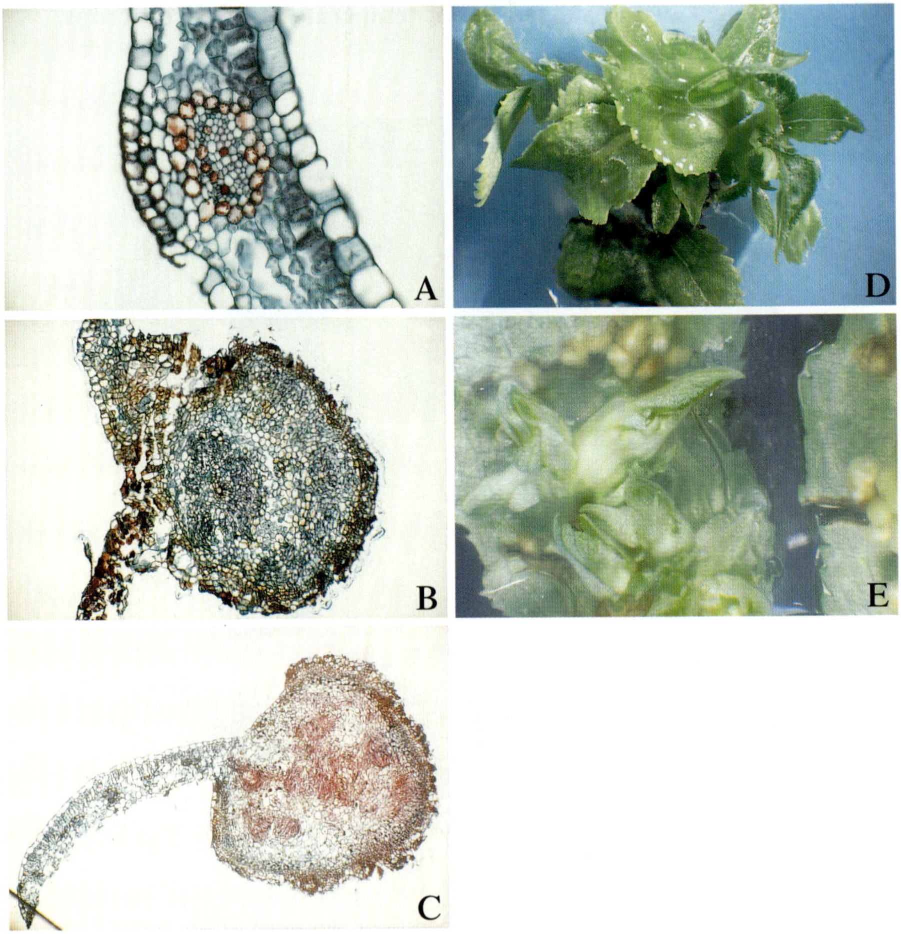

Fig. 3. Adventitious regeneration of *Prunus domestica* from leaf discs of *in vitro* cultures from adult origin (Laimer et al. unpubl.): **D – E** general view of leaf blade with many shoots; **A – C** histological observations of the development of the leaf blade 2, 10 and 18 days after culture initiation, respectively

Fig. 4. Adventitious regeneration of *Vitis sp.* through somatic embryogenesis from anther origin (Gölles et al. 1996, 2000): **A** embryogenic line before co-cultivation; **B** embryogenic line during selection; **C** regenerating plantlet; **D** acclimatized plant

Fig. 5. Adventitious regeneration of *Prunus subhirtella* through somatic embryogenesis from petioles of *in vitro* cultures from adult origin (da Câmara Machado et al. 1995): **A – B** embryogenic culture on solid and liquid media; **C** histological observation of early stages of globular embryos showing the beginning of secondary embryogenesis; **D** well formed cotyledonary embryos required for germination; **E** transgenic cotyledonary embryo after GUS assay; **F** acclimatized plant